"博学而笃志，切问而近思。"

（《论语》）

博晓古今，可立一家之说；
学贯中西，或成经国之才。

U0310794

博学

顾问 王静龙 艾春荣 徐国祥 周勇

21世纪

高校统计学专业教材系列
上海市教委重点课程建设项目
上海财经大学精品课程

应用回归分析

王黎明 陈颖 杨楠 编著

（第二版）

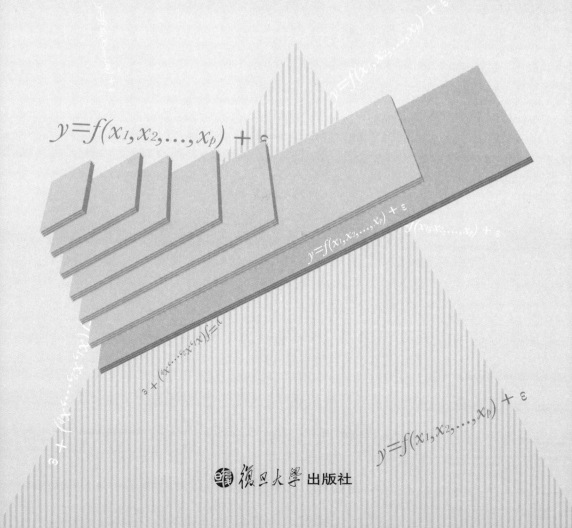

复旦大学 出版社

内容提要

　　本书本以经典的最小二乘理论为基础，较全面地介绍了现代应用回归分析的基本理论和主要方法。全书共分为九章。第一章讨论了回归模型的主要任务和回归模型的建模过程；第二、三章详细地介绍了线性回归模型；第四章以残差为重要工具，讨论了回归模型的诊断问题；第五、六章讨论了多项式回归模型和含有定性变量的回归模型；第七章讨论了多元线性回归模型的有偏估计；第八章简单介绍了非线性回归模型；本书的最后一章简明介绍了SAS统计软件在回归分析中的应用。

　　本书可以作为统计学、数学以及经济学等专业的教材，学习本课程的学生需要熟悉概率论与数理统计的基础知识，也要具备微积分和线性代数知识。

第二版前言

　　《应用回归分析》自 2008 年出版以来,得到了广大同行的肯定,国内数十所大学选择本书作为教材,在上海财经大学统计与管理学院本科生教学中使用了近十年。在这期间,我们团队不断改进相关内容,充实有关资料,使得本课程陆续建设完成上海市教委重点课程建设项目和上海财经大学精品课程。但是,由于作者的疏忽,本书第一版中有一些印刷错误,我们将在修订版中全部更正。另外,在使用过程中,我们感觉有些部分还需要加强。在此次修订版中进行的一些增加,具体内容如下:

　　第一,在第一章增加了资本资产定价模型 CAPM 理论作为一个例子,在关于回归名称的介绍中增加了散点图。

　　第二,为了理解回归模型,在第二章增加了有关的图和不同模型的描述。

　　第三,为了对异方差问题有更加直观的理解,在第四章增加了一个实际数据的例子。

　　第四,在第七章对均方误差概念给出了比较系统的说明,并对相关结论做了严格的证明。

　　本书修订部分都是由王黎明教授完成的,杨楠教授在教学过程中指出了很多印刷错误。上海财经大学统计与管理学院历届的本科生也对本书提出了中

肯的建议,尤其是张芮同学,他在去中国人民大学攻读研究生前,把他学习的体会发给了我们,使得我们在修订中受到很大启发,在此一并表示感谢。由于编者的水平有限,本书在取材及其结构上,或许还存在不够妥当的地方,恳请同行专家和广大读者给我们提出宝贵的批评和建议。

王黎明

2018 年 01 月

于上海财经大学

前　言

　　回归分析是统计学中一个非常重要的分支,是以概率论与数理统计为基础迅速发展起来的一种应用性较强的科学方法。它是由一组探求变量之间关系的技术组成,作为统计学应用最广泛的分支之一,在社会经济各部门以及各个学科领域都能得到广泛的应用。随着我国社会主义现代化建设的发展,人们越来越认识到应用定量分析技术研究问题的重要意义。特别是近些年来计算机及有关统计软件的日益普及,为在实际问题中进行大规模、快速、准确的回归分析运算提供了有力手段。

　　随着统计学在中国被确立为一级学科,统计专业的课程设置已有了较大变化,加强推断统计内容的学习和应用已成为中国统计界的共识。为了适应新的统计学学科体系和财经类统计学专业教学的需要,我们决定编写一套适应新时期需要的系列教材——复旦博学·21世纪高校统计学专业教材。作为系列教材之一,应用回归分析是其中较为重要的一本教材。本书写作的指导思想是:既要保持较为严谨的统计理论体系,又要努力突出实际案例的应用和统计思想的渗透,结合统计软件较全面系统地介绍回归分析的实用方法。为了贯彻这一指导思想,本书将系统介绍回归分析基本理论和方法,在理论上,本书叙述了经典的最小二乘理论,又结合应用中出现的一些问题给出对最小二乘估计的改进方法。中心主题是建立线性回归模型,评价拟合效果,并且作出结论。与此同时,本书也尽力结合中国社会、经济、自然科学等领域的研究实例,把回归分

析方法与实际应用结合起来，注意定性分析与定量分析的紧密结合，努力把同行们以及我们在实践中应用回归分析的经验和体会融入其中。全书分为九章。第一章介绍了一般回归模型的定义，讨论了回归模型的主要任务和回归模型的建模过程。第二章详细地介绍了一元线性回归模型，给出了未知参数的最小二乘估计以及极大似然估计，还讨论了一元线性回归模型的预测问题以及数据变换问题。第三章系统讨论了多元线性回归模型，详细地讨论了最小二乘估计的优良性。对于假设检验，讨论了多元回归模型的显著性检验，以及其回归系数的显著性检验。第四章以残差为重要工具，讨论了回归模型的诊断问题。第五章和第六章讨论了多项式回归模型和含有定性变量的回归模型。第七章讨论了多元线性回归模型的有偏估计。重点介绍较常用的岭估计和主成分估计，也介绍了其他的估计方法。第八章简单介绍了非线性回归模型，主要讨论了Logistic 回归模型、Poisson 回归和广义线性模型。本书的最后一章介绍了SAS 统计软件在回归分析中的应用。

  本书可以作为统计学、数学以及经济学等专业的教材。学习本课程的学生需要熟悉随机变量、参数估计、区间估计、假设检验等思想，也要熟悉正态分布及其由它导出的分布，当然，学生也要具备微积分和线性代数知识。由于本书的内容较多，教师在选用此书作教材时可以灵活选讲。本书也可以作为非统计学专业研究生回归技术的教材。根据我们多年的教学实践，本书讲授 51 课时较为合适，如果能有计算机和投影设备的配合，教学将会更为方便和有效。本书的写作，始终得到了复旦博学·21 世纪高校统计学专业教材编委会和复旦大学出版社的支持，编写大纲和书稿都经过教材编写委员会的多次认真讨论。

　　本书是我们多年教学和科研工作的积累,其中的部分案例为体现其典型性引用了他人著作。在此,我们谨向对本书出版给予帮助的同行和朋友表示衷心的感谢。本书的完成也是我们多年友好合作的结果,研究生苏艳和万里同学参加了部分习题和案例的编写和整理工作,也参加了最后的统稿和校对工作。由于编者的水平有限,本书在取材及其结构上或许存在不够妥当的地方,恳请同行专家和广大读者给我们提出宝贵的批评和建议。

王黎明　陈颖　杨楠

2008 年 2 月

于上海财经大学

Contents

目 录

第一章

回归分析概论

§1.1 变量间的相关关系

社会经济领域与自然科学等诸多现象之间始终存在着相互联系和相互制约的普遍规律。例如,社会经济的发展与一定的经济变量的数量变化密切联系,社会经济现象不仅同与它有关的现象构成一个普遍联系的整体,在其内部也存在着彼此关联的因素,在一定的社会环境等诸多条件的影响下,一些因素推动或制约另外一些与之关联的因素发生变化。也就是说,社会经济现象的内部和外部联系中存在一定的相关性,要认识和掌握客观经济规律,就必须探求经济现象间经济变量的变化规律,变量间的统计关系是经济变量变化规律的重要内容。

这些互相联系的经济现象和经济变量,其联系的紧密程度也是互不相同的。这中间极端的关系就是确定性关系,即一个变量的变化完全确定另外一个变量的变化。例如,一个保险公司承保汽车 5 万辆,每辆保费收入是 1 000 元,则该公司汽车承保总额为 5 000 万元。即承保总收入为 y,承保汽车数为 x,则变量 y 和 x 的关系可以表示为:$y = 1 000x$。

从这个例子可以看出,每给定一个 x,就一定可以得到一个 y,即变量 y 与 x 之间完全表现为一种确定性的关系——函数关系。在实际问题中,这样的例子还有很多。例如,银行的一年存款利率为年息 2.75%,存入的本金用 x 表示,到期的本息用 y

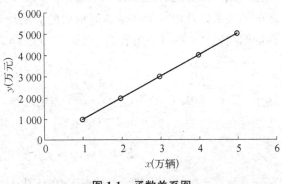

图 1.1　函数关系图

表示,则 y 与 x 有函数关系 $y=(1+0.0275)x$,这里的 y 与 x 仍具有线性函数关系,对于任意两个变量 y 与 x 的函数关系,可以表示为数学形式 $y=f(x)$。

一般而言,给定 p 个变量 $x_1,\cdots,x_p$,就可以确定变量 y,称这种变量之间的关系为确定性关系。它往往可以用某一函数关系 $y=f(x_1,\cdots,x_p)$ 来表示。

可是,在实际问题中,变量之间存在大量非确定的关系,它们之间虽存在着密切联系,但是其密切程度不是由确切关系能够刻画的。

为此,我们再看一个例子。

根据实际生活经历,我们知道某种高档品的消费量(y)与城镇居民的收入(x)有密切关系。居民收入高了,这种消费品的销售量就大;居民收入低了,这种消费品的销售量就小。但是,居民的收入并不能完全确定该种高档品的消费量。因为商品的消费量还受到人们的消费习惯、心理因素、其他可替代商品的吸引程度以及价格的高低等因素的影响。也就是说,城镇居民的收入与该种高档品的消费量有着密切关系,且城镇居民的收入对该种高档品的消费量的大小起着主要作用,但是它并不能完全确定该种高档品的消费量。

在日常生活中,变量与变量之间表现为这种关系的有很多。例如,我们也许对银行储蓄额与居民收入、研究商品的需求量与该商品的价格、消费者的收入以及其他同类商品的价格之间的关系感兴趣,也许对研究产品的销量(如汽车)与用于产品宣传的广告费之间的关系感兴趣,也许对研究国防开支与国民生产总值(GNP)之间的关系感兴趣,也许对粮食产量与施肥量之间的关系感兴趣等。在上述各例中,或许存在某一基本理论,它规定了我们为什么期望一个变量是非独立的或说它与其他一个或几个变量有关。

在现代金融理论中,资本资产定价模型 CAPM 是在投资组合理论和资本市场理论基础上形成发展起来的,主要研究证券市场中资产的预期收益率与风险资产之间的关系以及均衡价格是如何形成的。从统计学角度来看,可以认为是一元线性回归问题。它的基本方程有两个:① 回归方程:

$$r_i=\alpha_i+\beta_i r_M+\varepsilon_i$$

其中,$E(\varepsilon_i)=0$,$\mathrm{Cov}(\varepsilon_i,r_M)=0$。 假定证券 i 的收益率 r_i 与市场组合收益率 r_M 之间存在线性关系,据此可以测定系数 β_i;② 资本市场线性方程:

$$E(r_i)=r_F+\beta_i(E(r_M)-r_F)$$

它告诉我们合理的证券投资组合应选在该线上,使得风险相同的情况下能获得较高的收益。

我们可以通过一个实际背景把上述问题的过程加以叙述,设证券 A、B 的收益率分别为 r_A、r_B,其方差(风险)分别为 σ_A^2 和 σ_B^2,它们的投资组合 P 的收益率为:

$$r_P = x_A r_A + x_B r_B$$

其中,$x_A + x_B = 1$,x_A 和 x_B 分别为 A 与 B 的投资比例。易见,该组合的期望收益率和风险分别为:

$$E(r_P) = x_A E(r_A) + x_B E(r_B)$$
$$\sigma_P^2 = x_A^2 \sigma_A^2 + x_B^2 \sigma_B^2 + 2 x_A x_B \rho_{AB} \sigma_A \sigma_B$$

我们以 σ_P 和 $E(r_P)$ 分别为横轴和纵轴建立直角坐标系,A、B 是两个固定的点,横坐标 σ_P 代表它们的风险,纵坐标 $E(r_P)$ 代表它们的收益率。令 $\theta = x_A$,则 $x_B = 1 - \theta$,此时,可以把投资组合 P 的收益与风险看作 θ 的函数。见图1.2-图1.5。当 r_A 与 r_B 完全相关时(即 $\rho_{AB} = \pm 1$),有:

$$\sigma_P = | x_A \sigma_A \pm x_B \sigma_B |$$

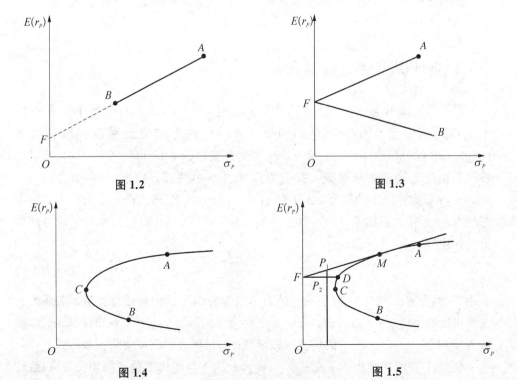

图 1.2 图 1.3

图 1.4 图 1.5

综上所述,CAPM 给出一个非常简单的结论:只有一种原因会使投资者得到更高回报,那就是投资高风险的股票。不容怀疑,这个模型在现代金融理论里占据着主导地位。

把以上概括为:变量 x 与变量 y 有密切关系,但是又没有密切到通过一个变量确定另一个变量的程度。它们之间是一种非确定性的关系,我们称这种关系为统计关系或相关关系。

应该指出的是,变量之间的函数关系和相关关系,在一定条件下可以互相转化。本来具有函数关系的经济变量,当存在观测误差时,其函数关系往往以相关的形式表现出来。而具有相关关系的变量之间的联系,如果我们对它们有了深刻的规律性认识,并且能够把影响因变量变动的因素全部纳入方程,这时的相关关系也可能转化为函数关系。另外,相关关系也具有某种变动规律性,所以,相关关系经常可以用一定的函数形式去近似地描述。经济现象的函数关系可以用数学分析的方法去研究,而研究社会经济现象的相关关系必须借助于统计学中的相关与回归分析方法。

回归分析就是讨论变量与变量之间的统计关系的一种统计方法。

§1.2 回归模型的一般形式

假设因变量 y 与一个或多个自变量 x_1, x_2, $\cdots$, x_p 之间具有统计关系,我们把 y 称为 **因变量**(dependent variable)(有时也称为 **响应变量** 或 **被解释变量**(explained variable)),x_1, x_2, $\cdots$, x_p 称为**自变量**(independent variable)、有时也被称为**预报变量**或**解释变量**。我们可以设想 y 由两部分组成,一部分是由 x_1,x_2, $\cdots$, x_p 能够决定的部分,记为 $f(x_1, x_2, \cdots, x_p)$,另一部分是由众多未加考虑的因素(包括随机因素)所产生的影响,它被看成**随机误差**,记为 ε。 于是得到如下统计模型:

$$y = f(x_1, x_2, \cdots, x_p) + \varepsilon \tag{1.1}$$

其中,ε 称为随机误差,一般要求它的数学期望为 0,它的出现使得变量间关系的相关性得以恰当体现;$f(x_1, x_2, \cdots, x_p)$ 称为 y 对 x_1, x_2, $\cdots$, x_p 的回归函数,或称为 y 对 x_1, x_2, $\cdots$, x_p 的均值回归函数;(1.1)称为回归模型的一般形式。

模型(1.1)清楚地表达了变量 x_1, x_2, $\cdots$, x_p 与随机变量 y 的相关关系,数理统计学中的"回归"通常指散点分布在一直线(或曲线)附近,并且越靠近该直线(或曲线),点的分布越密集的情况。它也称为直线(或曲线)的拟合。

当模型(1.1)中的回归函数为线性时,(1.1)变为:

$$y = \beta_0 + \beta_1 x_1 + \beta_2 x_2 + \cdots + \beta_p x_p + \varepsilon \tag{1.2}$$

其中,β_0,β_1,$\cdots$,β_p 为未知参数,常称 β_0 为回归常数,β_1,$\cdots$,β_p 为回归系数。这时我们称(1.2)为**线性回归模型**。

在实际应用中,β_0,β_1,$\cdots$,β_p 一般皆是未知的,为了应用需要把它们估计出来。估计就需要数据,假设样本观测值为 x_{i1},x_{i2},$\cdots$,x_{ip};y_i,$i = 1, 2, \cdots, n$,则线性回归模型可表示为:

$$y_i = \beta_0 + \beta_1 x_{i1} + \beta_2 x_{i2} + \cdots + \beta_p x_{ip} + \varepsilon_i, \ i = 1, 2, \cdots, n \tag{1.3}$$

假设由这些数据给出了 β_0,β_1,$\cdots \beta_p$ 的估计值,分别记为 $\hat{\beta}_0$,$\hat{\beta}_1$,$\cdots$,$\hat{\beta}_p$。称

$$y = \hat{\beta}_0 + \hat{\beta}_1 x_1 + \hat{\beta}_2 x_2 + \cdots + \hat{\beta}_p x_p \tag{1.4}$$

为**经验回归方程**。

如果给定一组 x_1,x_2,$\cdots$,x_p,由(1.4)可以得到一个 y,记为 $\hat{y}$,$\hat{y}$ 称为 y 的一个预测值。

对模型(1.4),通常规定满足的基本假设有:

1)变量 x_1,x_2,$\cdots$,x_p 是非随机变量,观测值 x_{i1},x_{i2},$\cdots$,x_{ip} 是常数。

2)高斯-马尔可夫(Gauss-Markov)条件:G-M 条件(等方差及不相关的假定):

$$\begin{cases} E(\varepsilon_i) = 0, \ i = 1, 2, 3, \cdots, n \\ \text{Cov}(\varepsilon_i, \varepsilon_j) = \begin{cases} 0, \ i \neq j \\ \sigma^2, \ i = j \end{cases} \end{cases}$$

3)正态分布的假定条件为:

$$\begin{cases} \varepsilon_i \sim N(0, \sigma^2) \\ \varepsilon_1, \varepsilon_2, \cdots, \varepsilon_n \ \text{相互独立} \end{cases}$$

对线性回归模型,通常要研究的问题有:

(1)如何根据样本 x_{i1},x_{i2},$\cdots$,x_{ip};y,$i = 1, 2, \cdots, n$ 求出 β_1,β_2,$\cdots$,β_p 及方差 σ^2 的估计。

(2)对回归方程及回归系数的种种假设进行检验。

(3) 如何根据回归方程进行预测和控制,以便进行实际问题的结构分析。

回归分析方法在生产实践中的广泛应用是它发展和完善的根本动力。如果从 19 世纪初(1809 年)高斯(Gauss)提出最小二乘法算起,回归分析已有近 200 年的历史。从经典的回归分析方法到近代的回归分析方法,它们所研究的内容已非常丰富。如果按研究的方法来划分,回归分析研究的范围大致如下,见图 1.6。

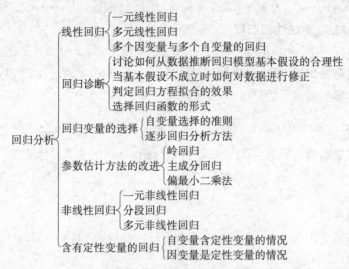

图 1.6 回归分析研究的范围

§1.3 回归方程与回归名称的由来

回归分析是处理变量 x 与 y 关系的一种统计方法和技术。这里所研究的变量之间的关系是指当给定 x 的值,y 的值不能确定,只能通过一定的概率分布来描述。于是,我们称给定 x 时 y 的条件数学期望

$$f(x) = E(y \mid x)$$

为随机变量 y 对 x 的回归函数,或称为随机变量 y 对 x 的均值回归函数。上式从平均意义上刻画了变量 x 与 y 之间的统计规律。在实际问题中,我们把 x 称为自变量,y 称为因变量。如果要由 x 预测 y,就是要利用 x、y 的观察值,即由样本观测值 (x_1, y_1), (x_2, y_2), …, (x_n, y_n) 来建立一个公式,当给定 x 值后,就代入此公式中算出一个 y 值,这个值就称为 y 的预测值。

"回归"一词的英文是"regression",其基本思想和方法都是由英国著名生物学家、统计学家F·高尔顿(F. Galton：1822—1911)在研究人类遗传问题时提出的。为了研究父代与子代身高的关系,高尔顿和他的学生、现代统计学的奠基者之一K·皮尔逊(K. Pearson：1856—1936)在研究父母身高与其子女身高的遗传问题时,观察了1 078 对夫妇,以每对夫妇的平均身高作为 x,而取他们的一个成年儿子的身高作为 y,将结果在平面直角坐标系上绘成散点图如下(见图 1.7)。

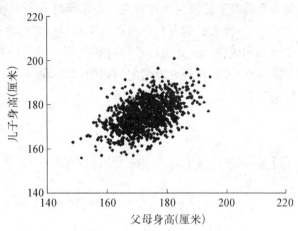

图 1.7 父母平均身高及其成年儿子身高的散点图

研究发现趋势近乎一条直线。计算出的回归直线方程为：

$$\hat{y} = 33.73 + 0.516x$$

这种趋势及回归方程总的表明,父母平均身高 x 每增加一个单位时,其成年儿子的身高 y 也平均增加 0.516 个单位。人们自然会这样想：若父亲身高为 x 英寸,其儿子身高应为 $x+1$ 英寸。但是所得的结论与此大相径庭。高尔顿发现：$x=72$ 英寸(大于平均身高 68 英寸)时,他们的儿子平均身高为 71 英寸,不但达不到 $72+1=73$ 英寸,反而比父亲低了 1 英寸;反过来,$x=64$ 英寸(小于平均身高 68 英寸)时,他们的儿子平均身高为 67 英寸,竟比预期的 $64+1=65$ 英寸高出 2 英寸。这个结果表明,虽然高个子父辈确有生高个子儿子的趋势,但父辈身高增加一个单位,儿子身高仅增加半个单位左右。反之,矮个子父辈确有生矮个子儿子的趋势,但父辈身高减少一个单位,儿子身高仅减少半个单位左右。通俗地说,一群特高个子父辈(如排球运动员)的儿子们在同龄人中平均仅为高个子,一群高个子父辈的儿子们在同龄人中平均仅为略高个子;一群特矮个子父辈的儿子们在同龄人中平均仅为矮个子,一群矮个子父辈的儿子们在同龄人中平均仅为略矮个子,即子代的平均高度向中心回归了。正是因为子代的身高有回到同龄人平均身高的这种趋势,才使人类的身高在一定时间内相对稳定,没有出现父辈个子高其子女更高、父辈个子矮其子女更矮的两极分化现象。这个例子生动地说明了生物学中"种"的概念的稳定性。

这种现象不是个别的,而是一个一般规律:身高超过平均值的父亲,他们儿子的平均身高将低于父亲的平均身高;反之,身高低于平均值的父亲,他们儿子的平均身高将高于父亲的平均身高。高尔顿对这个一般结论的解释是:大自然具有一种约束力,使人类的身高分布在一定时期内相对稳定而不产生两极分化,这就是所谓的回归效应。从此引进了"回归"一词。以后将要讲到的回归模型,回归效应不一定具有;人们在研究大量的问题中,其变量 x 与 y 之间的关系并不总是具有这种"回归"的含义。

§1.4 建立实际回归模型的过程

我们先用逻辑框图 1.8 表示回归模型的建模过程:

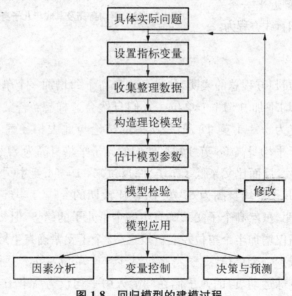

图 1.8 回归模型的建模过程

第一步:根据研究的目标,设置指标变量

回归分析模型主要是揭示事物之间相关变量的数量关系。首先要根据所研究的目的设置因变量 y,然后再选取与因变量有统计关系的一些变量作为自变量。

通常情况下,我们希望因变量与自变量之间具有因果关系。一般先定"果",再寻找"因"。回归分析模型主要是揭示事物间相关变量的数量联系。首先要根据所研究问题的目的设置因变量 y,然后再选取与 y 有统计关系的一些变量作为自变量。通常情况下,我们希望因变量与自变量之间具有因果关系。尤其是在研究某种经济活动或经济现象时,我们必须根据具体经济现象的研究目的,利用经济学理论,从定性角度来确定某种经济问题中各因素之间的因果关系。当我们把某一经济变量作为"果"之后,接着更重要的是要正确选择作为"因"的变量。在经济问题回归模型中,前者被称为**内生变量**或**被解释变量**,后者被称为**外生变量**或**解释变量**。变量的正确选择关键在于能否正确把握所研究经济活动的经济学内涵。这就要求研究者对所研究的经济问题及其背景要有足够的了解。例如,要研究中国通货膨胀问题,在金融理论的指导下,通常把全国零售物价总指数作为衡量通货膨胀的重要指标,那么,全国零售物价总指数作为被解释变量,影响全国零售物价指数的有关因素就作为解释变量,它包含国民收入、居民存款、工农业总产值、货币流通量、职工平均工资、社会商品零售总额等 18 个变量。在研究中国储蓄波动机理中,有学者曾把各项银行存款作为被解释变量,把货币发行量、全国零售物价指数、股票价格指数、银行利率、国债利率、居民收入等 16 个指标确定为解释变量。

在选择变量时要注意与一些专门领域的专家合作。例如,在研究金融模型时,就要与一些金融专家和具体业务人员合作;研究粮食生产问题,就要与农业部门的一些专家合作。这样做可以帮助我们确定模型变量。另外,不要认为一个回归模型所涉及的解释变量越多越好。一个经济模型,如果把一些主要变量漏掉,肯定会影响模型的应用效果,但如果细枝末节一起进入模型,也未必就好。当引入的变量太多时,可能选择了一些与问题无关的变量,还可能由于一些变量的相关性很强,它们所反映的信息有较严重的重叠,这就会出现共线性问题。当变量太多时,计算工作量太大,计算误差积累也大,估计出的模型参数精度自然不高。总之,回归变量的确定是一个非常重要的问题,是建立回归模型最基本的工作。这个工作一般一次并不能完全确定,通常要经过反复试算,最终找出最适合的一些变量。这在当今计算机的帮助下,已变得不太困难。

第二步:收集整理统计数据

回归模型的建立是基于回归变量的样本统计数据。当确定好回归模型的变量后,就要收集、整理统计数据。数据的收集是建立经济问题回归模型的重要一环,是一项基础性工作,样本数据的质量如何,对回归模型的水平有至关重要的影响。常用的数据可分为时间序列数据和横截面数据。

时间序列数据就是按时间先后顺序排列的统计数据,如历年来的国民收入、居民存款、工农业总产值等。对于收集到的时间序列资料,还要特别注意数据的可比性和数据的统计口径问题。如历年的国民收入数据,是否按可比价格计算的。中国在改革开放前,几十年物价不变,而从 20 世纪 80 年代初开始,物价变动几乎是直线上升。所获得的数据是否具有可比性,这就需认真考虑。如在宏观经济研究中,国内生产总值(GDP)与国民生产总值(GNP)二者在包括内容上是一致的,但在计算口径上不同。国民生产总值按国民原则计算,反映一国常住居民当期在国内外所从事的生产活动;国内生产总值则以国土为计算原则,反映一国国土范围内所发生的生产活动量。对于没有可比性和统计口径计算不一致的统计数据,就要作认真调整,这个调整过程就是一个数据整理过程。

横截面数据就是在同一时间截面上收集的统计数据。例如,同一年在不同地块上测得的施肥量与小麦产量、同一年全国各大中城市的物价指数等。当用截面数据作样本时,容易产生异方差性。这是因为一个回归模型往往涉及众多解释变量,如果其中某一因素或一些因素随着解释变量观测值的变化而对被解释变量产生不同影响,就产生异方差性。

在实际收集数据时,应该收集多少数据?一般而言,收集的数据越多越好。但是在实际操作过程中,由于人力、物力等因素的限制,我们希望收集一个比较合理的数据量就可以了;我们将会面临的另一个问题是如何收集数据。关于这两个问题的讨论可以参考有关抽样调查方面的书籍。

收集到数据以后,有时这些数据并不是直接可以使用的,需要对它们进行一些处理,如拆算、差分、取对数、标准化、补缺、处理异常数据等。

第三步:构造理论模型

首先,研究所讨论问题的机理,根据其机理确定理论模型。在建立经济回归模型的时候,通常要依据经济理论和一些数理经济学结果。数理经济学中已对投资函数、生产函数、需求函数、消费函数给了严格的定义,并把它们分别用公式表示出来了,借用这些理论,我们给它们的公式中增加上随机误差项,就可把问题转化为用随机数学工具处理的回归模型。例如,数理经济学中最有名的生产函数 C-D 生产函数是 20 世纪 30 年代初美国经济学家查尔斯·W·柯布(Charles W. Cobb)和保罗·H·道格拉斯(Paul H. Douglos)根据历史统计数据建立的,资本 k 以及劳动 l 对产出 y 被确切地表达为如下的关系:

$$y = ak^\alpha l^\beta, \; \alpha、\beta \text{ 分别为资本和劳动对产出的弹性}$$

但是计量经济学的观点认为,变量之间的关系并不像上面表达的那样精确,而是存

在随机偏差的,若记随机偏差为 u,则上式变为:

$$y = ak^{\alpha}l^{\beta}u$$

对上式两边取对数,就变成如下的线性回归模型:

$$\ln(y) = \ln(a) + \alpha\ln(k) + \beta\ln(l) + \ln(u)。$$

其次是应用散点图,将数据点描绘在同一个坐标系里,分析它们之间的关系。

有时候,我们无法根据所获信息确定模型的形式,这时可以采用不同的形式进行计算机模拟,对于不同的模拟结果,选择较好的一个作为理论模型。

第四步:对模型参数的估计

一般情况下,我们建立的回归模型都是有未知参数的。为了能够使用这一模型,我们必须估计出未知参数。在以后的章节中,我们会介绍参数的最小二乘估计、极大似然估计、岭估计等一些估计方法。但它们都是以普通最小二乘法为基础,这些具体方法是我们后边一些章节研究的重点。这里要说明的是,当变量及样本较多时,参数估计的计算量很大,只有依靠计算机才能得到可靠的准确结果。现在这方面的计算机软件很多,如 SPSS、Minitab 和 SAS 等都是参数估计的基本软件。

第五步:模型的检验和修改

当一个模型建立好以后,我们要问一个问题:这个模型是否比较好地描述了问题中变量之间的关系?我们就要检验这个模型,检验的方法一般有两个途径:一个途径是放在实践中去检验。一个好的模型必须能够很好地反映客观实际,如果该模型可以反映客观实际,它就是一个好的模型;反之,它就不是一个好的模型,是不可用的。另一个途径是统计检验,统计检验包括模型检验和回归系数检验,这将在后面的章节里讲解。

如果经过检验,所建立的模型是一个比较差的模型,我们就要对该模型进行修改,我们要回到第一步重新考虑问题,看哪一步出现了问题,以便对该模型进行修改。

在经济问题回归模型中,往往还碰到回归模型通过了一系列统计检验,可就是得不到合理的经济解释。例如,国民收入与工农业总产值之间应该是正相关,回归模型中工农业总产值变量前的系数应该为正的,但有时候由于样本容量的限制或数据质量的问题,可能估计出的系数是负的。如此这般,这个回归模型就没有意义,也就谈不上进一步应用了。可见,回归方程经济意义的检验同样是非常重要的。如果一个回归模型没有通过某种统计检验,或者通过了统计检验而没有合理的经济意义时,就需要对回归模型进行修改。模型的修改有时要从设置变量是否合理开始,是不是把某些重要的变量忘记了考虑,变量间是否具有很强的依赖性,样本量是不是太少,理论模型是否合适。假如某个问题本应用曲线方程去拟合,而我们误用直线方程去拟合,当然通不过检验。这就要重新构造理论模型。模型的建立往往要反复几次修改,特别是建立一个实际经济问题的回归模型,要反复修正才能得到一个理想模型。

第六步:回归模型的应用

当一个好的模型建立起来以后,我们就可以用它来进行分析、控制和预测。由模型可以分析出各个变量之间的关系,特别可以看出影响因变量的主要因素。如果它们是可以控制的,我们就可以对它们实行控制,从而达到我们的目标。一个好的模型还可以给出好的预测,一个好的预测可以提供未来决策的有力依据。

这里需要强调的是,关于假定的合理性的验证必须要在作出任何分析结论前进行。回归分析可以看作一个循环过程,在这个过程中,回归输出的结果又用于回归诊断、假设检验、模型选择,并且有可能修正回归输入。这可能需要重复多次,直至得到满意的输出结果,即得到的模型满足假定并且与数据拟合得很好。上述过程可以由图 1.9 表示。

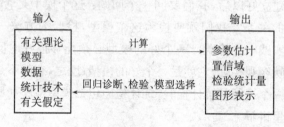

图 1.9

在回归模型的应用中,我们还强调定性分析和定量分析的有机结合。这是因为数理统计方法只是从事物外在的数量表面上去研究问题,不涉及事物质的规律性。单纯的表面上的数量关系是否反映事物的本质,这个本质究竟如何,必须依靠专门学科的研究才能下定论。所以,在经济问题的研究中,我们不能仅凭样本数据估计的结果就不加分析地妄下定论,必须把参数估计的结果和具体经济问题以及现实情况紧密结合,这样才能保证回归模型在经济问题研究中的正确运用。

小 结

本章主要通过经济学和金融学等领域中的一些问题,介绍一般回归模型的定义以及它的特殊情况线性回归模型并讨论了回归模型的主要任务和回归模型的建模过程。

习 题 一

1. 变量间统计关系和函数关系的区别是什么?

2. 在下列一组变量中,哪些变量可以看作被解释变量? 哪些变量可以看作解释变量? 请加以说明。

   (a) 汽车中的汽缸数和汽油消耗量;

   (b) 某种商品的供应和需求;

   (c) 公司的资产、股票的回报及净销售额;

   (d) 赛跑的距离、跑完全程的时间及赛跑时的天气状况;

   (e) 体重、是否吸烟、是否得肺癌;

   (f) 孩子的身高体重,父母的身高体重,孩子的年龄、性别。

3. 以下列出了若干对被解释变量和解释变量。对于每一对变量,你认为它们之间的关系如何,其斜率是正还是负,或者无法确定符号,并说明理由。

被解释变量	解释变量
(a) GNP	利率
(b) 个人储蓄	利率
(c) 粮食产量	降雨量
(d) 美国国防开支	前苏联国防开支
(e) 篮球明星得分数	其年薪
(f) 学生高等数学成绩	高考理科总成绩
(g) 日本汽车进口量	美国人均国民收入

4. 回归分析与相关分析的区别与联系是什么?

5. 回归模型中随机误差项的意义是什么?

6. 线性回归模型的基本假设是什么?

7. 判别下列模型是否为线性回归模型:

(a) $y_i = b_1 + b_2(1/x_i)$

(b) $y_i = b_1 + b_2 \ln x_i + \varepsilon_i$

(c) $\ln y_i = b_1 + b_2 x_i + \varepsilon_i$

(d) $\ln y_i = b_1 + b_2 \ln x_i + \varepsilon_i$

(e) $y_i = b_1 + b_2 b_3 x_i + \varepsilon_i$

(f) $y_i = b_1 + b_2^3 x_i + \varepsilon_i$

8. 回归变量设置的理论根据是什么？在设置回归变量时应注意哪些问题？

9. 收集、整理数据包括哪些内容？

10. 构造回归理论模型的基本根据是什么？

11. 为什么要对回归模型进行检验？

12. 回归模型有哪几个方面的应用？

13. 构造和应用回归模型进行估计和预测要注意些什么？

14. 为什么强调运用回归分析研究经济问题要定性分析和定量分析相结合？

第一章

一元线性回归分析

§2.1 一元线性回归模型

在研究实际问题时,我们经常需要研究某一现象与影响它的某一最主要因素之间的关系。比如,影响粮食产量的因素很多,但是在众多因素中,施肥量是一个最重要的因素。我们往往要研究施肥量这一因素与粮食产量之间的关系。又如,保险公司在研究火灾损失的规律时,把火灾发生地与最近的消防站的距离作为一个最主要的因素,研究火灾损失与火灾发生地与最近的消防站的距离之间的关系。

以上两个例子都是研究两个变量之间的关系,且两个变量有着密切的关系,但是它们之间的密切程度并不能由一个变量唯一地确定另一变量。下面再看一个具体的例子。

例 2.1 从常识上理解,一个家庭的消费支出主要受这个家庭收入的影响,一般而言,家庭收入高的,其家庭消费支出也高;家庭收入低的,其家庭消费支出也低。我们为了研究它们的关系,取家庭消费支出 y(元)为被解释变量,家庭收入 x(元)为解释变量。为此,调查的数据如下,见表2.1。

表 2.1 家庭收入与消费支出   单位:元

家庭编号	1	2	3	4	5	6	7	8	9	10
家庭收入	800	1 200	2 000	3 000	4 000	5 000	7 000	9 000	10 000	12 000
家庭消费支出	770	1 100	1 300	2 200	2 100	2 700	3 800	3 900	5 500	6 600

首先,我们绘出它们的散点图,见图2.1。

由散点图可以看出,这些点在一直线附近,随着家庭收入的增加,家庭消费支出

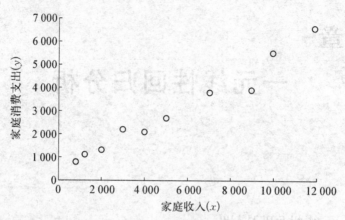

图 2.1 家庭收入与消费支出的散点图

也在增加;这和我们上面讲到的常识是一致的。所以,我们可以认为家庭收入和家庭消费支出之间存在着一定的线性关系。假设它们满足如下的统计模型:

$$y = \beta_0 + \beta_1 x + \varepsilon \tag{2.1}$$

我们称模型(2.1)为一元线性回归模型,β_0 称为回归常数,β_1 称为回归系数。ε 是随机误差,且满足 $E(\varepsilon) = 0$,$\mathrm{Var}(\varepsilon) = \sigma^2$。

这种模型可以赋予各种实际意义,如收入与支出的关系、脉搏与血压的关系、商品价格与供给量的关系、文件容量与保存时间的关系、林区木材采伐量与木材剩余物的关系、身高与体重的关系等。

以例 2.1 为例。假设固定对一个家庭进行观察,随着收入水平的不同,收入与支出呈线性函数关系。但实际上数据来自各个家庭,来自各个不同收入水平,这使其他条件不变成为不可能,所以,由数据得到的散点图不在一条直线上(不呈函数关系),而是散在直线周围,服从统计关系。随机误差项 ε 中可能包括家庭人口数不同、消费习惯不同、不同地域的消费指数不同、不同家庭的外来收入不同等因素,所以,在经济问题上"控制其他因素不变"实际是不可能的。

回归模型的随机误差项中一般包括如下几项内容:(1)非重要解释变量的省略;(2)人的随机行为;(3)数学模型形式欠妥;(4)归并误差(粮食的归并);(5)测量误差等。

回归模型存在两个特点:(1)建立在某些假定条件不变前提下抽象出来的回归函数不能百分之百地再现所研究的经济过程;(2)也正是由于这些假定与抽象,才使我们能够透过复杂的经济现象,深刻认识到该经济过程的本质。

§2.2　一元线性回归模型的假设

在给定样本 $\{(x_i, y_i), i=1, \cdots, n\}$ 以后,模型(2.1)也可以写成:

$$y_i = \beta_0 + \beta_1 x_i + \varepsilon_i,$$
$$E(\varepsilon_i) = 0$$
$$\mathrm{Var}(\varepsilon_i) = \sigma^2, \ i=1, 2, \cdots, n \tag{2.2}$$

在实际问题研究中,常假定各 ε_i 相互独立,且都服从同一正态分布 $N(0, \sigma^2)$。 这时,模型(2.2)就变为:

$$\begin{cases} y_i = \beta_0 + \beta_1 x_i + \varepsilon_i, \ i=1, 2, \cdots, n, \\ \text{各 } \varepsilon_i \text{ 相互独立且服从 } N(0, \sigma^2) \end{cases} \tag{2.3}$$

由(2.3)可知, $y_i \sim N(\beta_0 + \beta_1 x_i, \sigma^2)$, $i = 1, 2, \cdots, n$,且 $y_1, y_2, \cdots, y_n$ 相互独立。

下面给出一元线性回归模型(2.3)的矩阵表达式。令

$$Y = \begin{bmatrix} y_1 \\ y_2 \\ \vdots \\ y_n \end{bmatrix} \quad X = \begin{bmatrix} 1 & x_1 \\ 1 & x_2 \\ \vdots & \vdots \\ 1 & x_n \end{bmatrix} \quad \varepsilon = \begin{bmatrix} \varepsilon_1 \\ \varepsilon_2 \\ \vdots \\ \varepsilon_n \end{bmatrix} \quad \beta = \begin{bmatrix} \beta_0 \\ \beta_1 \end{bmatrix}$$

于是,(2.3)可表示为:

$$\begin{cases} Y = X\beta + \varepsilon \\ \varepsilon \sim N(0, \sigma^2 I_n) \end{cases} \tag{2.4}$$

模型(2.4)称为**一元线性回归模型的矩阵形式**。

§2.3　参数的最小二乘估计

首先,给出几个定义。

样本观测值 (x_i, y_i) 的离差:

$$y_i - E(y_i) = y_i - \beta_0 - \beta_1 x_i;$$

离差平方和:

$$Q(\beta_0, \beta_1) = \sum_{i=1}^{n} (y_i - E(y_i))^2 = \sum_{i=1}^{n} (y_i - \beta_0 - \beta_1 x_i)^2$$

所谓 β_0、β_1 的最小二乘估计(LSE) $\hat{\beta}_0$ 和 $\hat{\beta}_1$,就是使 $Q(\beta_0, \beta_1)$ 达到最小的 β_0、β_1,即要求估计 $\hat{\beta}_0$、$\hat{\beta}_1$ 满足

$$Q(\hat{\beta}_0, \hat{\beta}_1) = \min_{\beta_0, \beta_1} Q(\beta_0, \beta_1) \tag{2.5}$$

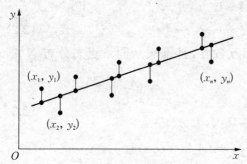

图 2.2　一元回归模型参数最小二乘估计的几何意义

(2.5)式的几何意义如图 2.2 所示。

其直观含义就是调整直线的斜率和截距,使得所有的散点从整体上与直线达到一种最优状态,即具体为过这些散点作 x 轴的垂线得到与直线交点的线段长度之和达到最小。

根据高等数学知识,由于 $Q(\beta_0, \beta_1)$ 为一个非负二次型,对 β_0、β_1 的偏导存在,故可通过令 Q 对 β_0、β_1 的偏导为零来求得,即令

$$\begin{cases} \dfrac{\partial Q}{\partial \beta_0} = -2 \sum_{i=1}^{n} (y_i - \beta_0 - \beta_1 x_i) = 0 \\ \dfrac{\partial Q}{\partial \beta_1} = -2 \sum_{i=1}^{n} (y_i - \beta_0 - \beta_1 x_i) x_i = 0 \end{cases} \tag{2.6}$$

整理后,得:

$$\begin{cases} n\beta_0 + n\bar{x}\beta_1 = n\bar{y} \\ n\bar{x}\beta_0 + \sum_{i=1}^{n} x_i^2 \beta_1 = \sum_{i=1}^{n} x_i y_i \end{cases} \tag{2.7}$$

称(2.7)式为正规方程组。

求解以上正规方程组,得 β_0、β_1 的 LS 估计为:

$$\begin{cases} \hat{\beta}_0 = \bar{y} - \hat{\beta}_1 \bar{x} \\ \hat{\beta}_1 = \dfrac{\sum_{i=1}^{n} (x_i - \bar{x})(y_i - \bar{y})}{\sum_{i=1}^{n} (x_i - \bar{x})^2} \end{cases} \tag{2.8}$$

其中，$\bar{x} = \dfrac{1}{n}\sum\limits_{i=1}^{n} x_i$，$\bar{y} = \dfrac{1}{n}\sum\limits_{i=1}^{n} y_i$。

若记：$l_{xx} = \sum (x_i - \bar{x})^2 = \sum x_i^2 - n(\bar{x})^2$，$l_{xy} = \sum\limits_{i=1}^{n}(x_i - \bar{x})(y_i - \bar{y}) = \sum x_i y_i - n\,\bar{x}\,\bar{y}$，则(2.8)式可写为：

$$\begin{cases} \hat{\beta}_0 = \bar{y} - \hat{\beta}_1 \bar{x} \\ \hat{\beta}_1 = \dfrac{l_{xy}}{l_{xx}} \end{cases} \tag{2.9}$$

可以验证(2.9)式的 $\hat{\beta}_0$、$\hat{\beta}_1$ 使得(2.5)达到最小。所以，(2.9)式的 $\hat{\beta}_0$、$\hat{\beta}_1$ 是 β_0、β_1 的最小二乘估计。

例 2.1（续）讨论家庭收入 x 影响家庭支出 y 的问题。我们已建立了模型 (2.1)，那么

$$\bar{x} = 5\,400,\ \bar{y} = 2\,997,\ \sum x^2 = 430\,080\,000,$$

$$\sum y^2 = 123\,492\,900,\ \sum xy = 193\,836\,000$$

由公式(2.9)可求得：

$$\hat{\beta}_0 = 380.53,\ \hat{\beta}_1 = 0.484\,5$$

故回归方程为：

$$\hat{y} = 380.53 + 0.484\,5x$$

将该直线和数据点绘在同一个坐标系下，见图 2.3。

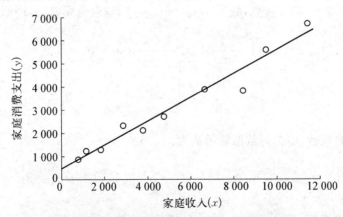

图 2.3 家庭收入与消费支出的散点图及回归直线

由图 2.3 可以看出,回归直线与 10 个样本数据点都很接近,这从直观上说明回归直线对数据的拟合效果是好的。

§2.4 参数的极大似然估计

除上述最小二乘估计外,**极大似然估计**(Maximum Likelihood Estimation)也可以作为回归参数的估计方法。这种估计方法是利用总体的分布函数 $F(x;\theta)$ 及子样所提供的信息建立未知参数 θ 的估计量 $\hat{\theta}$。

当总体 X 为连续形分布时,设其分布密度为 $\{f(x,\theta),\theta\in\Theta\}$,则由简单子样 $(x_1,x_2,\cdots,x_n)$ 所确定的似然函数为:

$$L(\theta;x_1,x_2,\cdots,x_n)=\prod_{i=1}^{n}f(x_i;\theta) \tag{2.10}$$

θ 的极大似然估计应在一切 θ 中选取使样本 $(x_1,x_2,\cdots,x_n)$ 落在样本点 $(x_1,x_2,\cdots,x_n)$ 附近的概率最大的 $\hat{\theta}$ 为未知参数 θ 的估计值。即 $\hat{\theta}$ 应满足:

$$L(\hat{\theta};x_1,x_2,\cdots,x_n)=\max_{\theta\in\Theta}L(\theta;x_1,x_2\cdots,x_n) \tag{2.11}$$

下面讨论一元线性回归模型的极大似然估计。设取自模型(2.3)的样本 $(x_1,y_1),(x_2,y_2),\cdots,(x_n,y_n)$,由假设 $\varepsilon_i\sim N(0,\sigma^2)$,则:

$$y_i\sim N(\beta_0+\beta_1x_i,\sigma^2) \qquad i=1,2,\cdots,n$$

且 $y_1,y_2,\cdots,y_n$ 相互独立,故 $y_1,y_2,\cdots,y_n$ 的联合概率密度,即似然函数为:

$$L(\beta_0,\beta_1,\sigma^2)=\prod_{i=1}^{n}\frac{1}{\sqrt{2\pi}\sigma}\exp\left[-\frac{1}{2\sigma^2}(y_i-\beta_0-\beta_1x_i)^2\right]$$

$$=\left(\frac{1}{\sqrt{2\pi}\sigma}\right)^n\exp\left[-\frac{1}{2\sigma^2}\sum_{i=1}^{n}(y_i-\beta_0-\beta_1x_i)^2\right] \tag{2.12}$$

对上式两边取对数,得到对数似然函数为:

$$\ln(L)=-\frac{n}{2}\ln(2\pi\sigma^2)-\frac{1}{2\sigma^2}\sum_{i=1}^{n}\left[y_i-(\beta_0+\beta_1x_i)\right]^2 \tag{2.13}$$

求 $\ln(L)$ 的极大值,假设 β_0、β_1 及 σ^2 的极大似然估计值为 $\hat{\beta}_0$、$\hat{\beta}_1$ 及 $\hat{\sigma}^2$,可以看

出：求(2.13)式的极大值等价于求 $\sum\limits_{i=1}^{n} [y_i - (\beta_0 + \beta_1 x_i)]^2$ 的极小值。这就与最小二乘法原理完全相同了。因此，在 ε 服从正态分布的条件下，最小二乘法与极大似然估计法的结果是一致的。

同时，我们可以得到 σ^2 的极大似然估计：

$$\hat{\sigma}^2 = \frac{1}{n} \sum_{i=1}^{n} [y_i - \hat{y}_i]^2 = \frac{1}{n} \sum_{i=1}^{n} (y_i - (\hat{\beta}_0 + \hat{\beta}_1 x_i))^2 \qquad (2.14)$$

这个估计是有偏估计，我们以后常用它的无偏估计：

$$\hat{\sigma}^2 = \frac{1}{n-2} \sum_{i=1}^{n} (y_i - \hat{y}_i)^2 = \frac{1}{n-2} \sum_{i=1}^{n} (y_i - (\hat{\beta}_0 + \hat{\beta}_1 x_i))^2 \qquad (2.15)$$

§2.5 最小二乘法估计的性质

最小二乘法得到的参数估计具有线性性、无偏性及最优性三种重要的统计特性。

1) **线性性**，即估计量 $\hat{\beta}_0$、$\hat{\beta}_1$ 为随机变量 y_i 的线性函数。

利用 $\sum\limits_{i=1}^{n}(x_i - \bar{x}) = 0$ 可把 $\hat{\beta}_1$ 改写为：

$$\hat{\beta}_1 = \frac{l_{xy}}{l_{xx}} = \sum_{i=1}^{n} \left[\frac{x_i - \bar{x}}{l_{xx}} \right] y_i，其中，\left[\frac{x_i - \bar{x}}{l_{xx}} \right] 是 y_i 的常数。$$

所以，$\hat{\beta}_1$ 是变量 $y_1, y_2, \cdots, y_n$ 的线性组合。

对 $\hat{\beta}_0$ 而言，因为

$$\hat{\beta}_0 = \bar{y} - \hat{\beta}_1 \bar{x} = \sum_{i=1}^{n} \left[\frac{1}{n} - \frac{x_i - \bar{x}}{l_{xx}} \bar{x} \right] y_i$$

可见，$\hat{\beta}_0$ 也是 y_i 的线性组合。

2) **无偏性**，即 $E(\hat{\beta}_0) = \beta_0$，$E(\hat{\beta}_1) = \beta_1$。

由模型假设知：$E(y_i) = \beta_0 + \beta_1 x_i$，故

$$E(\hat{\beta}_1) = \sum_{i=1}^{n} \left[\frac{x_i - \bar{x}}{l_{xx}} \right] E(y_i) = \sum_{i=1}^{n} \left[\frac{x_i - \bar{x}}{l_{xx}} \right] (\beta_0 + \beta_1 x_i)$$

$$= \beta_1 \sum_{i=1}^{n} \frac{x_i - \bar{x}}{l_{xx}} x_i = \beta_1$$

$$E(\hat{\beta}_0) = E(\bar{y} - \hat{\beta}_1 \bar{x}) = E(\bar{y}) - E(\hat{\beta}_1) \bar{x} = \beta_0 + \beta_1 \bar{x} - \beta_1 \bar{x} = \beta_0$$

可见，$\hat{\beta}_0$ 与 $\hat{\beta}_1$ 分别是 β_0、β_1 的无偏估计。

3) **最优性**，最优性是指最小二乘估计 $\hat{\beta}_0$、$\hat{\beta}_1$ 在所有线性无偏估计当中，具有最小方差。这时也称 $\hat{\beta}_0$、$\hat{\beta}_1$ 分别是 β_0、β_1 的**最优线性无偏估计**（Best Linear Unbiased Estimator，简记为 BLUE）。

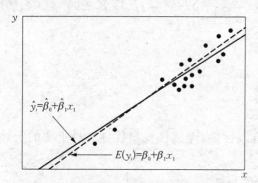

图 2.4 真实的回归直线与估计的回归直线

注：此时我们需要分清 4 个模型的关系，见图 2.4。

（1）真实的统计模型：$y_i = \beta_0 + \beta_1 x_i + \varepsilon_i$

（2）估计的统计模型：$y_i = \hat{\beta}_0 + \hat{\beta}_1 x_i + \varepsilon_i$

（3）真实的回归直线：$E(y_i) = \beta_0 + \beta_1 x_i$

（4）估计的回归直线：$\hat{y}_i = \hat{\beta}_0 + \hat{\beta}_1 x_i$

由前面的叙述知道：

$$\hat{\beta}_1 = \sum_{i=1}^{n} \left[\frac{x_i - \bar{x}}{l_{xx}} \right] y_i$$

其方差 $\mathrm{Var}(\hat{\beta}_1) = \sum_{i=1}^{n} \left[\frac{x_i - \bar{x}}{l_{xx}} \right]^2 \mathrm{Var}(y_i) = \frac{\sigma^2}{l_{xx}^2} \sum_{i=1}^{n} (x_i - \bar{x})^2 = \frac{\sigma^2}{l_{xx}}$。

类似地，$\hat{\beta}_0 = \bar{y} - \hat{\beta}_1 \bar{x}$，其方差 $\mathrm{Var}(\hat{\beta}_0) = \left(\frac{1}{n} + \frac{\bar{x}^2}{l_{xx}} \right) \sigma^2$。

下一章我们将证明，在所有 β_0 和 β_1 的无偏估计类中，$\hat{\beta}_0$ 和 $\hat{\beta}_1$ 的方差最小。正是由于最小二乘估计的这一特性，才使得最小二乘估计在数理统计学及计量经济学中获得最为广泛的应用。

由 $\mathrm{Var}(\hat{\beta}_1)$ 的表达式可以看出，$\hat{\beta}_1$ 的方差与 l_{xx} 成反比，而 l_{xx} 就是 x 的取值

分散程度的度量,因而,当 x 的取值波动越大,$\hat{\beta}_1$ 就越稳定;反之,如果原始数据 x 的取值是在一个较小的范围内,则 $\hat{\beta}_1$ 的稳定性就比较差。同样,由 $\mathrm{Var}(\hat{\beta}_0)$ 的表达式可以看出,$\hat{\beta}_0$ 的方差与 l_{xx} 成反比,且它和样本容量有一定的关系,当样本容量越大,$\hat{\beta}_0$ 的稳定性就越好。这一点对我们收集原始数据具有一定的指导意义。也就是说,在收集数据时,我们尽可能地使数据分散一些,不要集中在一个比较小的范围内;另一方面,在人力、物力允许的情况下,收集尽量多的数据。

定理 2.1 在模型(2.3)下,有:

(1) $\hat{\beta}_1 \sim N\left(\beta_1, \dfrac{\sigma^2}{l_{xx}}\right)$;

(2) $\hat{\beta}_0 \sim N\left[\beta_0, \left(\dfrac{1}{n} + \dfrac{\bar{x}^2}{l_{xx}}\right)\sigma^2\right]$;

(3) $\mathrm{Cov}(\hat{\beta}_0, \hat{\beta}_1) = -\dfrac{\bar{x}}{l_{xx}}\sigma^2$ 。

证明 由前面 $\hat{\beta}_0$、$\hat{\beta}_1$ 都是 n 个正态随机变量 y_1,y_2,$\cdots$,y_n 的线性组合,故 $\hat{\beta}_0$、$\hat{\beta}_1$ 也遵从正态分布。而正态分布仅由其均值与方差决定。故(1)、(2)得证。

利用协方差的性质:

$$\mathrm{Cov}(\hat{\beta}_0, \hat{\beta}_1) = \mathrm{Cov}\left[\sum_i \left(\frac{1}{n} - \frac{x_i - \bar{x}}{l_{xx}}\bar{x}\right)y_i, \ \sum_i \frac{x_i - \bar{x}}{l_{xx}}y_i\right]$$

$$= \sum_i \left(\frac{1}{n} - \frac{x_i - \bar{x}}{l_{xx}}\bar{x}\right)\frac{x_i - \bar{x}}{l_{xx}}\mathrm{Var}(y_i)$$

$$= -\frac{\bar{x}}{l_{xx}}\sigma^2$$

§2.6 一元线性回归模型的显著性检验

从最小二乘估计的表达式可知,只要给出 n 组数据 (x_i, y_i),$i = 1, 2, \cdots, n$,就可以代入获得 β_0 与 β_1 的估计,从而写出回归方程。但该回归方程对于散点图的拟合是否有意义,即拟合程度好还是不好,需要有检验的准则。如果通过检验发现模型存在缺陷,就必须重新设定模型或者估计参数。一元线性回归模型检验包括经济意义检验、统计检验和计量检验。

经济意义检验主要涉及参数估计值的符号和取值范围,如果它们与经济理论以及人们的实践经验不相符,就说明回归模型不能很好地解释现实的经济现象。在对实际的经济现象进行回归分析时,常常会遇到经济意义检验不能通过的情况,这主要是因为经济现象的统计数据无法像自然科学中的统计数据那样通过有控制的实验得到,这样得到的数据可能不满足线性回归分析所要求的假设检验。

统计检验是利用统计学的检验理论检验回归模型的可靠性,具体又可以分为拟合优度检验、相关系数检验、模型的显著性检验(F-检验)和模型参数的显著性检验(t-检验)。

计量检验是对标准线性回归模型的假定条件是否满足进行检验,具体包括序列相关检验、异方差检验等。

本章所讨论的检验主要是统计检验。为作检验,需要先建立假设,而求回归方程的目的是要去反映 y 随 x 变化的一种统计规律。若 $\beta_1 = 0$,则不论 x 如何变化,$E(y)$ 都不会随之而改变,在这种情况下求出的回归方程是无意义的。故检验回归方程是否有意义的问题,就转化为检验如下假设是否为真:

$$H_0 : \beta_1 = 0$$

以下介绍三种常用的检验方法。

注意,在对回归方程进行检验时,通常需要正态性假设:$\epsilon_i \sim N(0, \sigma^2)$。

1) F-检验

从观察值的偏差平方和的分解入手。

定义:总偏差平方和为观测到的 $y_1, y_2, \cdots, y_n$ 的差异,记为:

$$S_T = \sum_{i=1}^{n} (y_i - \bar{y})^2$$

其中,$\bar{y} = \dfrac{1}{n} \sum_{i=1}^{n} y_i$。

造成这一差异的原因有如下两个方面:一是由于假设 $H_0 : \beta_1 = 0$ 不真,从而对不同的 x 值,$E(y)$ 随 x 变化而变化,记这一偏差平方和为:

$$S_R = \sum_{i=1}^{n} (\hat{y}_i - \bar{y})^2$$

且

$$S_R = \sum_{i=1}^{n} (\hat{y}_i - \bar{y})^2 = \sum_{i=1}^{n} (\hat{\beta}_0 + \hat{\beta}_1 x_i - \bar{y})^2$$

$$= \sum_{i=1}^{n} (\bar{y} + \hat{\beta}_1 (x_i - \bar{x}) - \bar{y})^2 = \sum_{i=1}^{n} (\hat{\beta}_1 (x_i - \bar{x}))^2 = \hat{\beta}_1^2 l_{xx}$$

$$E(S_R) = E((\hat{\beta}_1^2) \cdot l_{xx}) = [(E(\hat{\beta}_1))^2 + \mathrm{Var}(\hat{\beta}_1)] \cdot l_{xx} = \beta_1^2 l_{xx} + \sigma^2$$

这表明 S_R 中除了误差波动外,反映了由 $\beta_1 \neq 0$ 所引起的数据间的差异,称 S_R 为回归平方和,其自由度为 1。

二是由其他一切随机因素引起的误差,其平方和称为残差平方和,记为:

$$S_E = \sum_{i=1}^{n} (y_i - \hat{y}_i)^2$$

以后将证明,在模型(1.3)之下,$\dfrac{S_E}{\sigma^2}$ 服从自由度为 $n-2$ 的卡方分布,故 $E\left(\dfrac{S_E}{\sigma^2}\right) = n-2$。从而 $\hat{\sigma}^2 = \dfrac{S_E}{n-2}$ 为 σ^2 的无偏估计。

残差平方和也称为剩余平方和,其自由度为 $n-2$。

$$
\begin{aligned}
S_E &= \sum_{i=1}^{n} (y_i - \hat{y}_i)^2 = \sum_{i=1}^{n} (y_i - \hat{\beta}_0 - \hat{\beta}_1 x_i)^2 \\
&= \sum_{i=1}^{n} (y_i - \bar{y} - \hat{\beta}_1 (x_i - \bar{x}))^2 \\
&= \sum_{i=1}^{n} (y_i - \bar{y})^2 - 2\hat{\beta}_1 \sum_{i=1}^{n} (y_i - \bar{y})(x_i - \bar{x}) + \hat{\beta}_1^2 \sum_{i=1}^{n} (x_i - \bar{x})^2 \\
&= S_T - 2\hat{\beta}_1 \cdot l_{xy} + \hat{\beta}_1^2 \cdot l_{xx} \\
&= S_T - S_R
\end{aligned}
$$

即:
$$S_T = S_E + S_R \tag{2.16}$$

(2.16)式称为**平方和分解式**。它将总偏差平方和 S_T 中可能存在的系统误差都分解到回归平方和 S_R 中去了,残差平方和 S_E 没有系统变差。

为了假设检验等问题的需要,在模型(2.3)的条件下,我们需要讨论回归平方和 S_R 和残差平方和 S_E 的分布,并讨论其独立性问题,对此有如下定理(下一章将证明这一定理):

定理 2.2 在模型(2.3)下,有:

(1) $\dfrac{S_E}{\sigma^2} \sim \chi^2(n-2)$;

(2) 在 H_0 成立下,$\dfrac{S_R}{\sigma^2} \sim \chi^2(1)$;

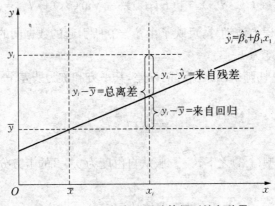

图 2.5　拟合回归直线后计算得到的各种量

（3）S_R 与 S_E 相互独立。

于是，当 H_0 为真时，统计量

$$F = \frac{\text{回归分析平方和 } S_R \text{ 的均方}(MS)}{\text{残差平方和 } S_E \text{ 的均方}(MS)} = \frac{S_R}{\dfrac{S_E}{(n-2)}} \sim F(1,\ n-2)$$

由于当 H_0 为真时，我们希望回归平方和尽可能大，而残差平方和尽可能小，因此，给定显著性水平 α，H_0 的拒绝域为：

$$F > F_\alpha(1,\ n-2)$$

我们称这种检验为 F-检验法或回归方程的方差分析。

F-检验的过程通常用方差分析表进行，见表 2.2。

表 2.2　方 差 分 析

方差来源	平 方 和	自 由 度	均　　　方	F　　值
回归	$S_R = \hat{\beta}_1^2 l_{xx}$	1	$\overline{S}_R = S_R$	$F = \dfrac{\overline{S}_R}{\overline{S}_E}$
剩余	$S_E = S_T - S_R$	$n-2$	$\overline{S}_E = \dfrac{S_E}{n-2}$	
总和	S_T	$n-1$		

例 2.1 （续）作回归方程的显著性检验。

经计算，

$$S_R = \hat{\beta}_1^2 l_{xx} = 0.484\,5^2 \times (430\,080\,000 - 10 \times 5\,400^2) = 32\,506\,829.82,$$

$$S_T = \sum y^2 - n\bar{y} = 123\,492\,900 - 10 \times 2\,997^2 = 33\,672\,810,$$

$$S_E = S_T - S_R = 1\,165\,980.18$$

表 2.3 是本例依据方差分析得出的结果。

表 2.3　方差分析表

方差来源	平　方　和	自 由 度	均　　　方	F　　值
回归	32 506 829.82	1	32 506 829.82	223.035*
剩余	1 165 980.18	8	145 747.52	
总和	33 672 810	9		

而 $F_{0.05}(1, 8) = 5.23$，$F = 223.035 > F_{0.05}(1, 8)$，即，应该拒绝假设，说明回归方程有显著意义。

2）t-检验法

下面构造 t-检验统计量来检验假设 H_0。由前面的知识知道：

$$\hat{\beta}_1 \sim N\left(\beta_1, \frac{\sigma^2}{l_{xx}}\right), \quad \frac{(n-2)\hat{\sigma}^2}{\sigma^2} = \frac{S_E}{\sigma^2} \sim \chi^2(n-2)$$

且 $\hat{\beta}_1$ 与 S_E 独立（下一章将给出其证明）。故有：

$$\frac{\hat{\beta}_1 - \beta}{\sqrt{\dfrac{\sigma^2}{l_{xx}}}} \Big/ \sqrt{\frac{(n-2)\hat{\sigma}^2}{\sigma^2} \Big/ (n-2)} \sim t(n-2)$$

即：

$$\frac{\hat{\beta}_1 - \beta_1}{\hat{\sigma}} \sqrt{l_{xx}} \sim t(n-2)$$

其中，$\hat{\sigma} = \sqrt{\hat{\sigma}^2} = \sqrt{\dfrac{1}{n-2} \sum_{i=1}^{n} e_i^2} = \sqrt{\dfrac{1}{n-2} S_E}$

当 H_0 为真时，即 $\beta_1 = 0$，此时，检验统计量为：

$$t = \frac{\hat{\beta}_1}{\hat{\sigma}} \sqrt{l_{xx}} \sim t(n-2)$$

当 $|t| = \dfrac{|\hat{\beta}_1|}{\hat{\sigma}} \sqrt{l_{xx}} > t_{\frac{a}{2}}(n-2)$ 时,拒绝 H_0。

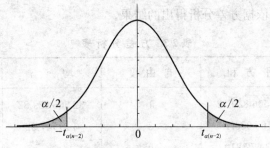

图 2.6 双侧假设检验

例 2.1 (续) 用 t-检验来检验回归方程,由于

$$\hat{\beta}_1 = 0.484\ 5, \hat{\sigma}^2 = 145\ 209.75, l_{xx} = 1.384\ 8 \times 10^8$$

所以,$t = 14.96$,查表 $t_{\frac{a}{2}}(8) = t_{0.025}(8) = 2.306$,即:

$$|t| > t_{0.025}(8), \quad p < 0.025$$

即拒绝 $H_0: \beta_1 = 0$,认为在水平 $\alpha = 0.025$ 下回归效果是显著的。与 F-检验的结果一致。

3) 相关系数的检验

二维样本 (x_i, y_i),$i = 1, 2, \cdots, n$ 的相关系数定义为:

$$r = \frac{\sum\limits_{i=1}^{n}(x_i - \bar{x})(y_i - \bar{y})}{\sqrt{\sum\limits_{i=1}^{n}(x_i - \bar{x})^2 \sum\limits_{i=1}^{n}(y_i - \bar{y})^2}} = \frac{l_{xy}}{\sqrt{l_{xx} \cdot l_{yy}}}$$

且 r 与 $\hat{\beta}_1$ 之间有如下关系:

$$r = \frac{l_{xy}}{\sqrt{l_{xx} \cdot l_{yy}}} = \frac{l_{xy}}{l_{xx}} \sqrt{\frac{l_{xx}}{l_{yy}}} = \hat{\beta}_1 \sqrt{\frac{l_{xx}}{l_{yy}}},$$

直观上,当 H_0 为真时,$|\hat{\beta}_1|$ 应较小,当 $|r|$ 较大时,就应拒绝假设 H_0。即拒绝域

为：$\{|r| \geqslant c\}$，其中，c 应满足 $p(|r| \geqslant c) = \alpha$，$\alpha$ 为显著性水平，且常记 $c = r_{1-\frac{\alpha}{2}}(n-2)$。

由回归平方和与残差平方和的意义知道，如果在总的平方和中回归平方和所占的比重越大，则线性回归效果就越好，这说明回归直线与样本观测值拟合程度就越好；如果剩余平方和所占的比重大，则回归直线与样本观测值拟合程度就不理想。相关系数的检验恰恰符合这一思想，因此，可以作为检验的依据和方法。另外，定义样本决定系数如下：

$$r^2 = \frac{S_R}{S_T}$$

即把回归平方和与总平方和之比定义为样本决定系数，记为 r^2。

可以证明：相关系数的平方就是样本决定系数。样本决定系数 r^2 是一个回归直线与样本观测值拟合优度的相对指标，反映了因变量的波动中能用自变量解释的比例，r^2 的值总是在 0 与 1 之间。r^2 的值越接近 1，拟合优度就越好。

例 2.1 （续）可以计算得 $r = 0.484\,5 \times \sqrt{\dfrac{1.384\,8 \times 10^8}{33\,672\,810}} = 0.982\,5$

当 $\alpha = 0.05$ 时，$c = r_{0.975}(8) = 0.632$，由于 $0.982\,5 > c = 0.632$，故样本落在拒绝域中，拒绝 H_0，认为回归方程是显著的。同时，样本决定系数 $r^2 = 0.965\,3$，接近 1，可见拟合程度很好。结果与 F-检验和 t-检验的结果一致。

4）三种检验的关系

前面介绍了回归系数显著性的 F-检验、t-检验及相关系数的检验，三者之间有着密切的关系。从计算式子上看：

$$t^2 = F, \quad r^2 = \frac{1}{1 + \dfrac{n-2}{F}}$$

可见三者之间是等价的。因而，对一元线性回归实际只需要作其中一种检验即可。然而，对于下一章将会讲到的多元线性回归而言，这三种检验所考虑的问题已有不同，所以并不等价，是三种不同的检验。

前面我们主要讨论拒绝原假设，可以认为回归方程是显著的。但是，如果是接受原假设，可以认为回归方程是不显著的，导致这种情况的可能原因如下：

（1）误差与正态假设严重背离；

(2) Y 与 X 无关；

(3) Y 与 X 虽然相关，但不是线性关系；

(4) Y 还与 X 以外的因素有更密切的关系。

因此，需要对模型加以改进。

§2.7 一元线性回归模型的回归预测与区间估计

回归方程的一个重要应用是回归预测。所谓预测，是指给定 x_0 对相应的 y 的取值 y_0 作出推断。由模型知，$y_0 = \beta_0 + \beta_1 x_0 + \varepsilon_0$ 是一个随机变量，要预测随机变量的取值是不可能的，只能预测其期望值 $E(y_0)$。这种统计推断有两类：一是给出 $E(y_0)$ 的估计值，也称为预测值；另一类是给出 y_0 的一个预测区间。

若在 $x = x_0$ 处的回归值为 $\hat{y}_0 = \hat{\beta}_0 + \hat{\beta}_1 x_0$，在模型 (2.3) 下，不难证明：

$$\hat{y}_0 \sim N\left[\beta_0 + \beta_1 x_0, \left(\frac{1}{n} + \frac{(x_0 - \bar{x})^2}{l_{xx}}\right)\sigma^2\right]$$

因而，$\hat{y}_0$ 为相应的期望值 $E(y_0) = \beta_0 + \beta_1 x_0$ 的一个无偏估计。可见，预测值 $\hat{y}_0$ 与目标值 y_0 有相同的均值。但是，$\hat{y}_0$ 的方差随着给定的 x_0 与样本均值 $\bar{x}$ 的距离 $|x_0 - \bar{x}|$ 的增大而增大，即当给定的 x_0 与样本均值 $\bar{x}$ 相差较大时，y_0 的估计值 $\hat{y}_0$ 波动就增大。这说明，在实际应用回归方程进行控制和预测时，给定的 x_0 不能偏离样本均值 $\bar{x}$ 太大。如果偏离太大，用回归方程无论是作因素分析还是作预测，效果都不会理想。

在 $x = x_0$ 时，随机变量 y_0 的取值与预测值 $\hat{y}_0$ 总会有一定的偏差。可要求这种绝对偏差 $|y_0 - \hat{y}_0|$ 不超过某个 ε 的概率为 $1 - \alpha(0 < \alpha < 1)$，即：

$$P(|y_0 - \hat{y}_0| \leqslant \varepsilon) = 1 - \alpha, \text{或} P(\hat{y}_0 - \varepsilon \leqslant y_0 \leqslant \hat{y}_0 + \varepsilon) = 1 - \alpha$$

则称 $[\hat{y}_0 - \varepsilon, \hat{y}_0 + \varepsilon]$ 为 y_0 的概率为 $1 - \alpha$ 的预测区间。

我们还可以利用 $\hat{\beta}_1$ 估计 β_1 的置信区间。由于

$$P\left\{\left|\frac{\hat{\beta}_1 - \beta_1}{s(\hat{\beta}_1)}\right| \leqslant t_\alpha(n-2)\right\} = 1 - \alpha$$

由大括号内不等式得 β_1 的置信区间为：

$$\hat{\beta}_1 - s(\hat{\beta}_1)t_\alpha(n-2) \leqslant \beta_1 \leqslant \hat{\beta}_1 + s(\hat{\beta}_1)t_\alpha(n-2)$$

其中，$s(\hat{\beta}_1)$ 是 $s^2(\hat{\beta}_1)=\dfrac{1}{\sum(x_t-\bar{x})^2}\hat{\sigma}^2$ 的算术根，其中的 $\hat{\sigma}$ 是 $\hat{\sigma}^2$ 的算术根。

在给定 α 后，如何求 ε 呢？我们知道，在模型(2.3)下：

$$y_0\sim N(\beta_0+\beta_1 x_0,\ \sigma^2),\ \text{且}\ \hat{y}_0\sim N\left(\beta_0+\beta_1 x_0,\ \left[\frac{1}{n}+\frac{(x_0-\bar{x})^2}{l_{xx}}\right]\sigma^2\right)$$

即知 $\hat{y}_0$ 为 $y_1,y_2,\cdots,y_n$ 的线性组合。因此，y_0 与 $\hat{y}_0$ 相互独立。则

$$y_0-\hat{y}_0\sim N\left(0,\ \left[1+\frac{1}{n}+\frac{(x_0-\bar{x})^2}{l_{xx}}\right]\sigma^2\right)$$

另一方面，由于

$$\frac{n-2}{\sigma^2}\hat{\sigma}^2\sim\chi^2(n-2)$$

且 $y_0,\hat{y}_0,\hat{\sigma}^2$ 也相互独立(证明见下一章)。

由此可构造 t 统计量如下：

$$t=\frac{\dfrac{y_0-\hat{y}_0}{\sigma\sqrt{1+\dfrac{1}{n}+\dfrac{(x_0-\bar{x})^2}{l_{xx}}}}}{\sqrt{\dfrac{(n-2)\ \hat{\sigma}^2}{\sigma^2(n-2)}}}=\frac{y_0-\hat{y}_0}{\hat{\sigma}\sqrt{1+\dfrac{1}{n}+\dfrac{(x_0-\bar{x})^2}{l_{xx}}}}\sim t(n-2)$$

于是，对于给定的置信水平 $1-\alpha$，y_0 的置信区间为：

$$\left(\hat{y}_0-t_{\frac{\alpha}{2}}(n-2)\cdot\hat{\sigma}\sqrt{1+\frac{1}{n}+\frac{(x_0-\bar{x})^2}{l_{xx}}}\ ,\right.$$

$$\left.\hat{y}_0+t_{\frac{\alpha}{2}}(n-2)\cdot\hat{\sigma}\sqrt{1+\frac{1}{n}+\frac{(x_0-\bar{x})^2}{l_{xx}}}\ \right)$$

上述区间称为 y_0 的置信水平为 $1-\alpha$ 的预测区间，由此可知，对于给定的样本观测值及置信水平，用回归方程来预测 y_0 时，其精度与 x_0 有关。当 x_0 越靠近 $\bar{x}$，预测的精度就越高。记 $\varepsilon(x)=t_{\frac{\alpha}{2}}(n-2)\cdot\hat{\sigma}\sqrt{1+\dfrac{1}{n}+\dfrac{(x_0-\bar{x})^2}{l_{xx}}}$，则预测区间为

$(\hat{y}(x_0) \pm \varepsilon(x_0))$。

令 $\begin{cases} y_1(x) = \hat{y}(x) - \varepsilon(x) \\ y_2(x) = \hat{y}(x) + \varepsilon(x) \end{cases}$，则由曲线 $y_1(x)$ 与 $y_2(x)$ 形成一条包含回归直线 $\hat{y}_0 = \hat{\beta}_0 + \hat{\beta}_1 x_0$ 的带域。该带域在 $x = \bar{x}$ 处最窄，见图 2.7。

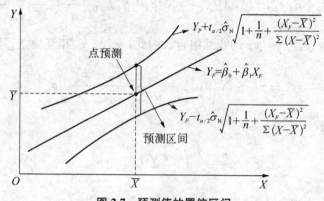

图 2.7 预测值的置信区间

例 2.1 (续) 求在 $x_0 = 6\,000$ 元时，y_0 的置信水平为 0.95 的预测区间。

解： $\hat{y}_0 = \hat{\beta}_0 + \hat{\beta}_1 x_0 = 380.526\,86 + 0.484\,5 \times 60 = 3\,287.719$

$$\varepsilon(x) = t_{\frac{\alpha}{2}}(n-2) \cdot \hat{\sigma} \sqrt{1 + \frac{1}{n} + \frac{(x_0 - \bar{x})^2}{l_{xx}}}$$

$$= 2.306 \times 381.063\,9 \times \sqrt{1 + \frac{1}{10} + \frac{(6\,000 - 5\,400)^2}{1.384\,8 \times 10^8}}$$

$$= 922.711\,7$$

故预测区间为 $(3\,287.719 \pm 922.711\,9)$，也就是说，某个收入为 6\,000 元的家庭的消费支出介于 2\,365 元到 4\,210 元之间，置信度为 95%。

注意： 在实际问题中，样本容量通常很大，若 x_0 在 $\bar{x}$ 的附近时，预测区间 $(\hat{y}(x_0) \pm \varepsilon(x_0))$ 中的根式近似等于 1，而 $t_{\frac{\alpha}{2}}(n-1) \approx u_{\frac{\alpha}{2}}$，此时，$y_0$ 的置信水平为 α 的预测区间近似地等于

$$(\hat{y}_0 - \hat{\sigma} u_{\alpha/2}, \hat{y}_0 + \hat{\sigma} u_{\alpha/2})$$

在实际应用中，我们希望置信水平越高越好，而置信区间却越小越好。但是，根据区间估计理论，这是不可能的，因为置信水平和置信区间是一对矛盾。根据上述公

式,对于回归模型,y_0 的置信水平为 α 的预测区间可以由下列方法缩小:

(1) 增加样本容量 n,当置信水平 α 不变时,n 越大,相应的 t 值越小;同时,增大样本容量 n,$\hat{\sigma}\sqrt{1+\dfrac{1}{n}+\dfrac{(x_0-\bar{x})^2}{l_{xx}}}$ 也会减小,相应的预测区间可以缩小。

(2) 提高样本观测值的分散度。在一般情况下,样本观测值越分散,l_{xx} 的值也会越大,相应的预测区间也可以缩小。

下面以时间序列数据为例介绍预测问题。预测可分为事前预测和事后预测。两种预测都是在样本区间之外进行,如图所示。

对于**事后预测**,被解释变量和解释变量的值在预测之前都是已知的。可以直接用实际发生值评价模型的预测能力。对于**事前预测**,解释变量是未发生的。(当模型中含有滞后变量时,解释变量则有可能是已知的。)当预测被解释变量时,首先应该预测解释变量的值。对于解释变量的预测,通常采用时间序列模型。

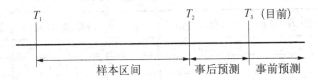

预测还分为有条件预测和无条件预测。对于无条件预测,预测式中所有解释变量的值都是已知的。所以,事后预测应该属于无条件预测。当一个模型的解释变量完全由滞后变量组成时,事前预测也有可能是无条件预测。例如,

$$\hat{y}_t = \hat{\beta}_0 + \hat{\beta}_1 x_{t-1}$$

当预测 $T+1$ 期的 y_t 值时,x_t 用的是 T 期值,是已知值。

根据估计的回归函数,得:

$$\hat{y}_0 = \hat{\beta}_0 + \hat{\beta}_1 x_0$$

§2.8 可化为线性回归的曲线回归

在许多实际问题中,变量间的关系未必是线性关系,但如果样本的散点图大致呈某一曲线,又存在某种变换可将该曲线转变为直线,则可利用该变换把问题转化为线性回归问题,从而利用线性回归的结果,表 2.4 是几种常用的曲线回归模型。

表 2.4 可线性化的曲线函数及相应的变换

曲 线 函 数	变 换	线 性 形 式
$y = a \cdot x^b$	$y' = \ln y$, $x' = \ln x$	$y' = \ln a + bx'$
$y = a \cdot e^{bx}$	$y' = \ln y$	$y' = \ln a + bx$
$y = a + b\ln x$	$x' = \ln x$	$y' = a + bx'$
$y = \dfrac{x}{ax - b}$	$y' = 1/y$, $x' = 1/x$	$y' = a - bx'$
$y = \dfrac{e^{a+bx}}{1 + e^{a+bx}}$	$y' = \ln(y/(1-y))$	$y' = a + bx$

下面通过几个例子说明这种方法的使用过程。

例 2.2　　为了解百货商店销售额与流通费率之间的关系,收集了九个商店的有关数据,见表 2.5。

表 2.5 销售额与流通费率数据

序号	销售额(万元)x	流通费率(%)y	序号	销售额(万元)x	流通费率(%)y
1	1.5	7.0	6	16.5	2.5
2	4.5	4.8	7	19.5	2.4
3	7.5	3.6	8	22.5	2.3
4	10.5	3.1	9	25.5	2.2
5	13.5	2.7			

作散点图如图 2.8 所示。

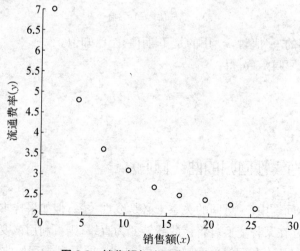

图 2.8 销售额与流通费率的散点图

由图 2.8 可以看出,销售额与流通费率呈指数关系。对原始数据作对数变换,令 $u = \ln x$, $v = \ln y$,变换后的数据如表 2.6 所示。

表 2.6 将销售额与流通费率数据取自然对数后的数据

$\ln x_i$	$\ln y_i$	$\ln x_i$	$\ln y_i$
0.405 5	1.945 9	2.803 4	0.914 3
1.504 1	1.568 6	2.970 4	0.875 5
2.014 9	1.280 9	3.113 5	0.832 9
2.351 4	1.131 4	3.238 7	0.788 5
2.602 7	0.993 3		

$(\ln x_i , \ln y_i)$ 的散点图如图 2.9 所示。

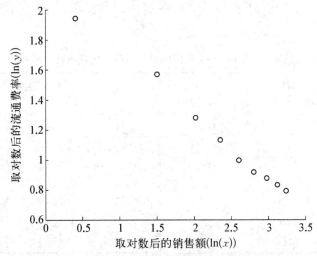

图 2.9 将销售额与流通费率数据取自然对数后的散点图

由图 2.9 可以看出,销售额与流通费率数据取自然对数后的散点图基本上成一直线。所以,假设回归模型为:

$$v_i = \beta_0 + \beta_1 u_i + \varepsilon_i , \ i = 1, \cdots, 9$$

经计算算得: $\hat{\beta}_0 = 2.142\ 1$, $\hat{\beta}_1 = -0.425\ 9$,从而得回归方程为:

$$\hat{v} = 2.142\ 1 - 0.425\ 9u$$

又　　　　$|t| = \dfrac{|\hat{\beta}_1|}{\hat{\sigma}} \sqrt{l_{uu}} = \dfrac{0.425\ 9}{0.146\ 0} \sqrt{6.633\ 6} = 7.513\ 3 > t_{0.025}(7) = 2.364\ 6$

可知在水平 0.95 之下 u 与 v 的线性回归效果显著。用原变量代入,有:

$$\ln \hat{y} = 2.142\,1 - 0.425\,9 \ln x$$

即:

$$\hat{y} = 8.517\,3 \cdot x^{-0.425\,9}$$

上式基本上反映了 y 与 x 的相关关系。

在一些社会经济问题中,有时从直观上看,数据的散点图似乎呈线性关系,但是通过进一步分析会发现,选用非线性回归模型效果会更好;有时可能几种模型都可以作为拟合模型效果都很好,这时需要作分析选用其中最好的。下面通过两个例子进行说明。

例 2.3　从全社会发展的角度考虑,影响电话机社会拥有量的主要因素是社会经济发展水平,而综合反映社会经济发展水平的指标可以考虑利用国内生产总值表示。表 2.7 是某地区 1984—1997 年国内生产总值和电话机社会拥有量的数据。

表 2.7　某地区 1984—1997 年国内生产总值和电话机社会拥有量数据

年　份	电话机社会拥有量(千部) y	GDP (千万元) x	年　份	电话机社会拥有量(千部) y	GDP (千万元) x
1984	312.3	108.3	1991	735.6	201.5
1985	348.7	115.4	1992	843.0	223.7
1986	388.6	126.6	1993	971.2	242.0
1987	433.5	131.2	1994	1 117.6	256.7
1988	486.5	145.6	1995	1 295.0	286.1
1989	552.7	166.7	1996	1 505.0	324.3
1990	634.5	184.7	1997	1 733.1	369.7

关于上述数据,作散点图如图 2.10。

由散点图知,国内生产总值 x 和电话机社会拥有量 y 呈线性关系,所以,可以考虑选线性回归模型拟合。经计算得:$\hat{\beta}_0 = -328.380\,4$,$\hat{\beta}_1 = 5.535\,0$,从而得回归方程为:

$$\hat{y} = -328.380\,4 + 5.535\,0x$$

又 $|t| = \dfrac{|\hat{\beta}_1|}{\hat{\sigma}} \sqrt{l_{uu}} = 37.505\,5 > t_{0.025}(12) = 2.178\,8$,可见,在检验水平 0.95 之下,$y$ 与 x 的线性回归效果显著。

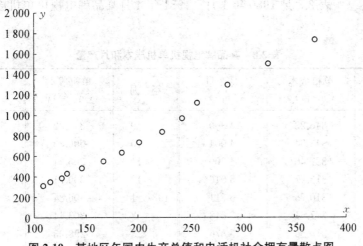

图 2.10 某地区年国内生产总值和电话机社会拥有量散点图

但是,考虑到电话机社会拥有量 y 的经济特性,选用幂函数曲线回归模型更贴切一些,这是由一般经济理论而来的。设弹性系数为 K,表示某商品的需求强度。若 Y 表示需求量,X 表示收入或者价格,则有如下关系:

$$K = \frac{\Delta Y/Y}{\Delta X/X}$$

此时,$K > 1$ 表明商品具有收入或者价格弹性;$K < 1$ 则表示弹性不大。进行简单的数学变换,可以将上式写为:

$$\frac{\Delta Y}{Y} = K \cdot \frac{\Delta X}{X}$$

进一步的可以写为:

$$\ln Y = K \cdot \ln X + C$$

因此,Y 与 X 具有幂函数关系,即 $Y = A \cdot X^K$。

关于电话机社会拥有量 y 和国内生产总值 x 的问题符合上述特性,所以,可以考虑选用幂函数曲线回归模型 $y = a \cdot x^b$。经计算得:$\hat{a} = 0.421\,9$,$\hat{b} = 1.411\,6$,从而得幂函数曲线回归方程为:

$$\hat{y} = 0.421\,9 \cdot x^{1.411\,6}$$

同理,检验水平 0.95 之下 y 与 x 的回归效果显著。

例 2.4 表 2.8 是 1980 年 1 月—1981 年 4 月某品牌电视机单机成本和月产量的数据。

表 2.8 某品牌电视机单机成本和月产量

年 月	单机成本 （元/台）y	月产量 （台）x	年 月	单机成本 （元/台）y	月产量 （台）x
1980，1	346.23	4 300	9	310.82	6 024
2	343.34	4 004	10	306.83	6 194
3	327.46	4 300	11	305.11	7 558
4	313.27	5 016	12	300.71	7 381
5	310.75	5 511	1981，1	306.84	6 950
6	307.61	5 648	2	303.44	6 471
7	314.56	5 876	3	298.03	6 354
8	305.72	6 651	4	296.21	8 000

关于上述数据，作散点图 2.11。

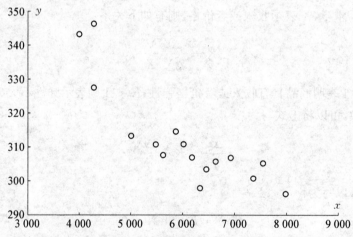

图 2.11 某品牌电视机单机成本 y 和月产量 x 的散点图

根据散点图特点，拟选用如下曲线回归模型：

$$y = a \cdot x^b \text{（幂函数曲线）}$$

$$y = a + \frac{b}{x} \text{（双曲线）}$$

$$y = a + b \ln x \text{（对数函数曲线）}$$

这是因为经过上述三种曲线形式变换后,变量之间的散点图 2.12 呈近似的线性关系。

经计算得:

关于幂函数曲线回归模型 $y = a \cdot x^b$,其参数分别为 $\hat{a} = 7.447\,9, \hat{b} = -0.196\,4$。

关于双曲线回归模型 $y = a + \dfrac{b}{x}$,其参数分别为 $\hat{a} = 250.784\,8, \hat{b} = 355\,457.16$。

关于对数函数回归模型 $y = a + b\ln x$,其参数分别为 $\hat{a} = 857.689, \hat{b} = -62.813\,6$。

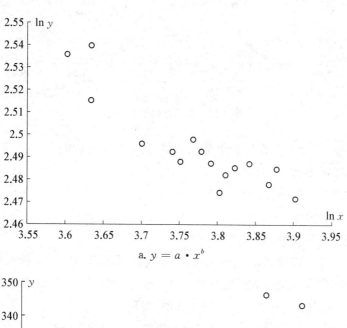

a. $y = a \cdot x^b$

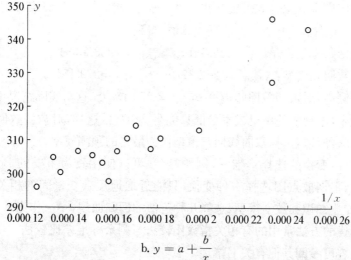

b. $y = a + \dfrac{b}{x}$

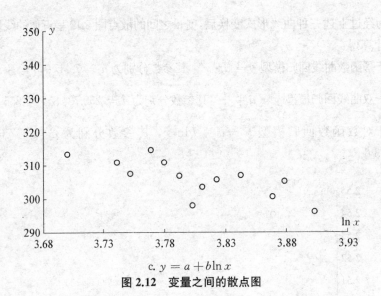

c. $y = a + b\ln x$

图 2.12 变量之间的散点图

经过检验,三个模型在检验水平 0.95 之下 y 与 x 的回归效果显著。计算三个模型的样本决定系数,分别为:

幂函数曲线回归模型:$r^2 = 0.794\,2$

双曲线回归模型:$r^2 = 0.838$

对数函数回归模型:$r^2 = 0.801\,6$

从上述计算可以看到,三个模型的拟合效果也相当,其中,双曲线回归模型和对数函数回归模型的拟合效果更好些。进一步地,我们假定 1981 年 5 月、6 月的产量分别为 9 500 台和 10 000 台,计算预测值,得到:

双曲线回归模型:$y_{1981,5} = 288.201\,3$,$y_{1981,6} = 288.330\,4$

对数函数回归模型:$y_{1981,5} = 282.375\,9$,$y_{1981,6} = 279.154\,0$

上述预测中,对数函数回归模型 $y_{1981,6} = 279.154\,0$,这与实际情况不符。因为在实际生产中,电视机的单机成本最低只能是 280/台,这样,对数函数回归模型显然不符合要求,所以,选择双曲线回归模型作为最终的预测模型。

一般来说,变换的选择不唯一,例如,经常可以使用较为重要的 Box-Cox 变换。事实上,根据散点图选择一种变换,只能近似地反映变量间的相关关系。通常,要根据专业知识和数学模型,选择几种近似的回归曲线,一一作出计算,然后从中择优。择优的方法常用的有相关指数比较法与剩余标准差比较法。Box-Cox 变换的详细内容可参阅其他有关书籍。

小 结

本章详细介绍了一元线性回归模型,包含它的未知参数的估计和模型的假设检验。给出了未知参数的最小二乘估计以及极大似然估计,发现它们是一致的;讨论了最小二乘估计的优良性质。模型的假设检验包含 F-检验、t-检验和相关系数检验,由于它们在一元线性回归模型的假设检验问题上是一致的,使用哪一个都是可以的。本章还讨论了一元线性回归模型的预测问题以及数据变换问题。

习 题 二

1. 一元线性回归模型有哪些基本假设?

2. 证明:(1) $\mathrm{Var}(\hat{\beta}_0) = \left[\dfrac{1}{n} + \dfrac{\bar{x}^2}{l_{xx}} \right] \sigma^2$;

       (2) $\mathrm{Var}(e_i) = \left[1 - \dfrac{1}{n} - \dfrac{(x-\bar{x})^2}{l_{xx}} \right] \sigma^2$。

3. 验证三种检验的关系,即验证:

   (1) $t = \dfrac{\hat{\beta}_1 \cdot \sqrt{l_{xx}}}{\hat{\sigma}} = \dfrac{\sqrt{n-2} \cdot r}{\sqrt{1-r^2}}$;

   (2) $F = \dfrac{\hat{\beta}_1^2 \cdot l_{xx}}{\hat{\sigma}^2} = t^2$。

4. 随机抽取某地 12 个居民家庭为样本,调查得到有关人均收入与食品支出的资料如下:

单位:元

编 号	家庭人均收入 x	人均食品支出 y	编 号	家庭人均收入 x	人均食品支出 y
1	820	750	7	1 600	1 300
2	930	850	8	1 800	1 450
3	1 050	920	9	2 000	1 560
4	1 300	1 050	10	2 700	2 000
5	1 440	1 200	11	3 000	2 000
6	1 500	1 200	12	4 000	2 200

要求：

(1) 画出散点图。

(2) x 与 y 之间是否大致呈线性关系？

(3) 用最小二乘估计求出回归方程。

(4) 对回归方程作方差分析。

5. 某企业生产某种产品的产量和单位成本资料如下：

月　　份	1	2	3	4	5	6
产量 x(千件)	4	6	8	7	8	9
单位成本 y(元/件)	73	72	71	72	70	69

要求：

(1) 确定单位成本对产量的线性回归模型。

(2) 对该模型的回归系数进行检验。

(3) 以 95% 的置信度估计产量为 10 千件时单位成本特定值的置信区间。

6. 在钢线碳含量对于电阻的效应的研究中，得到以下数据：

碳含量(x)	0.10	0.30	0.40	0.55	0.70	0.80	0.95
电阻(y)(微欧)	18	18	19	21	22.6	23.8	26

要求：

(1) 画出散点图。

(2) x 与 y 之间是否大致呈线性关系？

(3) 用最小二乘估计求出回归方程。

(4) 对回归方程作方差分析。

(5) 给出 β_1 的置信度为 0.95 的置信区间。

(6) 求 $x = 0.50$ 处的置信水平为 0.95 的预测区间。

7. 假定保险公司希望确定居民住宅区火灾造成的损失数额与该住户到最近的消防站之间的距离的关系，以便准确地定出保险金额。保险公司收集了如下数据：

火灾损失与距离消防站距离数据

到消防站的距离(km)	3.0	2.6	4.3	2.1	1.1	6.1	4.8	3.8
火灾损失(千元)	22.3	19.6	31.3	24.0	17.3	43.2	36.4	26.1

(续表)

到消防站的距离(km)	3.4	1.8	4.6	2.3	3.1	5.5	0.7
火灾损失(千元)	26.2	17.8	31.3	23.1	27.5	36.0	14.1

要求:

(1) 画出散点图。

(2) 建立回归方程。

(3) 对回归方程作方差分析。

(4) 给出回归系数的置信度为 95% 的置信区间。

(5) 求到消防站距离 2.5 km 处的置信水平为 95% 的预测区间。

(6) 给保险公司提出一个合理的建议。

8. 一家保险公司十分关心其总公司营业部加班的程度,决定认真调查一下现状。经过 10 周时间,收集了每周加班工作时间的数据和签发的新保单数目,x 为每周签发的新保单数目,y 为每周加班工作时间(小时),见下表。

周序号	1	2	3	4	5	6	7	8	9	10
x	825	215	1 070	550	480	920	1 350	325	670	1 215
y	3.5	1.0	4.0	2.0	1.0	3.0	4.5	1.5	3.0	5.0

要求:

(1) 画出散点图。

(2) x 与 y 之间是否大致成线性关系?

(3) 用最小二乘估计求出回归方程。

(4) 求回归标准误差 $\bar{\sigma}$。

(5) 给出回归系数的置信度为 95% 的区间估计。

(6) 计算 x 与 y 的决定系数。

(7) 对回归方程作方差分析。

(8) 作回归系数 β_1 显著性的检验。

(9) 作相关系数的显著性检验。

(10) 对回归方程作残差图并作相应的分析。

(11) 该公司预计下一周签发新保单 $x_0 = 1\,000$ 张,需要的加班时间是多少?

(12) 给出置信水平为 95% 的近似预测区间。

9. 现代投资分析的特征线涉及如下回归方程:

$$r_t = \beta_0 + \beta_1 r_{mt} + \varepsilon_t$$

其中,r 表示股票或债券的收益率,r_m 表示有价证券的收益率(用市场指数表示,如标准普尔 500

指数),t 表示时间。在投资分析中,β_1 被称为债券的安全系数,β 是用来度量市场的风险程度的,即市场的发展对公司的财产有何影响。依据 1956—1976 年间 240 个月的数据,Fogler 和 Ganpathy 得到 IBM 股票的回归方程;市场指数是在芝加哥大学建立的市场有价证券指数:

$$\hat{r}_t = \underset{(0.300\,1)}{0.726\,4} + \underset{(0.072\,8)}{1.059\,8} r_{mt} \qquad r^2 = 0.471\,0$$

要求:(1) 解释回归参数的意义。

(2) 如何解释 r^2?

(3) 安全系数 $\beta > 1$ 的证券称为不稳定证券,建立适当的零假设及备选假设,并用 t 检验进行检验($\alpha = 0.05$)。

10. 在研究我国人均消费水平时,把人均国民收入作为一个主要因素。现收集到 1980—1998 年之间的数据(如下表),请你使用回归分析的知识分析它们之间的关系。

人均国民收入与人均消费金额

年　份	人均国民收入(元)	人均消费金额(元)	年　份	人均国民收入(元)	人均消费金额(元)
1980	460	234.75	1990	1 634	797.08
1981	489	259.26	1991	1 879	890.66
1982	525	280.58	1992	2 287	1 063.39
1983	580	305.97	1993	2 939	1 323.22
1984	692	347.15	1994	3 923	1 736.32
1985	853	433.53	1995	4 854	2 224.59
1986	956	481.36	1996	5 576	2 627.06
1987	1 104	545.40	1997	6 053	2 819.36
1988	1 355	687.51	1998	6 392	2 958.18
1989	1 512	756.27			

11. 下表给出 1990—1996 年间的 CPI 指数与 S&P500 指数。

年　份	CPI	S&P500 指数	年　份	CPI	S&P500 指数
1990	130.7	334.59	1994	148.2	460.33
1991	136.2	376.18	1995	152.4	541.64
1992	140.3	415.74	1996	159.6	670.83
1993	144.5	451.41			

* 资料来源:总统经济报告,1997,CPI 指数见表 B-60,第 380 页;S&P 指数见表 B-93,第 406 页。

要求：

(1) 以 CPI 指数为横轴、S&P 指数为纵轴作图。

(2) 你认为 CPI 指数与 S&P 指数之间的关系如何？

(3) 考虑下面的回归模型：

$$(S\&P)_t = \beta_0 + \beta_1 CPI_t + \varepsilon_t$$

根据表中的数据，运用最小二乘估计上述方程，并解释你的结果；你的结果有经济意义吗？

12. 下表给出 1988 年 9 个工业国的名义利率(y)与通货膨胀率(x)的数据：

国　　家	$y(\%)$	$x(\%)$	国　　家	$y(\%)$	$x(\%)$
澳大利亚	11.9	7.7	墨西哥	66.3	51.0
加拿大	9.4	4.0	瑞　典	2.2	2.0
法　国	7.5	3.1	英　国	10.3	6.8
德　国	4.0	1.6	美　国	7.6	4.4
意大利	11.3	4.8			

＊资料来源：原始数据来自国际货币基金组织出版的《国际金融统计》。

要求：

(1) 以利率为纵轴、通货膨胀率为横轴作图。

(2) 用最小二乘法进行回归分析，写出求解步骤。

(3) 如果实际利率不变，名义利率与通货膨胀率的关系如何？

13. 某地区有 10 个百货商店，它们的销售额和流通费率资料如下：

商店编号	销售额 x（百万元）	流通费率 y（％）	商店编号	销售额 x（百万元）	流通费率 y（％）
1	0.7	6.4	6	4.3	1.5
2	1.5	4.5	7	5.5	1.4
3	2.1	2.7	8	6.4	1.3
4	2.9	2.1	9	6.9	1.3
5	3.4	1.8	10	7.8	1.2

要求：

(1) 试用散点图观察销售额 x 与流通费率 y 的相关关系。

(2) 拟合双曲线回归模型。

(3) 检验该模型的显著性，并预计 $x_0 = 900$ 万元时的流通费率。

14. 下表中的数据是 1880—1988 年间的世界原油年产量。

1880—1988 年间石油产量数据　　　　单位：百万桶

年　份	石油产量	年　份	石油产量	年　份	石油产量
1880	30	1940	2 150	1972	18 584
1890	77	1945	2 595	1974	20 389
1900	149	1950	3 803	1976	20 188
1905	215	1955	5 626	1978	21 922
1910	328	1960	7 674	1980	21 722
1915	432	1962	8 882	1982	19 411
1920	689	1964	10 310	1984	19 837
1925	1 069	1966	12 016	1986	20 246
1930	1 412	1968	14 104	1988	21 338
1935	1 655	1970	16 690		

利用上面数据讨论下列问题：

(1) 构造一个石油产量对年份的散点图，并观察该图像中的点散布呈非线性状。为了对这些数据拟合线性回归模型，必须对石油产量数据作变换。

(2) 构造 log(石油产量) 对年份的散点图，作线性回归，评价模型的拟合效果。

15. 为研究某都市报开设周日报的可行性，得到 35 种报纸平日和周日的发行量数据（以千为单位），数据如下表：

报纸序号	平日发行量	周日发行量	报纸序号	平日发行量	周日发行量
1	391.952	488.506	15	1 164.388	1 531.527
2	516.981	798.198	16	444.581	553.479
3	355.628	235.084	17	412.871	685.975
4	238.555	299.451	18	272.280	324.241
5	391.952	488.506	19	781.796	983.240
6	537.780	559.093	20	1 209.225	1 762.015
7	733.775	1 133.249	21	825.512	960.038
8	198.823	348.741	22	223.748	284.611
9	252.624	417.779	23	354.843	407.760
10	206.204	344.552	24	515.523	982.663
11	231.177	323.084	25	220.465	557.000
12	449.775	620.752	26	337.672	440.923
13	288.571	423.305	27	197.120	268.060
14	185.736	202.614	28	133.239	262.048

（续表）

报纸序号	平日发行量	周日发行量	报纸序号	平日发行量	周日发行量
29	374.009	482.052	33	201.860	267.781
30	273.884	338.355	34	321.626	480.343
31	570.364	704.322	35	838.902	1 165.567
32	391.286	585.681			

＊资料来源：Gale Directory of Publications，1994。

要求：

(1) 画一个周日发行量关于平日发行量的散点图,观察该散点图中两个变量之间是否具有线性关系。

(2) 拟合一条回归直线,由平日发行量去预测周日发行量。

(3) 给出 β_0 和 β_1 的 95% 的置信区间。

(4) 周日发行量和平日发行量有显著关系吗? 使用统计检验来回答这一问题,并写明你所作的假设检验以及结论。

(5) 某一报纸正考虑推出周日版,平日发行量为 500 000 份,给出该报纸周日发行量的 95% 的置信区间。

第三章

多元线性回归分析

§3.1 多元线性回归模型

上一章介绍了因变量 y 只与一个自变量 x 有关的线性回归问题。在许多实际问题中,一元线性回归模型只不过是回归分析中的一种特例,它通常是对影响某种现象的许多因素进行简化考虑的结果。例如,我们考虑对家庭消费支出的影响,除了家庭收入是影响因素外,物价指数、价格变换趋势、广告、利率、外汇汇率、就业状况等多种因素都会影响消费支出。这样,因变量 y 就与多个自变量 x_1, x_2, … 有密切关系。这就要用多元回归模型来分析问题。

本章主要讨论线性相关条件下,两个和两个以上自变量对一个因变量的数量变化关系,称为多元线性回归分析,其数学表达式称为**多元线性回归模型**。多元线性回归模型是一元线性回归模型的自然推广,其基本原理与一元线性回归模型类似,只是自变量的个数增加了,从而加大了在计算上的复杂性。

作为多元线性回归模型的最简单形式,先考察二元线性回归模型。对于两个自变量对一个因变量的数量变化关系情况,假定因变量 y 与自变量 x_1、x_2 之间的回归关系可以用线性函数近似反映。二元线性回归模型的一般形式如下:

$$y = \beta_0 + \beta_1 x_1 + \beta_2 x_2 + \varepsilon$$

其中,ε 是随机误差项,且 $E(\varepsilon) = 0$, $\mathrm{Var}(\varepsilon) = \sigma^2$。固定自变量(解释变量)的每一组观察值时,因变量 y 的值是随机的,为 $E(y \mid x_1, x_2)$,从而因变量的条件期望函数为:

$$E(y \mid x_1, x_2) = \beta_0 + \beta_1 x_1 + \beta_2 x_2$$

类似于一元线性回归模型,从几何上看,上述方程表示的是如图 3.1 所示的空间中的一个平面(多元线性回归方程将表示多维空间中的一个超平面)。对于给定的 (x_1, x_2),因变量 y 的均值就是该平面上正对 (x_1, x_2) 的那个点的 y 坐标的值(实心点),空心点表示对应于实际观测值 y 的点,实心点与空心点的差别就对应着随机误差项。

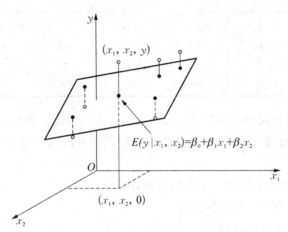

图 3.1　观测点关于真实回归平面的散点图

对于上述二元线性回归方程,在几何上是一个平面(如图 3.2 所示),对于不同的观测值,就得到不同的样本回归平面。

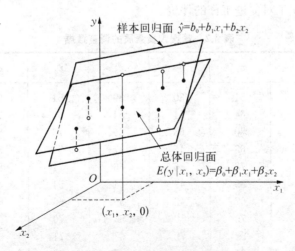

图 3.2　总体回归平面与样本回归平面

一般而言,对于多元线性回归问题,收集到的数据由因变量(或称被解释变量)y 与 p 个自变量(或称解释变量)$x_1, x_2, \cdots, x_p$ 的 n 次观测值组成,通常如表 3.1 所示。

表 3.1　多元回归模型的数据组成

观测次数	y	x_1	x_2	x_3	$\cdots$	x_p
1	y_1	x_{11}	x_{21}	x_{31}	$\cdots$	x_{p1}
2	y_2	x_{12}	x_{22}	x_{32}	$\cdots$	x_{p2}
$\vdots$	$\vdots$	$\vdots$	$\vdots$	$\vdots$		$\vdots$
n	y_n	x_{1n}	x_{2n}	x_{3n}	$\cdots$	x_{pn}

例 3.1　某公司想研究管理人员所做的工作的情况。为此,公司作了管理人员素质的一份调查报告,包括职工是否满意他们的管理人员等有关问题。收集到的数据见表 3.2。

其中,y:管理人员所做的工作的全面评价;

　　　x_1:对待职工疾苦的态度;

　　　x_2:不允许的特权;

　　　x_3:抓紧机会学习新东西;

　　　x_4:根据成绩提拔职工;

　　　x_5:对职工的缺点过分苛刻的指责;

　　　x_6:职工对促进工作的评价。

表 3.2　管理人员素质的调查数据

编号	y	x_1	x_2	x_3	x_4	x_5	x_6
1	43	51	30	39	61	92	45
2	63	64	51	54	63	73	47
3	71	70	68	69	76	86	48
4	61	63	45	47	54	84	35
5	81	78	56	66	71	83	47
6	43	55	49	44	54	49	34
7	58	67	42	56	66	68	35
8	71	75	50	55	70	66	41
9	72	82	72	67	71	83	31
10	67	61	45	47	62	80	41

(续表)

编号	y	x_1	x_2	x_3	x_4	x_5	x_6
11	64	53	53	58	58	67	34
12	67	60	47	39	59	74	41
13	59	62	57	42	55	63	25
14	68	83	83	45	59	77	35
15	77	77	54	72	79	77	46
16	81	90	50	72	60	54	36
17	74	85	64	69	79	79	63
18	65	60	65	75	55	80	60
19	65	70	46	57	75	85	46
20	50	58	68	54	64	78	52
21	50	40	33	34	43	64	33
22	64	61	52	62	66	80	41
23	53	66	52	50	63	80	37
24	40	37	42	58	50	57	49
25	63	54	42	48	66	75	33
26	66	77	66	63	88	76	72
27	78	75	58	74	80	78	49
28	48	57	44	45	51	83	38
29	85	85	71	71	77	74	55
30	82	82	39	64	64	78	39

　　为了研究管理人员所做的工作的全面评价与六个因素之间的关系,就需要建立多元回归模型。

　　多元线性回归模型的一般形式为:

$$y = \beta_0 + \beta_1 x_1 + \beta_2 x_2 + \cdots + \beta_p x_p + \varepsilon \tag{3.1}$$

其中,β_0,β_1,$\cdots$,β_p 是 $p+1$ 个未知参数,β_0 称为回归常数,β_1,β_2,$\cdots$,β_p 称为回归系数,y 称为因变量,x_1,x_2,$\cdots$,x_p 为自变量,ε 为随机误差。称(3.1)式为多元线性回归模型。

　　显然,当 $p=1$ 时,(3.1)式为一元线性回归模型。

　　对于随机误差 ε,常假定:

$$E(\varepsilon) = 0, \ \mathrm{Var}(\varepsilon) = \sigma^2 \tag{3.2}$$

51

定义 理论回归方程为 $E(y) = \beta_0 + \beta_1 x_1 + \beta_2 x_2 + \cdots + \beta_p x_p$ (3.3)

当考虑具体问题时,若已经获得 n 组观测数据,$(x_{i1}, x_{i2}, \cdots, x_{ip}; y_i)$,$i=1, 2, \cdots, n$,则模型(3.1)可表示为:

$$\begin{cases} y_1 = \beta_0 + \beta_1 x_{11} + \beta_2 x_{12} + \cdots + \beta_p x_{1p} + \varepsilon_1 \\ y_2 = \beta_0 + \beta_1 x_{21} + \beta_2 x_{22} + \cdots + \beta_p x_{2p} + \varepsilon_2 \\ \qquad\qquad\qquad \cdots\cdots \\ y_n = \beta_0 + \beta_1 x_{n1} + \beta_2 x_{n2} + \cdots + \beta_p x_{np} + \varepsilon_n \end{cases}$$ (3.4)

令

$$y = \begin{bmatrix} y_1 \\ y_2 \\ \vdots \\ y_n \end{bmatrix}, \ X = \begin{bmatrix} 1 & x_{11} & x_{12} & \cdots & x_{1p} \\ 1 & x_{21} & x_{22} & \cdots & x_{2p} \\ \vdots & \vdots & \vdots & & \vdots \\ 1 & x_{n1} & x_{n2} & \cdots & x_{np} \end{bmatrix}, \ \beta = \begin{bmatrix} \beta_0 \\ \beta_1 \\ \vdots \\ \beta_p \end{bmatrix}, \ \varepsilon = \begin{bmatrix} \varepsilon_1 \\ \varepsilon_2 \\ \vdots \\ \varepsilon_n \end{bmatrix},$$

则模型(3.4)变为:

$$Y = X\beta + \varepsilon$$ (3.5)

称(3.5)是**多元回归模型的矩阵形式**。

为了便于对模型中的参数进行估计,对回归方程(3.4)作如下基本假定:

假设 1 自变量 $x_1, x_2, \cdots, x_p$ 是确定性变量,不是随机变量,且 $\mathrm{rank}(X) = p+1 < n$,即 X 为一个满秩矩阵。

假设 2 满足高斯-马尔柯夫条件(G-M 条件),即:

$$\begin{cases} E(\varepsilon_i) = 0, \ i=1, 2, \cdots, n \\ \mathrm{Cov}(\varepsilon_i, \varepsilon_j) = \begin{cases} \sigma^2, \ i=j \\ 0, \ i \neq j \end{cases}, \ i, j = 1, 2, \cdots, n \end{cases}$$ (3.6)

假设 3 正态分布的假设条件为:

$$\begin{cases} \varepsilon_i \sim N(0, \sigma^2), \ i=1, 2, \cdots, n \\ \varepsilon_1, \varepsilon_2, \cdots, \varepsilon_n \ 相互独立 \end{cases}$$

假设 1 说明只讨论自变量是确定性的回归问题,假设 2 说明随机误差的平均值为零,观测值没有系统误差。随机误差项 ε_i 的协方差为零,表明随机误差项在不同的样本点之间不相关,即不存在序列相关,假设 3 限定误差项是正态分布,在实践中这是合理的。

在如上假设 1 和假设 2 满足的条件下,多元回归模型的矩阵形式(3.5)可以写为:

$$\begin{cases} y = X\beta + \varepsilon \\ E(\varepsilon) = 0 \\ \mathrm{Var}(\varepsilon) = \sigma^2 I_n \end{cases} \tag{3.7}$$

在如上三个假设满足的条件下,多元回归模型的矩阵形式(3.5)可以写为:

$$\begin{cases} y = X\beta + \varepsilon \\ \varepsilon \sim N(0, \ \sigma^2 I_n) \end{cases} \tag{3.8}$$

§3.2　多元线性回归模型的参数估计

3.2.1　参数的最小二乘估计

类似于一元线性回归模型,在多元线性回归模型中,寻找参数的最小二乘估计向量 $\hat{\beta} = (\hat{\beta}_0, \cdots, \hat{\beta}_p)'$,即寻找使离差平方和

$$Q(\beta_0, \beta_1, \cdots, \beta_p) = \sum_{i=1}^{n} (y_i - \beta_0 - \beta_1 x_{i1} - \beta_2 x_{i2} - \cdots - \beta_p x_{ip})^2 \tag{3.9}$$

达到极小的 $\beta_0, \cdots, \beta_p$ 的值,即寻找 $\hat{\beta}_0, \cdots, \hat{\beta}_p$ 使其满足

$$\begin{aligned} Q(\hat{\beta}_0, \hat{\beta}_1, \cdots, \hat{\beta}_p) &= \sum_{i=1}^{n} (y_i - \hat{\beta}_0 - \hat{\beta}_1 x_{i1} - \hat{\beta}_2 x_{i2} - \cdots - \hat{\beta}_p x_{ip})^2 \\ &= \min_{\beta_0, \beta_1, \cdots, \beta_p} \sum_{i=1}^{n} (y_i - \beta_0 - \beta_1 x_{i1} - \beta_2 x_{i2} - \cdots - \beta_p x_{ip})^2 \end{aligned}$$

$$\tag{3.10}$$

称 $\hat{\beta}_0, \cdots, \hat{\beta}_p$ 为回归参数 $\beta_0, \cdots, \beta_p$ 的最小二乘估计。

可以用多元微积分中求极值的方法实现这一过程,具体计算如下:对(3.9)的未知参数求偏导数,并令这些偏导数等于 0,则可知 $\hat{\beta}_0, \hat{\beta}_1, \cdots, \hat{\beta}_p$ 满足方程组:

$$\begin{cases} \left.\dfrac{\partial Q}{\partial \beta_0}\right|_{\beta_0=\hat{\beta}_0} = -2\sum_{i=1}^{n}(y_i - \hat{\beta}_0 - \hat{\beta}_1 x_{i1} - \hat{\beta}_2 x_{i2} - \cdots - \hat{\beta}_p x_{ip}) = 0 \\[2mm] \left.\dfrac{\partial Q}{\partial \beta_1}\right|_{\beta_1=\hat{\beta}_1} = -2\sum_{i=1}^{n}(y_i - \hat{\beta}_0 - \hat{\beta}_1 x_{i1} - \hat{\beta}_2 x_{i2} - \cdots - \hat{\beta}_p x_{ip})x_{i1} = 0 \\[2mm] \left.\dfrac{\partial Q}{\partial \beta_2}\right|_{\beta_2=\hat{\beta}_2} = -2\sum_{i=1}^{n}(y_i - \hat{\beta}_0 - \hat{\beta}_1 x_{i1} - \hat{\beta}_2 x_{i2} - \cdots - \hat{\beta}_p x_{ip})x_{i2} = 0 \\[2mm] \quad\vdots \\[2mm] \left.\dfrac{\partial Q}{\partial \beta_p}\right|_{\beta_p=\hat{\beta}_p} = -2\sum_{i=1}^{n}(y_i - \hat{\beta}_0 - \hat{\beta}_1 x_{i1} - \hat{\beta}_2 x_{i2} - \cdots - \hat{\beta}_p x_{ip})x_{ip} = 0 \end{cases} \tag{3.11}$$

整理后知 $\hat{\beta}_1, \hat{\beta}_2, \cdots, \hat{\beta}_p$ 满足如下方程组：

$$\begin{cases} l_{11}\hat{\beta}_1 + l_{12}\hat{\beta}_2 + \cdots + l_{1p}\hat{\beta}_p = l_{1y} \\ l_{21}\hat{\beta}_1 + l_{22}\hat{\beta}_2 + \cdots + l_{2p}\hat{\beta}_p = l_{2y} \\ \quad\cdots\cdots \\ l_{p1}\hat{\beta}_1 + l_{p2}\hat{\beta}_2 + \cdots + l_{pp}\hat{\beta}_p = l_{py} \end{cases} \tag{3.12}$$

且
$$\hat{\beta}_0 = \bar{y} - \hat{\beta}_1 \bar{x}_1 - \hat{\beta}_2 \bar{x}_2 - \cdots - \hat{\beta}_p \bar{x}_p \tag{3.13}$$

其中,对于任意的 $\alpha = 1, \cdots, n$ 和 $i, j = 1, \cdots, p$,

$$l_{ij} = l_{ji} = \sum_{\alpha}(x_{\alpha i} - \bar{x}_i)(x_{\alpha j} - \bar{x}_j) = \sum_{\alpha} x_{\alpha i} x_{\alpha j} - \frac{1}{n}\left(\sum_{\alpha} x_{\alpha i}\right)\left(\sum_{\alpha} x_{\alpha j}\right)$$

$$l_{iy} = \sum_{\alpha}(x_{\alpha i} - \bar{x}_i)(y_{\alpha} - \bar{y}) = \sum_{\alpha} x_{\alpha i} y_{\alpha} - \frac{1}{n}\left(\sum_{\alpha} x_{\alpha i} y_{\alpha}\right)\left(\sum_{\alpha} y_{\alpha}\right)$$

方程(3.12)、(3.13)称为**正规方程组**,写成矩阵形式为：

$$\begin{pmatrix} n & \sum x_{1i} & \sum x_{2i} & \cdots & \sum x_{pi} \\ \sum x_{1i} & \sum x_{1i}^2 & \sum x_{2i}x_{1i} & \cdots & \sum x_{pi}x_{1i} \\ \vdots & \vdots & \vdots & \vdots & \vdots \\ \sum x_{pi} & \sum x_{1i}x_{pi} & \sum x_{2i}x_{pi} & \cdots & \sum x_{pi}^2 \end{pmatrix} \begin{pmatrix} \hat{\beta}_0 \\ \hat{\beta}_1 \\ \hat{\beta}_2 \\ \vdots \\ \hat{\beta}_p \end{pmatrix} = \begin{pmatrix} \sum y_i \\ \sum x_{1i}y_i \\ \vdots \\ \sum x_{pi}y_i \end{pmatrix}$$

这是因为

$$\begin{pmatrix} n & \sum x_{1i} & \sum x_{2i} & \cdots & \sum x_{pi} \\ \sum x_{1i} & \sum x_{1i}^2 & \sum x_{2i}x_{1i} & \cdots & \sum x_{pi}x_{1i} \\ \vdots & \vdots & \vdots & \vdots & \vdots \\ \sum x_{pi} & \sum x_{1i}x_{pi} & \sum x_{2i}x_{pi} & \cdots & \sum x_{pi}^2 \end{pmatrix}$$

$$= \begin{pmatrix} 1 & 1 & \cdots & 1 \\ x_{11} & x_{12} & \cdots & x_{1n} \\ x_{21} & x_{22} & \cdots & x_{2n} \\ \vdots & \vdots & \vdots & \vdots \\ x_{p1} & x_{p2} & \cdots & x_{pn} \end{pmatrix} \begin{pmatrix} 1 & x_{11} & x_{21} & \cdots & x_{p1} \\ 1 & x_{12} & x_{22} & \cdots & x_{p2} \\ \vdots & \vdots & \vdots & \vdots & \vdots \\ 1 & x_{1n} & x_{2n} & \cdots & x_{pn} \end{pmatrix} = X'X$$

$$\begin{pmatrix} \sum y_i \\ \sum x_{1i}y_i \\ \vdots \\ \sum x_{pi}y_i \end{pmatrix} = \begin{pmatrix} 1 & 1 & \cdots & 1 \\ x_{11} & x_{12} & \cdots & x_{1n} \\ x_{21} & x_{22} & \cdots & x_{2n} \\ \vdots & \vdots & \vdots & \vdots \\ x_{p1} & x_{p2} & \cdots & x_{pn} \end{pmatrix} \begin{pmatrix} y_1 \\ y_2 \\ \vdots \\ y_n \end{pmatrix} = X'y$$

设 $\hat{\beta} = \begin{pmatrix} \hat{\beta}_0 \\ \hat{\beta}_1 \\ \vdots \\ \hat{\beta}_p \end{pmatrix}$

由此,写成矩阵方程形式为:

$$X'X\hat{\beta} = X'y \tag{3.14}$$

由假设 1 可知,$X'X$ 是满秩的,所以,可以得到回归参数 $\beta_0, \cdots, \beta_p$ 的最小二乘估计为:

$$\hat{\beta} = (X'X)^{-1}X'y \tag{3.15}$$

定义 经验回归方程

$$\hat{y} = \hat{\beta}_0 + \hat{\beta}_1 x_1 + \hat{\beta}_2 x_2 + \cdots + \hat{\beta}_p x_p \tag{3.16}$$

称向量 $\hat{y} = X\hat{\beta} = (\hat{y}_1, \cdots, \hat{y}_n)'$ 为 $y = (y_1, \cdots, y_n)'$ 的**回归值**或拟合值。

由(3.15)式可得:

$$\hat{y} = X\hat{\beta} = X (X'X)^{-1} X'y \tag{3.17}$$

从(3.17)看,矩阵 $H = X (X'X)^{-1} X'$ 把因变量 y 变为拟合值向量 $\hat{y}$,从形式上看,戴上一顶帽子"$\wedge$"而形象地称矩阵 H 为帽子矩阵,即:

$$\hat{y} = Hy$$

且 H 为 n 阶对称阵,同时还是幂等矩阵,即 $H = H^2$,可以证明,H 的迹

$$\mathrm{tr}(H) = \sum_{i=1}^{n} h_{ii} = p + 1$$

其中,h_{ii} 为矩阵 H 的主对角线上第 i 元素。事实上,

$$\mathrm{tr}(H) = \mathrm{tr}(X (X'X)^{-1} X') = \mathrm{tr}((X'X)^{-1} (X'X)) = \mathrm{tr}(I_{p+1}) = p + 1$$

y_i 的残差定义为: $e_i = y_i - \hat{y}_i, \ i = 1, \cdots, n$ \tag{3.18}

相应地,称 $e = (e_1, \cdots, e_n)' = y - \hat{y}$ 为回归残差向量。则:

$$e = y - \hat{y} = y - Hy = (I - H)y$$

且

$$\mathrm{Var}(e) = \mathrm{Cov}(e, e) = \mathrm{Cov}((I - H)y, (I - H)y)$$
$$= (I - H)\mathrm{Cov}(y, y) (I - H)'$$
$$= \sigma^2 (I - H)I_n (I - H)'$$
$$= \sigma^2 (I - H)$$

于是有:

$$\mathrm{Var}(e_i) = (1 - h_{ii})\sigma^2, \ i = 1, 2, \cdots, n \tag{3.19}$$

且由(3.11)式可知,残差满足关系式:

$$\sum_i e_i = 0, \ \sum_i e_i x_{i1} = 0, \ \sum_i e_i x_{i2} = 0, \ \sum_i e_i x_{ip} = 0 \tag{3.20}$$

上式的矩阵形式为:

$$X'e = 0 \tag{3.21}$$

定理 3.1 误差项方差 σ^2 的一个无偏估计为:

$$\hat{\sigma}^2 = \frac{1}{n - p - 1} \sum_{i=1}^{n} e_i^2$$

证明：由

$$E\left(\sum_{i=1}^{n}e_i^2\right)=\sum_{i=1}^{n}E(e_i^2)=\sum_{i=1}^{n}(\mathrm{Var}(e_i)+(E(e_i))^2)$$

$$=\sum_{i=1}^{n}\mathrm{Var}(e_i)=\sum_{i=1}^{n}(1-h_{ii})\sigma^2$$

$$=\left(n-\sum_{i=1}^{n}h_{ii}\right)\sigma^2=(n-p-1)\sigma^2$$

即 $\hat{\sigma}^2$ 是 σ^2 的一个无偏估计。

注：由正规方程求 $\hat{\beta}$ 时，要求 $(X'X)^{-1}$ 必须存在，即 $(X'X)^{-1}$ 为非奇异矩阵，$|X'X|\neq 0$。由线性代数的知识知道，$X'X$ 为 $p+1$ 满秩矩阵，就必须有 $\mathrm{rank}(X)\geqslant p+1$，而 X 为 $n\times(p+1)$ 阶矩阵，于是，应有 $n\geqslant p+1$。也就是说，要想用最小二乘估计法来估计多元线性回归模型的未知参数，样本容量必须不少于模型中参数的个数。这一点在基本假设中有了体现。

3.2.2 参数的极大似然估计

考虑模型(3.8)，这时，Y 的概率分布是多元正态分布，即：

$$y\sim N(X\beta,\sigma^2 I_n)$$

所以，y 的似然函数是：

$$L(\beta,\sigma^2)=(2\pi\sigma^2)^{-n/2}\exp\left\{-\frac{1}{2\sigma^2}(y-X\beta)'(y-X\beta)\right\}$$

它的对数似然函数是：

$$\ln(L(\beta,\sigma^2))=-\frac{n}{2}\ln(2\pi\sigma^2)-\frac{1}{2\sigma^2}(y-X\beta)'(y-X\beta)$$

由上式可知，$\ln(L(\beta,\sigma^2))$ 达到最大等价于 $(y-X\beta)'(y-X\beta)$ 达到最小，这与最小二乘估计的思想是一致的。所以，参数 β 的极大似然估计与其最小二乘估计是一致的。同时，还可以得到 σ^2 的极大似然估计是：

$$\hat{\sigma}_L^2=\frac{1}{n}(y-X\beta)'(y-X\beta)$$

它是 σ^2 的有偏估计。定理 3.1 给出它的一个无偏估计。

3.2.3 参数的最小二乘估计的性质

性质 1 $\hat{\beta}$ 是随机向量 y 的一个线性变换。

证明: 由于 $\hat{\beta} = (X'X)^{-1}X'y$,由回归模型假设知道,$X$ 是固定的设计矩阵,因此,$\hat{\beta}$ 是随机向量 y 的一个线性变换。

性质 2 $\hat{\beta}$ 是 β 的无偏估计。

证明: $E(\hat{\beta}) = E((X'X)^{-1}X'y) = (X'X)^{-1}X'E(y) = (X'X)^{-1}X'E(X\beta+\varepsilon)$
$= (X'X)^{-1}X'\beta = \beta$

这一性质与一元线性回归 $\hat{\beta}_0$ 与 $\hat{\beta}_1$ 无偏性的性质相同。

性质 3 $\hat{\beta}$ 的协方差阵 $\mathrm{Var}(\hat{\beta}) = \sigma^2(X'X)^{-1}$。

证明: $\mathrm{Var}(\hat{\beta}) = \mathrm{Cov}(\hat{\beta}, \hat{\beta}) = E((\hat{\beta} - E(\hat{\beta}))(\hat{\beta} - E(\hat{\beta}))')$
$= E((\hat{\beta} - \beta)(\hat{\beta} - \beta)')$
$= E(((X'X)^{-1}X'y - \beta)((X'X)^{-1}X'y - \beta)')$
$= E(((X'X)^{-1}X'(X\beta+\varepsilon) - \beta)((X'X)^{-1}X'(X\beta+\varepsilon) - \beta)')$
$= E((\beta + (X'X)^{-1}X'\varepsilon - \beta)(\beta + (X'X)^{-1}X'\varepsilon - \beta)')$
$= E((X'X)^{-1}X'\varepsilon\varepsilon'X(X'X)^{-1})$
$= (X'X)^{-1}X'E(\varepsilon\varepsilon')X(X'X)^{-1}$
$= (X'X)^{-1}X'(\sigma^2 I_n)X(X'X)^{-1} = \sigma^2(X'X)^{-1}$

$\mathrm{Var}(\hat{\beta})$ 反映估计量 $\hat{\beta}$ 的波动大小。由性质 3 可以看出,回归系数向量 $\hat{\beta}$ 的稳定状况不仅与随机误差项的方差 σ^2 有关,还与设计矩阵 X 有关。

性质 4 (高斯-马尔柯夫定理)对于模型(3.7)的参数 β 的任一线性函数 $c'\beta$ 的最小方差线性无偏估计为 $c'\hat{\beta}$,其中,c 是任一 $p+1$ 维常数向量,$\hat{\beta}$ 为 β 的最小二乘估计。

证明: 设 $d'y$ 是 $c'\beta$ 的任一线性无偏估计,则对一切 β,都有:

$$E(d'y) = d'X\beta = c'\beta$$

故必有 $d'X = c'$。 这样,

$$\mathrm{Var}(d'y) = d'\mathrm{Var}(y)d = \sigma^2 d'd$$
$$\mathrm{Var}(c'\hat{\beta}) = \mathrm{Var}[c'(X'X)^{-1}X'y] = \sigma^2 c'(X'X)^{-1}c$$
$$= \sigma^2 d'X(X'X)^{-1}X'd$$

从而,

$$\mathrm{Var}(d'y) - \mathrm{Var}(c'\hat{\beta}) = \sigma^2 d'[I - X(X'X)^{-1}X']d$$
$$= \sigma^2 d'(I - H)d \geqslant 0$$

最后一步是因为 $I - H$ 为投影阵,故必为非负定阵。

性质 5 对于模型(3.8), $\hat{\beta}$ 与 $\hat{\sigma}^2$ 相互独立。

证明: 由于 $e = y - \hat{y} = y - X\hat{\beta} = (I - H)y$,因为 y 遵从正态分布,故 e 也遵从正态分布,再由

$$\mathrm{Cov}(\hat{\beta}, e) = \mathrm{Cov}[(X'X)^{-1}X'y, (I - H)y]$$
$$= (X'X)^{-1}X'\mathrm{Var}(y)(I - H)'$$
$$= \sigma^2(X'X)^{-1}X'(I - H)$$
$$= \sigma^2(X'X)^{-1}X'[I - X(X'X)^{-1}X'] = 0$$

由正态分布的性质知, $\hat{\beta}$ 与 e 独立,从而 $\hat{\beta}$ 与 $e'e$ 独立,即 $\hat{\beta}$ 与 $\hat{\sigma}^2 = e'e/(n-p-1)$ 独立。

性质 5 指出,回归系数的估计 $\hat{\beta}$ 与回归误差的估计 $\hat{\sigma}^2$ 是相互独立的。进一步地,还可推出回归平方和 $S_R = \sum_{i=1}^{n}(\hat{y}_i - \bar{y})^2$ 与残差平方和 $S_E = \sum_{i=1}^{n}(y_i - \hat{y}_i)^2$ 相互独立。

性质 6 对于模型(3.8),有:

(1) $\hat{\beta} \sim N(\beta, \sigma^2(X'X)^{-1})$;

(2) $\dfrac{S_E}{\sigma^2} \sim \chi^2(n-p-1)$。

证明: (1) 由于 $Y \sim N(X\beta, \sigma^2 I_n)$,而 $\hat{\beta}$ 是 Y 的线性组合,所以, $\hat{\beta}$ 是正态的,结合性质 2 和性质 3,得出(1)的结论。

(2) 由于 $S_E = y'[I - X(X'X)^{-1}X']y = y'[I - H]y = \varepsilon'(I - H)\varepsilon$,且

$$\varepsilon \sim N(0, \sigma^2 I_n), \mathrm{rank}(I - H) = n - p - 1,$$

所以,有结论(2)。

§3.3 带约束条件的多元线性回归模型的参数估计

在前面所考虑的回归模型

$$Y = X\beta + \varepsilon$$

中,对 β 没有任何的约束。但在一些实际问题中,往往要求 β 满足某种约束条件,例如,在配方问题中,要求 β_0,$\cdots$,β_p 都非负。在有的问题中,要求 β 满足某个线性约束,这节就讨论有线性约束的多元线性回归模型的参数 β 的估计。

考虑的模型为:

$$\begin{cases} y = X\beta + \varepsilon \\ H\beta = c \\ E(\varepsilon) = 0, \ \mathrm{Var}(\varepsilon) = \sigma^2 I_n \end{cases} \tag{3.22}$$

其中,X 是 $n \times (p+1)$ 的矩阵,且其秩是 $p+1$,H 是 $q \times (p+1)$ 的矩阵,且其秩是 q (不同于前面的帽子矩阵 H),c 是 q 维向量。希望得到该模型参数 β 的估计。

仍用最小二乘法求 β 的估计。由多元微积分求条件极值的理论,用拉格朗日乘子法求使

$$Q(\beta, \lambda) = (y - X\beta)'(y - X\beta) + \lambda'(H\beta - c) \tag{3.23}$$

达到极小时 β 与 λ 的值,记为 $\hat{\beta}_H$、$\hat{\lambda}_H$,其中,λ 是待定的 q 维向量,称做拉格朗日乘子。令

$$\frac{\partial Q(\beta, \lambda)}{\partial \beta} = 0, \ \frac{\partial Q(\beta, \lambda)}{\partial \lambda} = 0$$

得:

$$\begin{cases} -2X'y + 2X'X\beta + H'\lambda = 0 \\ H\beta - c = 0 \end{cases}$$

则:

$$\hat{\beta}_H = (X'X)^{-1}X'y - \frac{1}{2}(X'X)^{-1}H'\hat{\lambda}_H$$

$$= \hat{\beta} - \frac{1}{2}(X'X)^{-1}H'\hat{\lambda}_H \tag{3.24}$$

$$c = H\hat{\beta}_H = H\hat{\beta} - \frac{1}{2}H(X'X)^{-1}H'\hat{\lambda}_H \tag{3.25}$$

其中,$\hat{\beta} = (X'X)^{-1}X'y$ 是模型(3.7)的最小二乘估计。

因为 $X'X$ 是正定阵,H 是满秩的,所以,$H(X'X)^{-1}H'$ 也是正定阵,由(3.25)式可知:

$$\hat{\lambda}_H = -2\left[H\,(X'X)^{-1}H'\right]^{-1}(c - H\hat{\beta}) \tag{3.26}$$

将(3.26)式代入(3.24)式,得:

$$\hat{\beta}_H = \hat{\beta} + (X'X)^{-1}H'\left[H((X'X)^{-1}H')\right]^{-1}(c - H\hat{\beta}) \tag{3.27}$$

下面说明 $\hat{\beta}_H$ 使离差平方和达到最小。因为

$$
\begin{aligned}
Q &= \varepsilon'\varepsilon = (y - X\beta)'(y - X\beta)\\
&= (y - X\hat{\beta} + X\hat{\beta} - X\beta)'(y - X\hat{\beta} + X\hat{\beta} - X\beta) = (y - X\hat{\beta})'(y - X\hat{\beta})\\
&\quad + (y - X\beta)'X(\hat{\beta} - \beta) + (\hat{\beta} - \beta)'X'(y - X\hat{\beta}) + (\hat{\beta} - \beta)'X'X(\hat{\beta} - \beta)\\
&= (y - X\hat{\beta})'(y - X\hat{\beta}) + (\hat{\beta} - \hat{\beta}_H + \hat{\beta}_H - \beta)'X'X(\hat{\beta} - \hat{\beta}_H + \hat{\beta}_H - \beta)'\\
&= (y - X\hat{\beta})'(y - X\hat{\beta}) + (\hat{\beta} - \hat{\beta}_H)'X'X(\hat{\beta} - \hat{\beta}_H)\\
&\quad + (\hat{\beta} - \hat{\beta}_H)'X'X(\hat{\beta}_H - \beta) + (\hat{\beta}_H - \beta)'X'X(\hat{\beta} - \hat{\beta}_H)\\
&\quad + (\hat{\beta}_H - \beta)'X'X(\hat{\beta}_H - \beta) = (y - X\hat{\beta})'(y - X\hat{\beta})\\
&\quad + (\hat{\beta} - \hat{\beta}_H)'X'X(\hat{\beta} - \hat{\beta}_H) + (\hat{\beta}_H - \beta)'X'X(\hat{\beta}_H - \beta) \tag{3.28}
\end{aligned}
$$

显然,当 $\beta = \hat{\beta}_H$ 时,Q 达极小,且

$$
\begin{aligned}
H\hat{\beta}_H &= H\hat{\beta} + H\,(X'X)^{-1}H'\left[H\,(X'X)^{-1}H'\right]^{-1}(c - H\hat{\beta})\\
&= H\hat{\beta} + c - H\hat{\beta} = c
\end{aligned}
$$

故 $\hat{\beta}_H$ 是在约束 $H\beta = c$ 下使 Q 达最小的 β 的最小二乘估计。

用同样的方法,有:

$$
\begin{aligned}
Q(\hat{\beta}_H) &= (y - X\hat{\beta}_H)'(y - X\hat{\beta}_H) = (y - X\hat{\beta})'(y - X\hat{\beta})\\
&\quad + (\hat{\beta} - \hat{\beta}_H)'X'X(\hat{\beta} - \hat{\beta}_H)\\
&= Q(\hat{\beta}) + (\hat{\beta} - \hat{\beta}_H)'X'X(\hat{\beta} - \hat{\beta}_H) \tag{3.29}
\end{aligned}
$$

所以, $$Q(\hat{\beta}_H) \geqslant Q(\hat{\beta})$$

即: $$S_{HE} \geqslant S_E$$

该式说明对参数有了约束条件使残差平方和增大。

定理 3.2 对模型(3.22),如果 $\varepsilon \sim N_n(0,\ I_n\sigma^2)$,则有:

(1) $\hat{\beta}_H \sim N_{q+1}(\beta,\ \sigma^2 G)$;

其中, $$G = (X'X)^{-1}\{I - H'\left[H\,(X'X)^{-1}H'\right]^{-1}H\,(X'X)^{-1}\} \tag{3.30}$$

(2) $\hat{\lambda}_H \sim N_q(0, \sigma^2 D)$；

其中，$\qquad D = 4[H(X'X)^{-1}H']^{-1}(X'X)^{-1}[H(X'X)^{-1}H']^{-1}$

(3) 令 $\hat{y}_H = X\hat{\beta}_H$，$e_H = y - \hat{y}_H$，则 $e_H \sim N_n(0, \sigma^2(I - XGX'))$；

(4) $E(S_{HE}) = (n - p - 1 + q)\sigma^2$。

其中，$\qquad\qquad S_{HE} = (y - \hat{Y}_H)'(y - \hat{Y}_H)$

证明：

(1) 因为 $\hat{\beta}_H$ 是 $\hat{\beta}$ 的线性函数，因而也是 y 的线性函数，所以，$\hat{\beta}_H$ 服从正态分布。又因为 $\quad E(\hat{\beta}_H) = E(\hat{\beta}) - (X'X)^{-1}H'[H(X'X)^{-1}H']^{-1}[c - HE(\hat{\beta})] = \beta$

$$\mathrm{Var}(\hat{\beta}_H)$$
$$= \{I - (X'X)^{-1}H'[H(X'X)^{-1}H']^{-1}H\}\sigma^2(X'X)^{-1} \cdot$$
$$\{I - H'[H(X'X)^{-1}H']^{-1}H(X'X)^{-1}\}$$
$$= \sigma^2 G \tag{3.31}$$

所以，$\qquad \hat{\beta}_H \sim N(\beta, \sigma^2 G)$

(2) 由于 $\hat{\lambda}_H$ 是 $\hat{\beta}$ 的线性函数，所以，$\hat{\lambda}_H$ 服从正态分布。而

$$E(\hat{\lambda}_H) = 2[H(X'X)^{-1}H']^{-1}[HE(\hat{\beta}) - c] = 0 \tag{3.32}$$

$$\mathrm{Var}(\hat{\lambda}_H) = 4[H(X'X)^{-1}H']^{-1}\sigma^2(X'X)^{-1}[H(X'X)^{-1}H']^{-1}$$
$$= \sigma^2 D \tag{3.33}$$

所以，$\quad \hat{\lambda}_H \sim N(0, \sigma^2 D)$

(3) 因为 $\hat{y}_H = X\hat{\beta}_H$ 可表示成 Y 的线性函数，故 e_H 遵从正态分布是显然的。类似于证明 e 与 $\hat{\beta}$ 是相互独立的，同样可以证明 e_H 与 $\hat{\beta}_H$ 是独立的。又因为

$$E(e_H) = E(y) - E(\hat{y}_H) = X\beta - XE(\hat{\beta}_H) = 0 \tag{3.34}$$

且注意到 $y = e_H + \hat{y}_H$，e_H 与 $\hat{\beta}_H$ 独立，所以，e_H 与 $\hat{y}_H$ 也独立，故有：

$$\mathrm{Var}(Y) = \mathrm{Var}(e_H) + \mathrm{Var}(\hat{Y}_H)$$

即：$\qquad \mathrm{Var}(e_H) = \mathrm{Var}(Y) - \mathrm{Var}(\hat{Y}_H) = \sigma^2 I - \mathrm{Var}(X\hat{\beta}_H)$
$$= \sigma^2 I - X\sigma^2 GX' = \sigma^2(I - XGX')$$

所以， $e_H \sim N(0, \sigma^2 (I - XGX'))$

(4) 由于

$$S_{HE} = (y - \hat{y})'(y - \hat{y}) + (\hat{y} - \hat{y}_H)'(\hat{y} - \hat{y}_H),$$

$$E((y - \hat{y})'(y - \hat{y})) = (n - p - 1)\sigma^2,$$

以及

$$(\hat{y} - \hat{y}_H)'(\hat{y} - \hat{y}_H) = (\hat{\beta} - \hat{\beta}_H)'X'X(\hat{\beta} - \hat{\beta}_H)$$

$$= \{(X'X)^{-1}H'[H(X'X)^{-1}H']^{-1}(c - H\hat{\beta})\}'X'X \times$$

$$\{(X'X)^{-1}H'[H(X'X)^{-1}H']^{-1}(c - H\hat{\beta})\}$$

$$= (c - H\hat{\beta})'[H(X'X)^{-1}H']^{-1}(c - H\hat{\beta}), \tag{3.35}$$

$$E(c - H\hat{\beta}) = 0$$

$$\mathrm{Var}(c - H\hat{\beta}) = \mathrm{Var}(H\hat{\beta}) = H(X'X)^{-1}H'\sigma^2 \tag{3.36}$$

所以， $E[(\hat{y} - \hat{y}_H)'(\hat{y} - \hat{y}_H)] = E[(c - H\hat{\beta})' \times (H(X'X)^{-1}H')]$

$$= E[\mathrm{tr}\{(H(X'X)^{-1}H')^{-1}(c - H\hat{\beta})(c - H\hat{\beta})'\}]$$

$$= \mathrm{tr}\{[H(X'X)^{-1}H']^{-1}[H(X'X)^{-1}H']\sigma^2\}$$

$$= q\sigma^2$$

所以， $E(S_{HE}) = (n - p - 1)\sigma^2 + q\sigma^2 = (n - p - 1 + q)\sigma^2$

注：利用定理 3.2 的(4)可得 σ^2 的一个无偏估计：

$$\hat{\sigma}_H^2 = S_{HE}/(n - p + q - 1)$$

§3.4 多元线性回归模型的广义最小二乘估计

在前面的讨论中，我们总是假设线性回归模型的误差是等方差且不相关的，即 $\mathrm{Var}(e) = \sigma^2 I_n$。 虽然在许多情况下，这个假设总是可以认为近似成立的，但是在许多实际问题中，我们不能认为这个假设是合适的。它们的误差方差可能不相等，也可能彼此不相关。这时，误差向量的协方差阵就假设是一正定矩阵，即 $\mathrm{Var}(e) = \sigma^2 \Sigma$，其中，$\Sigma$ 是一正定矩阵，它往往包含未知参数。为了简单，这一节里假定 Σ 是完全已知的。我们讨论如下模型：

$$\begin{cases} y = X\beta + \varepsilon \\ E(\varepsilon) = 0 \\ \mathrm{Var}(\varepsilon) = \sigma^2 \Sigma \end{cases} \tag{3.37}$$

对于该模型,求参数 β 的估计。

我们的方法是:通过适当地变换,将该模型转化为前面已讨论过的模型。

由于 Σ 是正定的,所以,一定存在正交矩阵 P,使 Σ 对角化,即 $\Sigma = P'\Lambda P$,其中,$\Lambda = \mathrm{diag}(\lambda_1, \cdots, \lambda_n)$,$\lambda_i > 0 (i = 1, \cdots, n)$ 是 Σ 的特征值。记 $\Sigma^{-1/2} = P'\mathrm{diag}(\lambda_1^{-1/2}, \cdots, \lambda_n^{-1/2})P$,则 $(\Sigma^{-1/2})^2 = \Sigma^{-1}$,称 $\Sigma^{-1/2}$ 是 Σ^{-1} 的平方根。

用 $\Sigma^{-1/2}$ 左乘模型(3.37)的第一式,并令 $Z = \Sigma^{-1/2}y$,$U = \Sigma^{-1/2}X$,$\nu = \Sigma^{-1/2}\varepsilon$,则模型(3.37)变为:

$$\begin{cases} Z = U\beta + \nu \\ E(\nu) = 0 \\ \mathrm{Var}(\nu) = \sigma^2 I_n \end{cases} \tag{3.38}$$

模型(3.38)就是我们已经讨论过的模型(3.7),记模型(3.38)的最小二乘估计为:

$$\beta^* = (U'U)^{-1}U'Z = (X'\Sigma^{-1}X)^{-1}X'\Sigma^{-1}y \tag{3.39}$$

称 β^* 是 β 的广义最小二乘估计(简记为 GLSE),有时也称 Gauss-Markov 估计。

定理 3.3 对于回归模型(3.37),有:

(1) $E(\beta^*) = \beta$;

(2) $\mathrm{Var}(\beta^*) = \sigma^2(X'\Sigma^{-1}X)^{-1}$;

(3) (一般情况下的 Gauss-Markov 定理)对于任意 $p+1$ 维已知向量 c,$c'\beta^*$ 是 $c'\beta$ 的唯一最小方差线性无偏估计。

证明:

(1)和(2)的证明是简单的,略去。

(3) 设 $b'y$ 是 $c'\beta$ 的任一线性无偏估计,则有:

$$c'\beta^* = c'(U'U)^{-1}U'Z, \quad b'y = b'\Sigma^{1/2}\Sigma^{-1/2}y = b'\Sigma^{1/2}Z$$

由上可知,$c'\beta^*$ 是 $c'\beta$ 的最小二乘估计,而 $b'\Sigma^{1/2}Z$ 是 $c'\beta$ 的一个无偏估计,所以,

$$\mathrm{Var}(c'\beta^*) \leqslant \mathrm{Var}(b'\Sigma^{-1/2}Z) = \mathrm{Var}(b'y)$$

且等号成立当且仅当 $c'\beta^* = b'y$。 定理证毕。

注：定理 3.3 说明，在线性回归模型(3.37)中，β 的广义最小二乘估计 β^* 是最优的。但是，我们将 β^* 表达式中的 Σ 换成 I_n，就得到 $\hat{\beta}$，称它是 β 的简单最小二乘估计。可以验证 $E(\hat{\beta}) = \beta$。对于任意线性函数 $c'\beta$，$c'\hat{\beta}$ 只是它的一个无偏估计，它未必是最优的。我们以后称 $c'\beta^*$ 和 $c'\hat{\beta}$ 分别是 $c'\beta$ 的广义最小二乘估计和(简单)最小二乘估计，且有：

$$\mathrm{Var}(c'\beta^*) \leqslant \mathrm{Var}(c'\hat{\beta})$$

即对于线性回归模型(3.37)，广义最小二乘估计总是优于(简单)最小二乘估计。

§3.5　多元线性回归模型的假设检验

3.5.1　多元线性回归模型的一般线性假设

考虑模型(3.8)

$$\begin{cases} y = X\beta + \varepsilon \\ \varepsilon \sim N_n(0, \sigma^2 I_n) \end{cases}$$

的检验假设

$$H_0: H\beta = c \tag{3.40}$$

其中，$\mathrm{rank}(X) = p + 1$，$\mathrm{rank}(H) = q \leqslant p + 1$。

因为 $S_E/\sigma^2 \sim X^2(n-p-1)$，且 S_E 与 $\hat{\beta}$ 独立，又在 H 成立的条件下，

$$(S_{HE} - S_E)/\sigma^2 \sim X^2(q)$$

而

$$S_{HE} - S_E = (H\hat{\beta} - c)'[H(X'X)^{-1}H']^{-1}(H\hat{\beta} - c)$$

故 $S_{HE} - S_E$ 与 S_E 独立，所以，在假设 H_0 成立时，有：

$$\begin{aligned} F &= \frac{(S_{HE} - S_E)/q}{S_E/(n-p-1)} \\ &= \frac{(H\hat{\beta} - c)'[H(X'X)^{-1}H']^{-1}(H\hat{\beta} - c)}{S_E} \times \frac{n-p-1}{q} \\ &\sim F(q, n-p-1) \end{aligned} \tag{3.41}$$

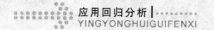
F 可用来作为检验假设 H_0 的检验统计量。

特别地,当 $c=0$ 时,因为

$$\hat{y}_H = X\hat{\beta} - X(X'X)^{-1}H'[H(X'X)^{-1}H']^{-1}H\hat{\beta}$$
$$= \{X(X'X)^{-1}X' - X(X'X)^{-1}H'[H(X'X)^{-1}H']^{-1}H(X'X)^{-1}X'\}y$$
$$= P_H y$$

所以, $S_{HE} = (y - \hat{y}_H)'(y - \hat{y}_H) = y'(I - P_H)'(I - P_H)y$

记 $P_X = X(X'X)^{-1}X'$, $P_1 = X(X'X)^{-1}H'[H(X'X)^{-1}H']^{-1}H(X'X)^{-1}X'$

显然,P_X 和 P_1 都是投影阵,且 $P_H = P_X - P_1$ 也是投影阵,$I_n - P_X$ 和 $I_n - P_H$ 也都是投影阵,则有:

$$S_{HE} = y'(I_n - P_H)y$$
$$S_E = (y - \hat{y})'(y - \hat{y})$$
$$= y'[I_n - X(X'X)^{-1}X']' \times [I_n - X(X'X)^{-1}X']y$$
$$= y'(I_n - P_X)y$$

所以,当 $c=0$ 时,

$$F = \frac{n-p-1}{q} \frac{y'(P_X - P_H)y}{y'(I_n - P_X)y} \sim F(q, n-p-1) \tag{3.42}$$

事实上,F 还是似然比检验统计量,这是因为 y 的似然函数为:

$$L(\beta, \sigma^2) = (2\pi\sigma^2)^{-\frac{n}{2}} \exp\left\{-\frac{1}{2\sigma^2}(y - X\beta)'(y - X\beta)\right\}$$

似然比检验统计量为:

$$T = \frac{\max_{H\beta=c, \sigma^2>0} L(\beta, \sigma^2)}{\max_{\beta, \sigma^2>0} L(\beta, \sigma^2)}$$

而 $$\max_{H\beta=c, \sigma^2>0} L(\beta, \sigma^2) = \max_{\sigma^2>0} L(\hat{\beta}, \sigma^2) = (2\pi\hat{\sigma}_H^2)^{-\frac{n}{2}} e^{-\frac{n}{2}}$$

其中,$\hat{\sigma}^2 = S_E/n$,故 $T = \dfrac{L(\hat{\beta}_H, \hat{\sigma}_H^2)}{L(\hat{\beta}, \hat{\sigma}^2)} = \left(\dfrac{\hat{\sigma}^2}{\hat{\sigma}_H^2}\right)^{\frac{n}{2}}$。则:

$$F = \frac{n-q-1}{q} \cdot \frac{S_{HE} - S_E}{S_E} = \frac{n-p-1}{q}(T^{-\frac{2}{n}} - 1) \tag{3.43}$$

是 T 的单调减函数,当 T 小时,拒绝假设 H_0,所以,当 F 大时,拒绝假设。

例 3.2 设 $y_1 = \theta_1 + \theta_2 + \varepsilon_1$, $y_2 = 2\theta_2 + \varepsilon_2$, $y_3 = -\theta_1 + \theta_2 + \varepsilon_3$,其中,$\varepsilon_i (i = 1, 2, 3)$ 独立且遵从同一正态分布 $N(0, \sigma^2)$。试导出检验假设 $H_0: \theta_1 = 2\theta_2$ 的 F 统计量。

解 由于 $\theta_1 = 2\theta_2$,可写成 $(1, -2)(\theta_1, \theta_2)' = 0$,所以,$H = (1, -2)$,$c = 0$,

$$X = \begin{pmatrix} 1 & 1 \\ 0 & 2 \\ -1 & 1 \end{pmatrix}, \quad X'X = \begin{pmatrix} 2 & 0 \\ 0 & 6 \end{pmatrix}, \quad P_X = X(X'X)^{-1}X' = \begin{pmatrix} \dfrac{2}{3} & \dfrac{1}{3} & -\dfrac{1}{3} \\[2mm] \dfrac{1}{3} & \dfrac{2}{3} & \dfrac{1}{3} \\[2mm] -\dfrac{1}{3} & \dfrac{1}{3} & \dfrac{2}{3} \end{pmatrix},$$

$$P_H = X(X'X)^{-1}X' - X(X'X)^{-1}H' \times [H(X'X)^{-1}H']^{-1}H(X'X)^{-1}X'$$

$$= \begin{pmatrix} \dfrac{2}{3} & \dfrac{1}{3} & -\dfrac{1}{3} \\[2mm] \dfrac{1}{3} & \dfrac{2}{3} & \dfrac{1}{3} \\[2mm] -\dfrac{1}{3} & \dfrac{1}{3} & \dfrac{2}{3} \end{pmatrix} - \begin{pmatrix} \dfrac{1}{42} & -\dfrac{2}{21} & -\dfrac{5}{21} \\[2mm] -\dfrac{2}{21} & \dfrac{8}{21} & \dfrac{10}{21} \\[2mm] -\dfrac{2}{21} & \dfrac{10}{21} & \dfrac{25}{42} \end{pmatrix},$$

$$I - X(X'X)^{-1}X' = \begin{pmatrix} \dfrac{1}{3} & -\dfrac{1}{3} & \dfrac{1}{3} \\[2mm] -\dfrac{1}{3} & \dfrac{1}{3} & -\dfrac{1}{3} \\[2mm] \dfrac{1}{3} & -\dfrac{1}{3} & \dfrac{1}{3} \end{pmatrix}$$

有:

$$F = \frac{3 - 1 - 1}{1} \frac{y'(P_X - P_H)y}{y'(I_n - P_X)y}$$

$$= \frac{y_1^2 + 16y_2^2 + 25y_3^2 - 8y_1y_2 - 14y_1y_3 + 40y_2y_3}{14(y_1^2 + y_2^2 + y_3^2 - 2y_1y_2 + 2y_1y_3 - 2y_2y_3)}$$

3.5.2 多元线性回归模型的显著性检验(F 检验)

对回归方程的显著性检验,可提出假设

$$H_0: \beta_1 = \beta_2 = \cdots = \beta_p = 0 \tag{3.44}$$

如果 H_0 被接受,则表明用模型(3.1)来表示 y 与自变量 x_1, x_2, $\cdots$, x_p 的关系不合适。为了建立对 H_0 进行检验的统计量,可以在(3.40)中取合适的 H 和 c,就可以构造(3.44)的检验统计量。这一点是不难办到的,取 $H = (0, I_p)$, $c = 0$ 方可。

这里仍然使用导出一元线性回归模型检验的方法。为了建立对 H_0 进行检验的统计量,将总偏差平方和进行分解。

$$S_T = l_{yy} = \sum_{i=1}^{n}(y_i - \bar{y})^2 = \sum_{i=1}^{n}(\hat{y}_i - \bar{y})^2 + \sum_{i=1}^{n}(y_i - \hat{y}_i) = S_R + S_E$$

设 $y_i \sim N(\sum_{j=1}^{p}\beta_j x_{ij}, \sigma^2)$ $(i = 1, 2, \cdots, n)$。当 H_0 成立时,y_1, y_2, $\cdots$, y_n 相互独立且有相同分布 $N(\beta_0, \sigma^2)$。因为 S_R 与 S_E 独立,且 $\dfrac{S_R}{\sigma^2} \sim \chi^2(p)$,$\dfrac{S_E}{\sigma^2} \sim \chi^2(n-p-1)$,所以,

$$F = \frac{S_R/p}{S_E/(n-p-1)} \sim F(p, n-p-1) \tag{3.45}$$

(3.45)式可以作为对(3.44)式 H_0 进行检验的统计量,对给定数据 $(x_{i1}, x_{i2}, \cdots, x_{ip}; y_i)$, $i = 1, 2, \cdots, n$,计算 F 统计量值,再由给定的显著性水平 α,查 F 分布表,得临界值 $F_\alpha(p, n-p-1)$。如果 $F > F_\alpha(p, n-p-1)$,则认为在显著性水平 α 之下,y 与自变量 x_1, x_2, $\cdots$, x_p 有显著的线性关系,也即回归方程是显著的;反之,则认为方程不显著。该检验过程方差分析表如表 3.3 所示。

表 3.3 方 差 分 析

方差来源	平 方 和	自 由 度	均 方	F 值
回归	S_R	p	S_R/p	$\dfrac{S_R/p}{S_E/(n-p-1)}$
剩余	S_E	$n-p-1$	$S_E/(n-p-1)$	
总和	S_T	$n-1$		

3.5.3 多元线性回归模型的回归系数的显著性检验(t 检验)

对自变量的显著性检验,是指在一定的显著性水平下,检验模型的自变量是否

对因变量有显著影响的一种统计检验。对于多元线性回归模型,总体回归方程线性关系的显著性,并不意味每个自变量 x_1, x_2, $\cdots$, x_p 对因变量 y 的影响都是显著的。因此,有必要对每个自变量进行显著性检验,这样就能把对 y 影响不显著的自变量从模型中剔除,而只保留对 y 影响显著的自变量,以建立更为简单合理的多元线性回归模型。

显然,如果某个自变量 x_j 对 y 的作用不显著,在回归模型中,它的系数 β_j 就可以取值为零。因此,检验变量 x_j 是否显著,等价于检验假设

$$H_{0j} : \beta_j = 0 \tag{3.46}$$

若接受假设 H_{0j},则 x_j 不显著;反之,则 x_j 显著。

我们知道 $\hat{\beta} \sim N(\beta, \sigma^2 (X'X)^{-1})$,记 c_{jj} 为矩阵 $(X'X)^{-1}$ 对角线上第 j 个元素,则:

$$E(\hat{\beta}_j) = \beta_j, \ \mathrm{Var}(\hat{\beta}_j) = c_{jj}\sigma^2$$

且
$$\hat{\beta}_j \sim N(\beta_j, \ c_{jj}\sigma^2), \ j = 0, 1, 2, \cdots, p$$

从而,$\dfrac{\hat{\beta}_j - \beta_j}{\sqrt{c_{jj}} \sigma} \sim N(0, 1)$,再由 $\dfrac{S_E}{\sigma^2} \sim \chi^2(n-p-1)$,则统计量

$$t_j = \frac{\hat{\beta}_j - \beta_j}{\sqrt{c_{jj}} \cdot \sqrt{\dfrac{1}{n-p-1} S_E}} \sim t(n-p-1) \tag{3.47}$$

在 H_{0j} 成立的条件下,$t_j = \dfrac{\hat{\beta}_j}{\sqrt{c_{jj}} \hat{\sigma}}$,其中,$\hat{\sigma} = \sqrt{\dfrac{S_E}{n-p-1}}$ 为回归标准差。查双侧检验临界值 $t_{\alpha/2}(n-p-1)$,当 $|t_j| \geqslant t_{\alpha/2}(n-p-1)$ 时,拒绝假设 H_0。

注意:在一元线性回归中,回归系数显著性的 t 检验与回归方程显著性的 F 检验是等价的;而在多元线性回归中,这两种检验是不等价的。

3.5.4 复相关系数与偏相关系数

1) 复相关系数

(1) 复决定系数。

定义 $R^2 = \dfrac{S_R}{S_T} = 1 - \dfrac{S_E}{S_T}$ 为样本决定系数。

样本决定系数 R^2 用于检验回归方程对观测值的拟合程度，对于一元或是多元线性回归，都是适用的。

样本决定系数 R^2 的取值在 $[0, 1]$ 内，R^2 越接近 1，表明拟合的效果越好；R^2 越接近 0，表明拟合的效果越差。

（2）复相关系数。

定义　$R=\sqrt{R^2}=\sqrt{S_R/S_T}$ 为 y 关于 x_1，x_2，…，x_p 的样本复相关系数。

复相关系数 R 同样表示回归方程对原有数据拟合程度的好坏，它衡量作为一个整体的 x_1，x_2，…，x_p 与 y 的线性关系的大小，为一个综合的测定指标。复相关系数 R 的取值在 $[0, 1]$ 内，R 越接近 1，表明拟合的效果越好；R 越接近 0，表明拟合的效果越差。

2）偏相关系数

前面介绍了复相关系数，在变量间还存在另一种相关性——偏相关。在多元线性回归分析中，当其他变量被固定后，给定的任意两个变量之间的相关系数，叫作偏相关系数。偏相关系数可以度量 $p+1$ 个变量 y，x_1，x_2，…，x_p 之中任意两个变量的线性相关程度，而这种相关程度是在固定其余 $p-1$ 个变量的影响下的线性相关。例如，我们在研究粮食产量与农业投入资金、粮食产量与劳动力投入之间的关系时，用于农业投入的资金多少会影响粮食产量，劳动力的投入多少也会影响粮食产量。由于资金投入数量的变化，劳动力投入的多少也经常在变化，用简单相关系数往往不能说明现象间的关系程度如何。这就需要在固定其他变量影响的情况下来计算两个变量之间的联系程度，计算出的这种相关系数就称为**偏相关系数**。我们在研究粮食产量与劳动力投入的关系时，可以假定投入资金数量不变；在研究粮食产量与投入资金的关系时，可以假定劳动力投入不变。复决定系数 R^2 测定回归中一组自变量 x_1，x_2，…，x_p 使因变量 y 的变差的相对减少量。相应地，偏决定系数测量在回归方程中已包含若干个自变量时，再引入某一个新的自变量时，y 的剩余变差的相对减少量，它衡量某自变量对 y 的变差减少的边际贡献。在讲偏相关系数之前，首先引入偏决定系数。

（1）偏决定系数。

在二元线性回归模型

$$y_i=\beta_0+\beta_1 x_{i1}+\beta_2 x_{i2}+\varepsilon_i,\ i=1,\ 2,\ \cdots,\ n$$

中，记 $S_E(x_2)$ 是模型中只含有自变量 x_2 时 y 的残差平方和，$S_E(x_1,\ x_2)$ 是模型中同时含有自变量 x_1、x_2 时 y 的残差平方和。因此，模型中已含有 x_2 时，再加入

x_1 使 y 的剩余偏差的相对减小量为：

$$r_{y1;\,2}^2 = \frac{S_E(x_2) - S_E(x_1,\,x_2)}{S_E(x_2)} \qquad (3.48)$$

此即模型中已含有 x_2 时，y 与 x_1 的偏决定系数。

同样地，模型中已含有 x_1 时，y 与 x_2 的偏决定系数为：

$$r_{y2;\,1}^2 = \frac{S_E(x_1) - S_E(x_1,\,x_2)}{S_E(x_1)} \qquad (3.49)$$

(2) 偏相关系数。

偏决定系数的算术平方根称为偏相关系数，其符号与相应的回归系数的符号相同。即：

y 与 x_1 的偏相关系数为： $r_{y1;\,2} = \sqrt{r_{y1;\,2}^2}$ ；

y 与 x_2 的偏相关系数为： $r_{y2;\,1} = \sqrt{r_{y2;\,1}^2}$ 。

因此，在给出回归模型之后，除了使用回归检验法之外，还可使用相关分析检验法，即求出复相关系数与偏相关系数，以此作出对回归模型拟合程度优劣的评判。

下面给出一个具体的实例计算。

例3.3 根据经验认为，在人的身高相等的情况下，血压的收缩压 y 与体重 x_1、年龄 x_2 有关。为了了解其相关关系，现收集 13 个男子的数据，见表 3.4。

表 3.4 人的收缩压、体重、年龄数据

序 号	1	2	3	4	5	6	7	8	9	10	11	12	13
体重（斤）	152	183	171	165	158	161	149	158	170	153	164	190	185
年龄（岁）	50	20	20	30	30	50	60	50	40	55	40	40	20
收缩压（毫米汞柱）	120	141	124	126	117	125	123	125	132	123	132	155	147

这是 $p=2$ 的例子。假定它们之间有如下关系：$y = \beta_0 + \beta_1 x_1 + \beta_2 x_2$，按最小二乘估计法计算回归系数，计算时不妨先对数据作如下处理：令 $x_1' = x_1 - 150$，$x_2' = x_2/10$，$y' = y - 120$。用变换后的数据先求出 y' 关于 x_1'、x_2' 的二元线性回归

方程,然后再恢复到 y 关于 x_1、x_2 的二元线性回归方程。变换后的数据列表如表 3.5 所示。

表 3.5 变换后的人的收缩压、体重、年龄数据

序 号	x_1'	x_2'	y'
1	2	5	0
2	33	2	21
3	21	2	4
4	15	3	6
5	8	3	−3
6	11	5	5
7	−1	6	3
8	8	5	5
9	20	4	12
10	3	5.5	3
11	14	4	12
12	40	4	35
13	35	2	27
和	209	50.5	130
均值	16.08	3.38	10
平方和	5 439	219.25	2 812
x_1' 与各变量乘积和	—	658.5	3 697
x_2' 与各变量乘积和	—	—	433.5

计算如下:

$$l_{11} = \sum_i x_{i1}'^2 - \frac{1}{n} \left(\sum_i x_{i1}' \right)^2 = 5\ 439 - \frac{1}{13} \times 209^2 = 2\ 078.923\ 1$$

$$l_{12} = l_{21} = \sum_i x_{i1}' x_{i2}' - \frac{1}{n} \left(\sum_i x_{i1}' \right) \left(\sum_i x_{i2}' \right) = 658.5 - \frac{1}{13} \times 209 \times 50.5$$

$$= -153.384\ 6$$

$$l_{22} = \sum_i x_{i2}'^2 - \frac{1}{n} \left(\sum_i x_{i2}' \right)^2 = 219.25 - \frac{1}{13} \times 50.5^2 = 23.076\ 9$$

$$l_{1y} = \sum_i x'_{i1} y'_i - \frac{1}{n} \left(\sum_i x'_{i1} \right) \left(\sum_i y'_i \right) = 3\,697 - \frac{1}{13} \times 209 \times 130 = 1\,607$$

$$l_{2y} = \sum_i x'_{i2} y'_i - \frac{1}{n} \left(\sum_i x'_{i2} \right) \left(\sum_i y'_i \right) = 433.5 - \frac{1}{13} \times 50.5 \times 130 = -71.5$$

有了上述数据,就可以列出二元线性方程组:

$$\begin{cases} 2\,078.932\,1\,\hat{\beta}_1 - 153.384\,6\,\hat{\beta}_2 = 1\,607 \\ -153.384\,6\,\hat{\beta}_1 + 23.076\,9\,\hat{\beta}_2 = -71.5 \end{cases}$$

解此方程组,得: $\hat{\beta}_1 = 1.068\,3$, $\hat{\beta}_2 = 4.002\,2$

则 $\hat{\beta}_0 = \bar{y}' - \hat{\beta}_1\,\bar{x}'_1 - \hat{\beta}_2\,\bar{x}'_2 = 10 - 16.08 \times 1.068\,3 - 3.88 \times 4.002\,2 = -22.706\,8$

因此, $\hat{y}' = -22.706\,8 + 1.068\,3x'_1 + 4.002\,2x'_2$

还原到原变量,得经验回归方程为:

$$\hat{y} = -62.951\,8 + 1.068\,3x_1 + 0.400\,2x_2$$

对回归方程作显著性检验,计算如下:

$$S_T = \sum_i y_i^2 - \frac{1}{n} \left(\sum_i y_i \right)^2 = 2\,812 - \frac{1}{13} \times 130^2 = 1\,512$$

$$S_R = \hat{\beta}_1 l_{1y} + \hat{\beta}_2 l_{2y} = 1.068\,3 \times 1\,607 + 4.002\,2 \times (-71.5) = 1\,430.600\,8$$

$$S_E = S_T - S_R = 81.399\,2$$

列方差分析表,见表3.6。

表3.6 方 差 分 析 表

方差来源	平方和	自由度	均 方	F 值	显著性
回归 剩余 总和	1 430.600 8 81.399 2 1 512	2 10 12	715.300 4 8.139 92	87.88 $F_{0.01}(2,\ 10) = 7.36$	$\alpha = 0.01$

方差分析的结论说明,在 $\alpha = 0.01$ 的水平下,以上回归方程是显著的。

实际中也常用复相关系数来衡量,由于

$$R = \sqrt{\frac{S_R}{S_T}} = \sqrt{\frac{1\,430.600\,8}{1\,512}} = 0.972\,7 \approx 1$$

这说明观测值与回归值拟合得很好。

另外,由于

$$R^2 = \frac{S_R}{S_T} = \frac{1}{1 + S_E/S_R} = \frac{1}{1 + (n-p-1)/(pF)}$$

$$= \frac{pF}{pF + (n-p-1)}$$

即 R^2 是 F 的单调增函数,故 F 越大,R^2 也越大。

以下对回归系数 $\hat{\beta}_1$、$\hat{\beta}_2$ 进行显著性的 t 检验。

$$H_{0j} : \beta_j = 0, \ j = 1, \ 2$$

检验统计量:$t_j = \hat{\beta}_j / (\sqrt{c_{jj}} \hat{\sigma})$

其中,$c_{jj} = \Delta_{jj}/\Delta$,$\Delta = (l_{i,j})_{1 \leqslant i, j \leqslant p}$,$\Delta_{jj}$ 是 Δ 中划去第 j 行第 j 列后留下的子行列式。

计算如下:

$$\Delta = \begin{vmatrix} 2\,078.923\,1 & -153.384\,6 \\ -153.384\,6 & 23.076\,9 \end{vmatrix} = 2\,448.265\,0,$$

$$\Delta_{11} = 23.076\,9, \ \Delta_{22} = 2\,078.923\,1,$$

故　$c_{11} = 23.076\,9/24\,448.265 = 9.722\,1 \times 10^{-4}$,$c_{22} = 2\,078.923\,1/24\,448.265 = 0.085\,0$

$$\hat{\sigma} = \sqrt{\frac{1}{n-p-1} S_E} = \sqrt{\frac{1}{10} \times 81.399\,2} = 2.853\,1$$

故

$$t_1 = \frac{1.068\,3}{\sqrt{9.722\,1 \times 10^{-4}} \times 2.853\,1} = 12.136\,1$$

$$t_2 = \frac{4.002}{\sqrt{0.085\,0} \times 2.853\,1} = 4.811\,2$$

取临界值 $t_{0.005}(10) = 3.169$,比较后知:$t_1 > t_{0.005}$,$t_2 > t_{0.005}$,即说明在方程中 x_1' 与 x_2' 均对 y' 有显著影响,即 x_1 与 x_2 均对 y 有显著影响。

§3.6　多元线性回归模型的预测及区间估计

为了利用回归方程进行预报,在给出 x_1,x_2,…,x_p 的一组值 x_{01},x_{02},…,

x_{0p} 时,若记 $x_0=(1, x_{01}, x_{02}, \cdots, x_{0p})'$,得:

$$y_0=x_0'\beta+\varepsilon_0, \ E(\varepsilon_0)=0, \ \text{Var}(\varepsilon_0)=\sigma^2$$

以及 y_0 的预测值 $\quad \hat{y}_0=\hat{\beta}_0+\hat{\beta}_1 x_{01}+\hat{\beta}_2 x_{01}+\hat{\beta}_p x_{0p}=x_0'\hat{\beta}$

$\hat{y}_0$ 具有如下几点性质:

(1) $\hat{y}_0$ 是 y_0 的无偏预测,即 $E(\hat{y}_0)=E(y_0)$;

(2) 在 y_0 的一切线性无偏预测中,$\hat{y}_0$ 的方差最小;

(3) 如果 $\varepsilon \sim N(0, \sigma^2 I_n)$,则 $\hat{y}_0-y_0 \sim N(0, \sigma^2(1+x_0'(X'X)^{-1}x_0))$,且 $\hat{y}_0-y_0$ 与 $\hat{\sigma}^2$ 相互独立,其中,$\hat{\sigma}^2=S_E/(n-p-1)$;

(4) 如果 $\varepsilon \sim N(0, \sigma^2 I_n)$,则

$$\frac{\hat{y}_0-y_0}{\hat{\sigma}\sqrt{1+x_0'(X'X)^{-1}x_0}} \sim t(n-p-1);$$

(5) 如果 $\varepsilon \sim N(0, \sigma^2 I_n)$,则 y_0 的置信度为 $1-\alpha$ 的预测区间为:

$$(\hat{y}_0-t_{1-\alpha/2}(n-p-1)\hat{\sigma}\sqrt{1+x_0'(X'X)^{-1}x_0},$$

$$\hat{y}_0+t_{1-\alpha/2}(n-p-1)\hat{\sigma}\sqrt{1+x_0'(X'X)^{-1}x_0});$$

(6) 当 n 较大时,$\hat{y}_0-y_0$ 近似地服从 $N(0, \hat{\sigma}^2)$;从而有 y_0 的近似预测区间:

$$95\% \text{的预测区间为} (\hat{y}_0-2\hat{\sigma}, \hat{y}_0+2\hat{\sigma}),$$

$$98\% \text{的预测区间为} (\hat{y}_0-3\hat{\sigma}, \hat{y}_0+3\hat{\sigma})。$$

以上几点都不难证明,留作习题,请同学们自己完成。

例 3.4 一家皮鞋零售店将其连续 18 个月的库存占用资金情况、广告投入费用、员工薪酬以及销售额等方面的数据作了一个汇总,见表 3.7。该皮鞋店的管理人员试图根据这些数据找到销售额与其他三个变量之间的关系,以便进行销售额预测并为未来的预算工作提供参考。试根据这些数据建立回归模型。如果未来某月库存资金为 150 万元,广告投入预算为 45 万元,员工薪酬总额为 27 万元,试根据建立的回归模型预测该月的销售额。

建立 y(销售额)关于 x_1(库存资金额)、x_2(广告投入)和 x_3(员工薪酬总额)的多元线性回归方程,运用统计软件 SAS(见第九章),可以给出参数估计。经计算,参数为 $\beta_0=162.063\,2$,$\beta_1=7.273\,9$,$\beta_2=13.957\,5$,$\beta_3=-4.399\,6$。则可以得到

相应的回归方程为：

$$y = 162.063\ 2 + 7.273\ 9x_1 + 13.957\ 5x_2 - 4.399\ 6x_3$$

进一步地,对回归方程作显著性检验：计算如表 3.8 所示。

表 3.7 库存占用金额、广告投入费用、员工薪酬总额和销售额数据

月 份	库存资金 x_1 （万元）	广告投入 x_2 （万元）	员工薪酬总额 x_3 （万元）	销售额 y （万元）
1	75.2	30.6	21.1	1 090.4
2	77.6	31.3	21.4	1 133
3	80.7	33.9	22.9	1 242.1
4	76	29.6	21.4	1 003.2
5	79.5	32.5	21.5	1 283.2
6	81.8	27.9	21.7	1 012.2
7	98.3	24.8	21.5	1 098.8
8	67.7	23.6	21	826.3
9	74	33.9	22.4	1 003.3
10	151	27.7	24.7	1 554.6
11	90.8	45.5	23.2	1 199
12	102.3	42.6	24.3	1 483.1
13	115.6	40	23.1	1 407.1
14	125	45.8	29.1	1 551.3
15	137.8	51.7	24.6	1 601.2
16	175.6	67.2	27.5	2 311.7
17	155.2	65	26.5	2 126.7
18	174.3	65.4	26.8	2 256.5

表 3.8 方差分析表

方差来源	平方和	自由度	均　方	F　值	显著性
回归	3 177 186	3	1 059 062	105.086 7	$\alpha = 0.01$
剩余	141 091.8	14	10 077.99	$F_{0.01}(3,\ 14) = 5.56$	
总和	3 318 277	17			

方差分析的结论说明,在 $\alpha = 0.01$ 的水平下,以上回归方程是显著的。

如果未来某月库存资金为 150 万元,广告投入预算为 45 万元,员工薪酬总额为 27 万元,可以计算

$$y = 162.063\ 2 + 7.273\ 9 \times 150 + 13.957\ 5 \times 45 - 4.399\ 6 \times 27$$
$$= 1\ 762.446\ 5$$

也就是说,这时利用回归模型预测该月的销售额为 1 762.446 5 万元。

也可以对回归系数 $\hat{\beta}_1$、$\hat{\beta}_2$、$\hat{\beta}_3$ 进行显著性的 t 检验,这里略去。

例 3.5 金属材料的机械性能是随着外界条件的变化而变化的。金属材料的持久强度就是指在给定温度和规定时间内,使材料发生断裂的应力值。金属材料持久强度的试验对锅炉、涡轮机及原子能、石油化工等工业设备有重大的意义。但是这些设备的使用寿命一般很长,有的甚至超过 10 年,所以,要通过这样长期的试验来确定金属材料相应的持久强度是很不容易的,也赶不上生产发展的需要。为克服这一矛盾,人们根据长期试验的总结和金属材料的专业理论,提出断裂时间与温度、持久强度间的回归模型:

$$\lg y_i = \beta_0 + \beta_1 \lg x_i + \beta_2 \lg^2 x_i + \beta_3 \lg^3 x_i + \frac{\beta_4}{2.3RT_i} + \varepsilon_i,\ i = 1,\ 2,\ \cdots,\ n$$

其中,T 为试验的绝对温度(即工作温度+273℃),y 为断裂时间,x 为持久强度,$R = 1.986$ 卡 / 摩尔 为气体常数,而 β_0、β_1、β_2、β_3、β_4 为 5 个待定参数,它们由金属材料的试验数据而定。现要求在工作温度为 550℃和设计寿命为 10 万小时的条件下,对此种耐热钢的持久强度 $x_{100\ 000}^{550}$ 作出估计。

令 $x_1 = \lg x$, $x_2 = \lg^2 x$, $x_3 = \lg^3 x$, $x_4 = 1/(2.3RT)$, 为建立 y 关于 x_1、x_2、x_3、x_4 的多元线性回归方程,收集了 25**CrMo1V** 耐热钢在高温下所做的 27 次试验的结果数据(数据从略),利用统计软件 SAS 完成运算(可参见第九章),回归方程和各回归系数的 F 比分别为 $F_回 = 113.39$,$F_1 = 13.16$,$F_2 = 14.31$, $F_3 = 16.29$, $F_4 = 370.75$。 它们都分别大于显著性水平为 0.01 的 F 临界值,故回归方程是高度显著的,并且其中每一项都是不可少的。所得的回归方程是:

$$\hat{y} = 47.09 - 148.16x_1 + 116.97x_2 - 31.21x_3 + 77\ 244.77x_4$$

即:

$$\lg \hat{y} = 47.09 - 148.16\lg x + 116.97\lg^2 x - 31.21\lg^3 x + \frac{77\ 244.77}{2.3RT} \quad (3.50)$$

而 S_E 提供了方差 σ^2 的无偏估计,且 $\hat{\sigma}^2 = S_E/f_E = 0.016\ 3$,$\hat{\sigma} = 0.127\ 531$。

当 $T = T_0$, $x = x_0$ 时,由回归方程(3.50)可以获得 $\lg y_0$ 的估计值和置信度为

95％的近似的区间估计：

$$P\{\lg \hat{y}_0 - 2\hat{\sigma} < \lg y_0 < \lg \hat{y}_0 + 2\hat{\sigma}\} = 0.95$$

反之，在给定 T_0 和 y_0 下，$\lg x_0$ 的估计值也可由回归方程（3.50）求得，这只要解三次方程

$$\beta_3 \lg^3 x_0 + \beta_2 \lg^2 x_0 + \beta_1 \lg x_0 + \left[\beta_0 + \frac{\beta_4}{2.3RT_0} - \lg y_0\right] = 0$$

即可，在 $T_0 = 550℃ + 273℃$ 和 $y_0 = 100\,000$ 小时时，此方程仅有一实数解，即：

$$\lg x_0 = 1.035\,0$$

从而得到 $x_{100\,000}^{550}$ 的估计：

$$x_0 = 10.84 \text{ kg/mm}^2$$

至于这时持久强度的区间估计，可以这样求得，设 $x_{100\,000}^{550}$ 的 95％置信度的区间估计为 $(x_0(下), x_0(上))$，有：

$$P\{x_0(下) < x_{100\,000}^{550} < x_0(上)\} = 0.95$$

或
$$P\{\lg x_0(下) < \lg x_{100\,000}^{550} < \lg x_0(上)\} = 0.95 \tag{3.51}$$

而 $\lg x_0(下)$ 和 $\lg x_0(上)$ 分别是下列两个三次方程的解：

$$\beta_3 \lg^3 x_0(下) + \beta_2 \lg^2 x_0(下) + \beta_1 \lg x_0(下) + \left[\beta_0 + \frac{\beta_4}{2.3RT_0} - \lg y_0 - 2\hat{\sigma}\right] = 0$$

$$\beta_3 \lg^3 x_0(上) + \beta_2 \lg^2 x_0(上) + \beta_1 \lg x_0(上) + \left(\beta_0 + \frac{\beta_4}{2.3RT_0} - \lg y_0 - 2\hat{\sigma}\right) = 0$$

解之得，$\lg x_0(下) = 0.969\,3$，$\lg x_0(上) = 1.150\,4$，即 $x_0(下) = 9.32$，$x_0(上) = 14.14$。所以，在工作温度为 $550℃$ 和设计寿命为 10 万小时的条件下，持久强度的置信度为 95％ 的区间估计近似为 $(9.32, 14.14)$。

§3.7 逐步回归与多元线性回归模型选择

3.7.1 逐步回归

逐步回归的基本思想是，将变量一个一个引入，引入变量的条件是其偏回归平

方和经检验是显著的,同时,每引入一个新变量后,对已选入的变量要进行逐个检验,将不显著的变量剔除,保证最后所得的变量子集中的所有变量都是显著的,这样经若干步便得"最优"变量子集。

1) 逐步回归的数学模型

逐步回归的数学模型与多元线性回归的数学模型一样,即:

$$y = X\beta + \varepsilon \tag{3.52}$$

其中,y、β、ε 的意义与第一节讲过的一样,设有 k 个自变量 x_1, x_2, $\cdots$, x_k,有 n 组观察数据 $(y_i, x_{i1}, x_{i2}, \cdots, x_{ik})$, $i = 1, 2, \cdots, n$,则有:

$$X = \begin{pmatrix} 1 & x_{11} & \cdots & x_{1k} \\ 1 & x_{21} & \cdots & x_{2k} \\ \vdots & \vdots & \ddots & \vdots \\ 1 & x_{n1} & \cdots & x_{nk} \end{pmatrix}$$

如果再增加一个自变量 u,相应的资料向量为 $u_{n \times 1}$,于是,模型(3.52)变为:

$$y = (X, u)\begin{pmatrix} \beta \\ b_u \end{pmatrix} + \varepsilon \tag{3.53}$$

模型(3.52)与(3.53)的差别仅在于自变量的个数不同,而因变量的个数以及观察资料都没有改变。我们用 $\hat{\beta}$ 和 Q 分别表示模型(3.52)相应的最小二乘估计及残差平方和,用 $\hat{\beta}(u)$ 与 $\hat{b}_u$ 表示模型(3.53)中相应于 β 与 b_u 的最小二乘估计,用 $Q(u)$ 表示相应的残差平方和。用前面已有结果得:

$$\hat{b}_u = (u'Ru)^{-1}u'Ry \tag{3.54}$$

$$\hat{\beta}(u) = \hat{\beta} - (X'X)^{-1}X'u\hat{b}_u \tag{3.55}$$

$$Q(u) = Q - \hat{b}_u^2(u'Ru) \tag{3.56}$$

其中,$R = I - X(X'X)^{-1}X'$。

要确定变量 u 是否进入变量子集,需检验假设

$$H_0: b_u = 0$$

检验统计量为:

$$F = \frac{\hat{b}_u^2(n - k - 2)}{Q(u)(u'Ru)^{-1}} \tag{3.57}$$

或
$$t = \frac{\hat{b}_u}{\sqrt{Q(u)(u'Ru)^{-1}/(n-k-2)}}$$
(3.58)

如果经检验假设 $H_0: b_u = 0$ 被接受,则变量 u 不能入选;若 H_0 被拒绝,则变量 u 应入选。根据这个想法,可以得出选入变量与剔除变量的一般方法。

假定在某一步,已入选的自变量为 x_1,x_2,$\cdots$,x_r,而待考察的自变量为 x_{r+1},x_{r+2},$\cdots$,x_s 相应的资料矩阵记为:

$$X = \begin{pmatrix} 1 & x_{11} & \cdots & x_{1r} \\ 1 & x_{21} & \cdots & x_{2r} \\ \vdots & \vdots & \ddots & \vdots \\ 1 & x_{n1} & \cdots & x_{nr} \end{pmatrix}, \quad X_{r+1} = \begin{pmatrix} x_{1r+1} \\ x_{2r+1} \\ \vdots \\ x_{nr+1} \end{pmatrix}, \quad \cdots, \quad X_s = \begin{pmatrix} x_{1s} \\ x_{2s} \\ \vdots \\ x_{ns} \end{pmatrix}$$

如果只考虑 x_1,x_2,$\cdots$,x_r,对 y 的回归,就有:

$$y = X\beta + \varepsilon$$
(3.59)

逐个考虑添加 x_{r+1},x_{r+2},$\cdots$,x_s,就相当于把 x_{r+1},x_{r+2},$\cdots$,x_s 的资料逐个添加在上式中。例如考察 x_{r+1},添入后的模型为:

$$y = (X,\ X_{r+1}) \begin{bmatrix} \beta \\ b_{r+1} \end{bmatrix} + \varepsilon$$
(3.60)

模型(3.59)和(3.60)相当于模型(3.52)和(3.53),只是这里显然要确定 x_{r+1} 是否能入选,也就是检验假设

$$H_0: b_{r+1} = 0$$

检验统计量为:

$$F = (n-r-2)\frac{\hat{b}_{r+1}^2(X'_{r+1}RX_{r+1})}{Q(r+1)} = \frac{(n-r-2)\hat{b}_{r+1}^2(X'_{r+1}RX_{r+1})}{Q - b_{r+1}^2(X'_{r+1}RX_{r+1})}$$
(3.61)

其中,$Q(r+1) = Q(x_{r+1})$。

因为(3.61)是用来检验变量 x_{r+1} 是否可以入选的统计量,所以,记 F 为 F_{r+1}。

类似地,对 x_{r+1},x_{r+2},$\cdots$,x_s 中某一个变量 x_j 是否能入选的检验统计量记为:

$$F_j = (n-r-2)\frac{\hat{b}_j^2(x_j'Rx_j)}{Q-\hat{b}_j^2(x_j'Rx_j)} = (n-r-2)\frac{\hat{b}_j^2(x_j'Rx_1)}{Q(j)} \quad (3.62)$$

其中，$x_j = (x_{1j}, x_{2j}, \cdots, x_{nj})'$，$j = r+1, r+2, \cdots, s$。

比较 F_{r+1}，F_{r+2}，$\cdots$，F_s，不妨设 F_{r+1} 为其中最大者，记显著水平为 α 的临界值为 $F_\alpha(1, n-r-2)$，如果

$$F_{r+1} \leqslant F_\alpha(1, n-r-2)$$

则 F_{r+1}，F_{r+2}，$\cdots$，F_s 都不能选入，选择变量的过程可以结束。

如果

$$F_{r+1} > F_\alpha(1, n-r-2)$$

则将 x_{r+1} 选入。这时，将(3.59)中 X 增加一列 x_{r+1}，即用 (X, x_{r+1}) 代替 X。然后再逐个考察 F_{r+2}，$\cdots$，F_s，直至没有变量需要选入时为止。

逐步回归的每一步骤，不但要选入变量，而且要对已入选变量进行检验，看一看每个变量的重要性有没有发生变化。对不重要的变量要剔除出去，这就要给出剔除变量的准则和方法。

设已入选变量就是前 $k+1$ 个变量 x_1，x_2，$\cdots$，x_{k+1}，要考察其中是否有变量要剔除。不妨假设考察 x_{k+1} 是否要剔除。记

$$X = \begin{pmatrix} 1 & x_{11} & \cdots & x_{1k} \\ 1 & x_{21} & \cdots & x_{2k} \\ \vdots & \vdots & \ddots & \vdots \\ 1 & x_{n1} & \cdots & x_{nk} \end{pmatrix}$$

则要考察的模型为：

$$y = (X, x_{k+1})\begin{bmatrix} \beta \\ b_{k+1} \end{bmatrix} + \varepsilon \quad (3.63)$$

其中，$x_{k+1} = (x_{1k+1}, x_{2k+1}, \cdots, x_{nk+1})'$。

检验假设为：

$$H_0 : b_{k+1} = 0$$

检验统计量为：

$$F = (n - k - 2) \frac{\hat{b}_{k+1}^2 (x'_{k+1} R x_{k+1})}{Q} \tag{3.64}$$

其中，$\hat{b}_{k+1}$ 与 Q 是相应于模型(3.63)中 x_{k+1} 的回归系数的最小二乘估计与总的残差平方和，$R = I - X(X'X)^{-1}X'$。

因为(3.64)是用来检验 x_{k+1} 是否能剔除的统计量，所以，记 F 为 F_{k+1}。同样，用 F_j 表示变量 $x_j (j = 1, 2, \cdots, k+1)$ 是否能剔除的统计量。用 $\hat{b}_j$、$Q(j)$、$R(j)$、$(j = 1, 2 \cdots, k+1)$ 分别表示相应的 x_j 的回归系数的最小二乘估计，残差平方和与矩阵 R，则有：

$$F_j = (n - k - 2) \frac{\hat{b}_j^2 (x'_j R(j) x_j)}{Q(j)}, \quad j = 1, 2, \cdots, k+1 \tag{3.65}$$

比较 F_1，F_2，$\cdots$，F_{k+1}，取其中最小者，不妨设为 F_{k+1}。设显著水平为 α 时的临界值为 $F_\alpha(1, n - k - 2)$，如果

$$F_{k+1} \leqslant F_\alpha(1, n - k - 2)$$

则表明 x_{k+1} 不重要，可以剔除。对剩下的变量 x_1，x_2，$\cdots$，x_k 再进行考察，直到没有需要剔除的变量时，再转入考察是否有变量可以入选。如果

$$F_{k+1} > F_\alpha(1, n - k - 2)$$

则表明 x_1，x_2，$\cdots$，x_{k+1} 中没有需要剔除的变量，这时，转入考察是否有应入选的变量。

按上述方法选入变量与剔除变量，经过若干步，直到既没有应选入的变量也没有需剔除的变量为止，这就结束了选择变量的过程。接下来要计算回归系数，给出估计值等，这就是通常的回归计算了。

2）逐步回归的计算方法

现在介绍逐步回归的计算方法与计算公式。设有 p 个自变量，n 组数据资料，线性回归模型为：

$$y_i = \beta_0 + \beta_1 x_{i1} + \beta_2 x_{i2} + \cdots + \beta_p x_{ip} + \varepsilon_i, \quad i = 1, 2, \cdots, n \tag{3.66}$$

为了对自变量进行选择并求出回归系数的最小二乘估计，用以下步骤进行逐步回归。

（1）对数据标准化。记

$$Z_{ij} = \frac{x_{ij} - \bar{x}_j}{\sigma_j}, \ y_i' = \frac{y_i - \bar{y}}{\sigma_y}, \ i = 1, 2, \cdots, n \quad j = 1, 2, \cdots, p$$

其中，$\bar{x}_j = \frac{1}{n} \sum_{i=1}^{n} x_{ij}$，$\bar{y} = \frac{1}{n} \sum_{i=1}^{n} y_i$，$\sigma_j = \sqrt{\sum_{i=1}^{n} (x_{ij} - \bar{x})^2}$，$\sigma_y = \sqrt{\sum_{i=1}^{n} (y_i - \bar{y})^2}$，$i = 1, 2, \cdots, p$。

则模型(3.66)经以上变换后变为：

$$y_i' = \beta_0' + \beta_1' Z_{i1} + \beta_2' Z_{i2} + \cdots + \beta_p' Z_{ip} + \varepsilon_i, \ i = 1, 2, \cdots, n \tag{3.67}$$

（2）比较模型(3.66)与(3.67)，对模型(3.67)的各种平方和进行计算。

（3）选入变量。

（4）剔除变量。

（5）整理结果。

3.7.2　自变量选择的准则

在多元回归分析中，自变量的选择很重要。如果遗漏了重要的变量，回归分析的效果一定不会好；如果变量过多，将会把对 y 影响不显著的变量也选入回归方程，这样就影响了回归方程的稳定性，效果也好不了。由于变量选择很重要，所以，许多文章提出了各种各样的方法，这些方法除上一节所介绍的逐步回归分析方法外，大体可分为三类。

1）前进法

变量由少到多，每次增加一个，直至全部变量都进入回归方程为止。先在 p 个变量中选一个使残差平方和最小的变量设为 x_{i1} 建立回归方程；然后在剩余的 $p - 1$ 个变量中再选一个 x_{i2}，使由 x_{i1}、x_{i2} 建立起来的二元回归方程残差平方和最小；第三步，在其余 $p - 2$ 个变量中选一个变量 x_{i3}，使得 x_{i1}、x_{i2} 和 x_{i3} 联合起来得到的回归方程残差平方和最小；如此进行下去，直到全部 p 个变量都进入回归方程为止。这样共得到 p 个回归方程。最后比较这 p 个回归方程，从中选出最好的一个，就为所求的回归方程，这个方程中的变量即为所选择的变量。从以上过程可知，每一步得到新的变量子集都包含前一步的变量子集，所以，全部过程中使用的所有变量子集是一个由小到大的套结构。

2）后退法

首先，将全部 p 个变量进入回归方程。然后，在这 p 个变量中选择一个最不重要的变量,设为 x_{i1},将它从回归方程中剔除出去;接着在剩下的 $p-1$ 个变量中再剔除一个不重要的,设为 x_{i2},这样下去,直至方程中剩下一个变量 x_{ip} 为止。在这个过程中共有 p 个回归方程。最后,在这 p 个回归方程中挑选最好的一个,其中的变量为所选择的变量。从上面过程可知,后退法与前进法的程序正好相反,每剔除一个变量得到一个新的变量子集都包含在前一步的变量子集之中,这也是一种套结构,不过是由大到小的套结构。

3) 最优子集法

设有 p 个变量,产生一切可能的回归,这些回归中有包含一个自变量的回归,包含两个自变量的回归……包含全部 p 个自变量的回归,在所有这些回归中,找出一个最好的,它所包含的变量即为所求。

一般来说,这三种方法以及逐步回归方法所得的结果是不同的。对这三种方法进行比较不是一件容易的事,从理论上讲,最优子集法求的解应是全局最优的,而其他方法的解是局部最优的,但由于试验误差的干扰,最优回归子集法不一定能求得全局最优解,这是造成问题的复杂性所在。在这方面仍有许多值得研究的课题,在某些问题中,最优子集法所得的解可能比别的方法得到的都好,可以猜想,平均而言,最优子集法得到的结果最好。

我们有了 p 个自变量,也就有 2^p 个自变量子集,这样就可以产生 2^p 个回归方程,在这些变量子集中如何选择一个"最优"的? 什么是"最优"的变量子集,也即选择变量的原则是什么? 由于在这些变量子集中,不仅变量不全相同,而且变量的个数也不同,要给出一个很合适的选择变量的"优良准则"是不容易的,有关的讨论也不少,现在介绍几个常用的原则。

(1) 修正的全相关系数 $\overline{R}_s^2$。

我们知道,R^2 随自变量个数的增加而增大,因而,当增加一些无用的变量时,R^2 也会增大。克服 R^2 这一缺点的办法是将 R^2 作适当的修正,使得只有加入"有意义"的变量时,修正的相关系数才会增加,所谓修正的全相关系数,是指

$$\overline{R}_s^2 = 1 - (1 - R_s^2) \frac{n}{n-s} \tag{3.68}$$

其中,s 为回归方程中参数的数目。显然,需要满足 $n > s$。

设回归方程中原有 r 个自变量,后来又增加了 s 个自变量,可以证明,检验这 s 个新增加自变量是否有意义的统计量为:

$$F = \frac{R_{r+s}^2 - R_r^2}{1 - R_{r+s}^2} \cdot \frac{n-r-s}{s} \tag{3.69}$$

则有： $\qquad 1 - R_{r+s}^2 = \left[(1-R_r^2) - (1-R_{r+s}^2)\right] \frac{n-r-s}{Fs}$

$$1 - R_{r+s}^2 = (1 - R_r^2) \frac{n-r-s}{Fs+n-r-s}$$

所以，

$$\overline{R}_{r+s}^2 = 1 - (1 - R_{r+s}^2) \frac{n}{n-r-s} = 1 - (1 - R_r^2) \frac{n-r-s}{Fs+n-r-s} \cdot \frac{n}{n-r-s}$$

$$= 1 - (1 - R_r^2) \frac{n}{Fs+n-r-s} = 1 - (1 - R_r^2) \frac{n}{n-r} \cdot \frac{n-r}{Fs+n-r-s}$$

$$= 1 - (1 - \overline{R}_r^2) \frac{n-r}{Fs+n-r-s}$$

函数 $\qquad\qquad f(F) = \dfrac{n-r}{Fs+n-r-s} \tag{3.70}$

是严格单调下降的，又 $f(1)=1$，所以，$F > 1$ 时，$f(F) < 1$。

因此，当 $F \geqslant 1$ 时，$\overline{R}_{r+s}^2 = 1 - (1 - \overline{R}_r^2) \dfrac{n-r}{Fs+n-r-s} \geqslant \overline{R}_r^2$。

$F \geqslant 1$ 表明增加的自变量是有意义的，因此，可以在一切变量子集中，选取 $\overline{R}_s^2$ 达到极大的作为最优子集。

另一方面，全相关系数 R_s^2 与残差平方和 $S_E = Q_s$ 有如下关系：

$$R_s^2 = 1 - \frac{S_E}{\sum\limits_{i=1}^{n}(y_i - \bar{y})^2} = 1 - \frac{Q_s}{\sum\limits_{i=1}^{n}(y_i - \bar{y})^2} \tag{3.71}$$

$$Q_s = (1 - R_s^2) \sum_{i=1}^{n}(y_i - \bar{y})^2 \tag{3.72}$$

称 $\overline{Q}_s = \dfrac{1}{n-s} Q_s$ 为平均残差平方和。

如果用 $\overline{Q}_s$ 作为选择变量的准则，则"$\overline{Q}_s$ 越小越好"，这一点在直观上也不难理解。增加自变量时，Q_s 必定会减小，但当所增加的变量对 Q_s 减少的贡献不大时，由于 s 的增大，$\overline{Q}_s$ 不会减小。

(2) 预测偏差的方差 $(n+s)\overline{Q}_s$。

回归方程的建立主要是为了预测，预测当然有精度要求，基于此，我们提出预测偏差的方差的概念，并提出又一个选择自变量的原则。

设只选择 s 个变量，n 个试验点为 $x_{is}(i=1, 2, \cdots, n)$，用 X_s 表示设计矩阵，$\hat{\beta}_s$ 表示所选模型中 β 的最小二乘估计，则在这 n 个试点上，y 的预测值为 $\hat{y}=X_s\hat{\beta}_s$。预测偏差为 $D_s=y-X_s\hat{\beta}_s$；在点 x_{is} 的预测偏差为 $D_{is}=y_i-x'_{is}\hat{\beta}_s$。偏差的方差为：

$$\mathrm{Var}(D_s)=\sigma^2[1+X_s(X'_sX_s)^{-1}X'_s]$$

所选模型在 n 个试验点 $x_{is}(i=1, 2, \cdots, n)$ 的预测偏差的方差之和为：

$$\sum_{i=1}^n \mathrm{Var}(D_{is})=\sum_{i=1}^n \sigma^2[1+X'_{is}(X'_sX_s)^{-1}X_{is}]=n\sigma^2+\sigma^2\sum_{i=1}^n \mathrm{tr}[(X'_sX_s)^{-1}X_{is}X'_{is}]$$

$$=n\sigma^2+\sigma^2\mathrm{tr}\sum_{i=1}^n \mathrm{tr}[(X'_sX_s)^{-1}\sum_{i=1}^n X_{is}X'_{is}]=n\sigma^2+\sigma^2\mathrm{tr}I_s=(n+s)\sigma^2$$

如果用 σ^2 的估计值 $\hat{\sigma}^2=\overline{Q}_s$ 来代替 σ^2，就得到预测偏差方差之和的一个估计 $(n+s)\overline{Q}_s$。当然，我们希望 $(n+s)\overline{Q}_s$ 越小越好，因此，我们就选变量子集使 $(n+s)\overline{Q}_s$ 达到最小。这就是我们选择变量的又一个原则。

(3) G_p 统计量。

1964 年，G.L. Mallows 从预测的角度提出用 G_p 统计量来衡量方程优劣的准则。现将(3.1)的模型称为**全模型**，而从 p 个变量中选取 k 个，不妨设前 k 个，组成一个 y 关于这 k 个变量的模型，称为**选模型**，即有：

$$y_i=\beta_0+\beta_1x_{i1}+\beta_2x_{i2}+\cdots+\beta_kx_{ik}+\varepsilon_i \tag{3.73}$$

用 y_i^* 表示 y 的估计值，用 β_0^*，β_1^*，$\cdots$，β_k^* 表示 β_0，β_1，$\cdots$，β_k 的估计值以示与(3.1)的区别。为与 G_p 名称一致起见，将(3.1)中的 p 改用 t 表示，将(3.73)中的 k 改用 $p-1$ 表示，$p-1\leqslant t$。设

$$E(y_i)=\beta_0+\beta_1x_{i1}+\cdots+\beta_tx_{it}, i=1, 2, \cdots, n$$

现在选用(3.73)，则 y_i 的回归值为：

$$y_i^* = \beta_0^* + \beta_1^* x_{i1} + \cdots + \beta_{p-1}^* x_{i, p-1}$$

从而在 n 个点上带来的总的偏差可用 J_p 来衡量：

$$J_p = \frac{1}{\sigma^2} \sum_i (y_i^* - E(y_i))^2$$

我们当然希望 J_p 越小越好，通过计算可知：

$$E(J_p) = \frac{1}{\sigma^2} E(S_E) - n + 2p,$$

其中，S_E 是选模型对应的剩余平方和，由于 σ^2 未知，故用全模型中 σ^2 的估计值 $\hat{\sigma}^2$ 代替，又用选模型的 S_E 代 $E(S_E)$，由此引入 G_p 统计量：

$$G_p = \frac{S_E}{\hat{\sigma}^2} - n + 2p \tag{3.74}$$

选 G_p 最小的方程为最终的回归方程。

（4）JJ_p 统计量。

这个统计量是 Mallows(1967 年)与 Bothman(1963 年)基于 n 个试验点的预测偏差的方差之和应较小而提出来的，采用同 G_p 统计量这一小节中相同的符号，我们可证明 n 个点上预测偏差 $y_i^* - y_i$ 的方差和为：

$$\sum_i D(y_i^* - y_i) = (n + p)\sigma^2$$

但其中 σ^2 未知，我们用选模型中 σ^2 的估计值代入，从而得 JJ_p 统计量为：

$$JJ_p = \frac{n + p}{n - p} S_E \tag{3.75}$$

其中，S_E 是所选回归方程的剩余平方和。选 JJ_p 最小的方程为最终的回归方程。

（5）S_p 统计量。

我们称 S_p 统计量为：

$$S_p = \frac{1}{(n - p - 1)(n - p)} Q_p \tag{3.76}$$

设有 k 个自变量，入选自变量为 $x_1, x_2, \cdots, x_{p-1}(p = 1, 2, \cdots, k+1)$，$p-1$ 个变量的数据矩阵中心化为：

$$X_p = \begin{pmatrix} x_{11} - \bar{x}_1 & x_{12} - \bar{x}_2 & \cdots x_{1p-1} & -\bar{x}_{p-1} \\ x_{21} - \bar{x}_1 & x_{22} - \bar{x}_2 & \cdots x_{2p-1} & -\bar{x}_{p-1} \\ \vdots & \vdots & & \vdots \\ x_{n-1} - \bar{x}_1 & x_{n2} - \bar{x}_2 & \cdots x_{np-1} & -\bar{x}_{p-1} \end{pmatrix}$$

建立回归方程：$\hat{y}_i = \bar{y} + \beta_1(x_{i1} - \bar{x}_1) + \beta_2(x_{i2} - \bar{x}_2) + \cdots + \beta_{p-1}(x_{ip-1} - \bar{x}_{p-1})$，$i = 1, 2, \cdots, n$；$\beta_1, \beta_2, \cdots, \beta_{p-1}$ 的最小二乘估计为 $\hat{\beta}_p = (X_p'X_p)^{-1}X_p'y$。在任一点 $x = (x_1, x_2, \cdots, x_{p-1})'$ 处，由于 y 与该点的预测值 $\tilde{y}$ 独立，所以有：

$$\mathrm{Var}(\tilde{y}) = \mathrm{Var}(y) + \mathrm{Var}(\tilde{y} - y)$$

$$= \sigma^2 + \frac{1}{n}\sigma^2 + \sigma^2(X - \overline{X})'(X_p'X_p)^{-1}(X - \overline{X})$$

$$= \sigma^2 \left[1 + \frac{1}{n} + (X - \overline{X})'(X_p'X_p)^{-1}(X - \overline{X}) \right] \tag{3.77}$$

如进一步假定 $(x_1, x_2, \cdots, x_{p-1}) \sim N_{p-1}(\mu, \Sigma)$，即自变量也是随机的，这时 (3.77) 也是随机的。可以证明：

$$E[\mathrm{Var}(\tilde{y})] = \frac{(n+1)(n-2)}{n(n-p-1)}\sigma^2 \tag{3.78}$$

从中去掉与 p 无关的因子 $(n+1)(n-2)/n$，用 $\hat{\sigma}^2$ 代替 σ^2，便得到 S_p。从 S_p 的定义可以知道，选择变量应使 S_p 达最小。

以上介绍了五个准则，有的是从方程拟合好坏出发，有的是从预测角度出发。选择变量的准则还有很多，但有的计算较为复杂，这里就不再介绍了。我们可以根据实际问题的需要去选择适当的准则。

§3.8 多元数据变换后的线性拟合

到目前为止，我们可以总结性地写出关于变量 $x_1, \cdots, x_k$ 的最一般的线性回归模型：

$$y = \beta_0 z_0 + \beta_1 z_1 + \beta_2 z_2 + \cdots + \beta_p z_p + \varepsilon \tag{3.79}$$

其中，z_0 是伪变量，它总等于 1，在模型中一般不明确写出来，写出来是为了便于数学处理,对每一个 $j=1,\ 2,\ \cdots,\ p$,z_j 是 $x_1,\ \cdots,\ x_k$ 的一般函数,即 $z_j = z_j(x_1,\ \cdots,\ x_k)$,有可能每个 z_j 只含一个 x 变量。

一个模型只要能写成(3.79)的形式,就可用前面介绍的方法进行分析,当然,对误差 ε 还要作通常那样的假设。

比较简单和常用的是关于自变量的多项式模型。以两个自变量 x_1、x_2 为例,可以写出一阶模型:

$$y = \beta_0 + \beta_1 x_1 + \beta_2 x_2 + \varepsilon$$

二阶模型:

$$y = \beta_0 + \beta_1 x_1 + \beta_2 x_2 + \beta_{11} x_1^2 + \beta_{22} x_2^2 + \beta_{12} x_1 x_2 + \varepsilon$$

三阶模型:

$$y = \beta_0 + \beta_1 x_1 + \beta_2 x_2 + \beta_{11} x_1^2 + \beta_{12} x_1 x_2 + \beta_{22}^2 x_2^2$$
$$+ \beta_{111} x_1^3 + \beta_{112} x_1^2 x_2 + \beta_{122} x_1 x_2^2 + \beta_{222} x_2^3 + \varepsilon$$

等。如果一个阶模型不能满意地刻画所描述的对象,可以用二阶模型;如果二阶模型仍存在拟合不足,可用三阶模型。然而,这种由低阶向高阶换用模型的办法并不总令人满意。事实上,通过变换自变量或因变量或同时变换两者,效果可能更好。比如,在假设残差特性允许每种拟合都可行的前提下,响应 $\log y$ 对 x 的直线性拟合往往比 y 对于 x 的二阶拟合更可取。

变量变换除了可以简化模型外,通常的目的主要还是变换后的模型有(3.79)的形式或者变换后的误差满足通常的假设。

3.8.1 变量变换

1) 只变换自变量得到的模型

以模型

$$y = \beta_0 + \beta_1 z_1 + \beta_2 z_2 + \varepsilon \tag{3.80}$$

为例,可对自变量作下列常见变换。

倒数变换: 令 $z_1 = x_1^{-1}$,$z_2 = x_2^{-1}$,得到:

$$y = \beta_0 + \beta_1 x_1^{-1} + \beta_2 x_2^{-1} + \varepsilon \tag{3.81}$$

对数变换: 令 $z_1 = \ln x_1$,$z_2 = \ln x_2$,得到:

$$y = \beta_0 + \beta_1 \ln x_1 + \beta_2 \ln x_2 + \varepsilon \tag{3.82}$$

平方根变换：令 $z_1 = x_1^{1/2}$，$z_2 = x_2^{1/2}$，得到：

$$y = \beta_0 + \beta_1 x_1^{1/2} + \beta_2 x_2^{1/2} + \varepsilon \tag{3.83}$$

显然，有各种各样可能的变换，同一个模型可以使用几种不同的变换，一个变换也可以同时包含多个变量。选择一个什么样的变换不是一件容易的事情，往往要根据有关变量的基本知识来定。大原则是，作变换总要有效果，如使变换的模型较简单或者对变换后模型的拟合精度较高。

2）可线性化的非线性模型

非线性模型（待估参数是非线性的）可分为两类，一类是可通过适当的变量变换化为(3.79)的形式，这样的模型称为**可线性化的非线性模型**，否则，就称为**不可线性化的非线性模型**，下面介绍一些可线性化的非线性模型，所用的变换既有自变量的变换，也有因变量的变换。

乘法模型：

$$y = \alpha x_1^{\beta} x_2^{\gamma} x_3^{\delta} \varepsilon \tag{3.84}$$

其中，α、β、γ、δ 都是未知参数，ε 是乘积随机误差。对(3.84)两边取自然对数，得到：

$$\ln y = \ln \alpha + \beta \ln x_1 + \gamma \ln x_2 + \delta \ln x_3 + \ln \varepsilon \tag{3.85}$$

(3.85)具有(3.79)的形式，因而可用前面介绍的方法处理。必须强调指出的是，在求置信区间和作有关检验时，必须是 $\ln \varepsilon \sim N(0, \sigma^2 I_n)$，而不是 $\varepsilon \sim (0, \sigma^2 I_n)$。因此，在检验之前，要先检验 $\ln \varepsilon$ 是否满足这个假设。

指数模型：

$$y = e^{\beta_0 + \beta_1 x_1 + \beta_2 x_2} \varepsilon \tag{3.86}$$

两边同时取自然对数，得：

$$\ln y = \beta_0 + \beta_1 x_1 + \beta_2 x_2 + \ln \varepsilon \tag{3.87}$$

一个更复杂的指数模型：

$$y = \frac{1}{1 + e^{\beta_0 + \beta_1 x_1 + \beta_2 x_2 + \varepsilon}} \tag{3.88}$$

两边取倒数，减去 1，再取自然对数，得：

$$\ln(y^{-1}-1)=\beta_0+\beta_1 x_1+\beta_2 x_2+\varepsilon \tag{3.89}$$

注意：由于是对变换后的形如(2.79)的模型用最小二乘分析，所以，进行残差检验时是针对变换后的模型而作的。因此，若对因变量作了变换，要特别仔细检查变换后的模型是否还满足最小二乘假设(误差独立，且服从 $N(0,\sigma^2)$)。

3.8.2 变量变换族——Box-Cox 变换

如果响应变量 y 取正值，下面的 Box-Cox 变换是一个很有用的变换族：

$$W(\lambda)=\begin{cases} (y^\lambda-1)/\lambda, & \lambda\neq 0 \\ \ln y, & \lambda=0 \end{cases} \tag{3.90}$$

比如，当检验表明 y 不服从正态分布时，可对 y 使用 Box-Cox 变换，适当地选取 λ，使 $W(\lambda)$ 服从或近似于正态分布。

对变换参数 λ 来说，变换族是连续的。下面用已知数据估计这个参数以及拟合模型

$$W=X\beta+\varepsilon \tag{3.91}$$

其中，β 是参数向量，$W=(W_1(\lambda),W_2(\lambda),\cdots,W_n(\lambda))'$ 是由观测向量 y 变换来的新向量。

估计 λ 的方法主要有两种。

第一种方法：当将变换用于误差正态化的目的时，假设对适当选取的 λ，(3.91)中的 $\varepsilon\sim N(0,\sigma^2 I_n)$，这时可用极大似然方法估计 λ。步骤如下：

(1) 在一定的范围选取若干 λ 值。通常是在 $(-2,2)$[有时甚至在 $(-1,1)$]内取 11 到 21 个值。如果有必要，取值范围可放宽，取值点也可增加。

(2) 对选取的 λ，计算

$$L_{\max}(\lambda)=-\frac{1}{2}n\ln\hat{\sigma}^2(\lambda)+\ln J(\lambda,y) \tag{3.92}$$

其中，n 是观测次数，$\hat{\sigma}^2(\lambda)$ 是对所取的 λ 值拟合模型(2.92)后的残差平方和的 $1/n$ 倍，即：

$$\hat{\sigma}^2(\lambda)=W'(I-X(X'X)^{-1}X')W/n$$

$$J(\lambda,y)=\prod_{i=1}^n \frac{\partial W_i}{\partial y_i}=\prod_{i=1}^n y_i^{\lambda-1}$$

显然,$\ln J(\lambda, y) = (\lambda - 1)\sum_{i=1}^{n} \ln y_i$,因此,(3.92)可写成:

$$L_{\max}(\lambda) = -\frac{n}{2}\ln(S_E/n) + (\lambda - 1)\sum_{i=1}^{n} \ln y_i \tag{3.93}$$

(3) 对选取的 λ 值,用(3.93)算出 $L_{\max}(\lambda)$ 后,描出点 $(\lambda, L_{\max}(\lambda))$,然后把这些点连接成光滑的曲线,使 $L_{\max}(\lambda)$ 达到最大的点 λ 的极大似然估计 $\hat{\lambda}$。应用时,一般不用 $\hat{\lambda}$ 的精确值,而用下列值中离 $\hat{\lambda}$ 最近的一个来代替:$\cdots$, -2, $-3/2$, -1, $-1/2$, 0, $1/2$, 1, $3/2$, 2, $\cdots$,例如,若 $\hat{\lambda} = 0.11$,则用 $\lambda = 0$ 代替;若 $\hat{\lambda} = 0.94$,则用 $\lambda = 1$ 代替;等等。

还可求出 λ 的近似置信区间,要求上述的替代值落入这个区间。λ 的一个近似的 $1 - a$ 的置信区间由满足下面不等式的 λ 值组成:

$$L_{\max}(\hat{\lambda}) - L_{\max}(\lambda) \leqslant 0.5\chi_{1-\alpha}^{2}(1) \tag{3.94}$$

其中,$\chi_{1-\alpha}^{2}(1)$ 是自由度为 1 的 χ^2 分布的 $1 - \alpha$ 分位点。为求解(3.94),只需在 $y = L_{\max}(\lambda)$ 的图上作一条 $Y = L_{\max}(\lambda) - 0.5\chi_{1-\alpha}^{2}(1)$ 的水平线,该水平线与曲线的交点对应的两个 λ 值就是近似置信区间的端点。

第二种方法:选取 λ 以极小化希望它小的某些量或者极大化希望它大的某些量。例如,设有理由认为 y 能用 x_1 和 x_2 的一个二阶模型

$$y = \beta_0 + \beta_1 x_1 + \beta_2 x_2 + \beta_{11} x_1^2 + \beta_{22} x_2^2 + \beta_{12} x_1 x_2 + \varepsilon \tag{3.95}$$

来拟合,希望通过 Box-Cox 变换的响应 W 能用一阶模型 $y = \beta_0 + \beta_1 x_1 + \beta_2 x_2 + \varepsilon$ 来拟合。对某个选择集中的 λ 值,用最小二乘法对 W 拟合(3.95),我们的目的是选择一个 λ 值以极小化某个适当的统计量。如果对最后选定的 λ 值,二阶项是不显著的,我们的愿望就实现了,即可用一阶模型拟合变换后的数据。

下面通过两个例子来说明这两种选取 λ 值的方法。

例 3.6 表 3.9 给出因变量 y 和两个自变量 x_1、x_2 的 23 组观测值,我们希望通过 Box-Cox 变换使得变换后的数据能用一阶模型来拟合,且误差服从正态分布。即要拟合的模型是:

$$W = \beta_0 + \beta_1 x_1 + \beta_2 x_2 + \varepsilon$$

注意到因变量的取值范围从 13 到 157,$157/13 = 12.1$。当最大值与最小值之比达到(或是超过)一个数量级(即大约为 10)时,对 y 作变换可能是行之有效的。

表 3.9　因变量 y 的 23 组观测值

x_2 \ x_1	0	12	24	36	48	60
0	26	38	50	76	108	157
10	17	26	37	53	83	124
20	13	20	27	37	57	87
30	—	15	22	27	41	63

表 3.10　选取的 λ 与对应的 $L_{\max}(\lambda)$

λ	$L_{\max}(\lambda)$	λ	$L_{\max}(\lambda)$	λ	$L_{\max}(\lambda)$	λ	$L_{\max}(\lambda)$
−1.0	−53.70	−0.15	−17.40	−0.04	−14.82	0.2	−26.53
−0.8	−47.68	−0.10	−15.47	−0.02	−15.09	0.4	−37.27
−0.6	−40.52	−0.08	−15.02	0.00	−15.60	0.6	−45.69
−0.4	−31.46	−0.06	−14.8	0.05	−17.65	0.8	−52.67
−0.2	−20.07	−0.05	−14.78	0.10	−20.43	1.0	−58.80

在 $[-1, 1]$ 内取 20 个 λ 值,分别求出 $L_{\max}(\lambda)$。 从表 3.10 可以看出,使 $L_{\max}(\lambda)$ 达到最大的 λ 值大约是 $\hat{\lambda} = -0.05$,很接近 0。所得的 95% 的近似置信区间为 $-0.135 \leqslant \lambda \leqslant 0.03$。 由此可知取 $\lambda = 0$ 代替 $\hat{\lambda}$ 是可行的。这样要作的变换是 $W = \ln y$。 对表 3.9 中的数据作自然对数变换后列成表 3.11。用最小二乘法拟合变换后的数据得到:

$$\text{Ln } \hat{y} = 3.212 + 0.030\,88 x_1 - 0.031\,52 x_2$$

$R^2 = 99.51\%$ 总体回归的 F 值为 2 045,这些都说明得到了合适的拟合方程。

表 3.11　对表 3.9 中数据作变换 $W = \ln y$ 后的值

x_2 \ x_1	0	12	24	36	48	60
0	3.258	3.638	3.912	4.331	4.682	5.056
10	2.833	3.258	3.611	3.970	4.419	4.820
20	2.565	2.996	3.296	3.611	4.043	4.466
30	—	2.708	3.091	3.296	3.714	4.413

作为对照,用一阶模型拟合没有经过变换的数据,得到:

$$\hat{y} = 28.184 + 1.55x_1 - 1.71x_2$$

$R^2 = 87.93\%$ 总体回归 $F = 72.9$。 这个初始拟合本身就是很不错的,但用 $\ln y$ 时,有非常明显的改进(在其他例子中,初始拟合可能是非常糟的,而通过适当地变换能得到显著的拟合)。

有时,通过变换,便有较大的可能用一低阶多项式模型来拟合,这与估计 λ 的第二种方法有关。

例 3.6 (续) 再次使用表 3.8 的数据,希望用 Box-Cox 变换后的数据能用一阶模型而无需用二阶模型来拟合。先对选取的 17 个 λ 值(见表 3.12)分别拟合模型(3.95),并计算出相应的均方及均方比。

表 3.12 选取的 λ 及相应的 MS_1、MS_2 和 $\gamma = MS_2/MS_1$

λ	MS_1	MS_2	$\gamma = MS_2/MS_1$
−1.0	0.003 7	0.000 24	0.064 9
−0.8	0.015 2	0.000 63	0.041 5
−0.6	0.063 3	0.001 44	0.022 8
−0.4	0.269 8	0.002 51	0.009 3
−0.2	1.178 2	0.002 07	0.001 8
−0.1	2.485	0.000 79	0.000 3
−0.05	3.618	0.000 73	0.000 2
−0.025	4.368	0.001 30	0.000 3
0.0	5.276	0.002 59	0.000 5
0.025	6.375	0.005 04	0.000 8
0.05	7.705	0.009 11	0.001 2
0.1	11.272	0.025 76	0.002 3
0.2	24.236	0.138 2	0.005 7
0.4	114.23	1.980	0.017 3
0.6	552.36	19.379	0.035 1
0.8	2 739.1	160.05	0.058 4
1.0	13 921.3	1 206.66	0.086 7

从表 3.12 中看出,大约在 $\lambda = -0.05$ 处 γ 达到最小,从而是用 $\lambda = 0$ 来近似,即作对数变换,结果和第一种方法得到的完全一样(这种方法的一个缺点是不易求出 λ 的置信区间)。这个变换后的变量用二阶模型拟合后得到:

$$\text{Ln } \hat{y} = 3.231 + 0.028\ 6x_1 - 0.033\ 5x_2 + 0.000\ 044\ 2x_1^2$$
$$+ 0.000\ 112\ 1x_2^2 - 0.000\ 037\ 2x_1x_2$$

对照一下,用未变换的数据拟合的二阶方程为:

$$\hat{y} = 24.067 + 0.573\ 87x_1 - 0.826\ 28x_2 + 0.026\ 39x_1^2$$
$$+ 0.027\ 52x_2^2 - 0.049\ 30x_1x_2$$

比较一下两种估计变换参数的方法,极大似然方法优点较多,用这种方法时,总可以求出一个近似置信区间,并且只需要拟合我们感兴趣的模型,而不像第二种方法那样,需要拟合更复杂的模型。然而,当希望考查在各种准则时,第二种方法还是有用的。可以把各种选择 λ 的准则的图形同时画出来,从这些图中可以选择折中的 λ 值。

小 结

本章主要讨论了多元线性回归模型。用最小二乘方法和极大似然方法分别给出回归参数的估计,发现这两种方法是一致的,进而详细地讨论了最小二乘估计的优良性。对于假设检验,本章首先给出一般线性假设,接着讨论了多元回归模型的显著性检验以及其回归系数的显著性检验。对于模型的选取和自变量的选取,本章给出了一些方法。最后详细地介绍了如何把非线性模型变换为线性模型。

附: 补充引理

本章证明过程中用到的一些定理,下面我们将它们写成引理:

引理 1 设 X 是一 $n \times 1$ 的向量,则它的协方差矩阵是半正定的。

引理 2 设 X 是一 $n \times 1$ 的向量,且 $E(X) = \mu$,$\text{Var}(X) = \Sigma$,A 是一 $n \times n$ 的矩阵,则

$$E(X'AX) = \mu'A\mu + \text{tr}(A\Sigma)$$

引理 3 多元正态向量的任意线性组合仍然是正态的。

引理 4 假设 $X \sim N_n(0, \Sigma)$，Σ 是正定的，则

$$X'\Sigma^{-1}X \sim \chi^2(n)$$

引理 5 假设 $X_1 \sim \chi^2(n)$，$X_2 \sim \chi^2_m$ 且它们相互独立，则

$$X_1 + X_2 \sim \chi^2(n+m)$$

引理 6 假设 $X \sim N_n(0, I_n)$，A 是一 $n \times n$ 的幂等矩阵，其秩为 r，则

$$X'AX \sim \chi^2(r)$$

引理 7 假设 $X \sim N_n(0, I_n)$，A 是一 $n \times n$ 的对称矩阵，B 是一 $m \times n$ 的矩阵，且 $BA = 0$，则 BX 与 $X'AX$ 相互独立。

引理 8 假设 $X \sim N_n(0, I_n)$，A 和 B 是一 $n \times n$ 的对称矩阵，且 $BA = 0$，则 $X'BX$ 与 $X'AX$ 相互独立。

习 题 三

1. 试对二元线性回归模型 $y_i = \beta_0 + \beta_1 x_{1i} + \beta_2 x_{2i} + \varepsilon_i (i = 1, 2, \cdots, n)$ 作回归分析。
   要求：
   (1) 求出未知参数 β_0、β_1、β_2 的最小二乘估计量 $\hat{\beta}_0$、$\hat{\beta}_1$、$\hat{\beta}_2$。
   (2) 求出随机误差项 u 的方差 σ^2 的无偏估计量。
   (3) 对样本回归方程作拟合优度检验。
   (4) 对总体回归方程的显著性进行 F 检验。
   (5) 对 β_1、β_2 的显著性进行 t 检验。
   (6) 当 $x_0 = (1, x_{10}, x_{20})'$ 时，写出 $E(y_0 \mid x_0)$ 和 y_0 的置信度为 95% 的预测区间。

2. 在多元线性回归分析中，称

$$R = \sqrt{S_R/S_T} = \sqrt{1 - S_E/S_T}$$

为自变量 x_1，$x_2\cdots$，x_p 对 y 的复相关系数。试说明复相关系数的统计意义，特别地，当 $R = 0$ 时，是否排斥 y 与 x_1，$x_2\cdots$，x_p 之间，存在某种很密切的非线性关系？

3. 设有模型 $y = \beta_0 + \beta_1 x_1 + \beta_2 x_2 + \varepsilon$，试在下列条件下：
   (1) $\beta_1 + \beta_2 = 1$；

(2) $\beta_1 = \beta_2$。

分别求出 β_1 和 β_2 的最小二乘估计量。

4. 根据 100 对 (x_i, y_i) 的观察值计算出:

$$\sum \dot{x}_1^2 = 12, \quad \sum \dot{x}\dot{y} = -9, \quad \sum \dot{y}^2 = 30$$

要求:

(1) 求出一元模型 $y = \beta_0 + \beta_1 x_1 + u$ 中的 β_1 的最小二乘估计量及其相应的标准差估计量。

(2) 后来发现 y 还受 x_2 的影响,于是,将一元模型改为二元模型 $y = \alpha_0 + \alpha_1 x_1 + \alpha_2 x_2 + v$,收集 x_2 的相应观察值并计算出:

$$\sum \dot{x}_2^2 = 6, \quad \sum \dot{x}_2\dot{y} = 8, \quad \sum \dot{x}_1\dot{x}_2 = 2$$

求二元模型中的 α_1、α_2 的最小二乘估计量及其相应的标准差估计量。

(3) 一元模型中的 $\hat{\beta}_1$ 与二元模型中的 $\hat{\alpha}_1$ 是否相等?为什么?

5. 考虑以下预测的回归方程:

$$\hat{Y}_t = -120 + 0.10 F_t + 5.33 RS_t, \quad \overline{R}^2 = 0.50$$

其中,Y_t ——第 t 年的玉米产量(蒲式耳/亩);

F_t ——第 t 年的施肥强度(磅/亩);

RS_t ——第 t 年的降雨量(英寸)。

要求:

(1) 从 F 和 RS 对 Y 的影响方面,说出本方程中系数 0.10 和 5.33 的含义。

(2) 常数项 -120 是否意味着玉米的负产量可能存在?

(3) 假定 β_F 的真实值为 0.40,则估计值是否有偏?为什么?

(4) 假定该方程并不满足所有的古典模型假设,即并不是最佳线性无偏估计值,则是否意味着 β_{RS} 的真实值绝对不等于 5.33?为什么?

6. 已知线性回归模型 $Y = X\beta + \varepsilon$ 式中 $\varepsilon \sim (0, \sigma^2 I)$,$n = 13$ 且 $k = 3$(n 为样本容量,k 为参数的个数),由二次型 $(Y - X\beta)'(Y - X\beta)$ 的最小化得到如下线性方程组:

$$\hat{\beta}_1 + 2\hat{\beta}_2 + \hat{\beta}_3 = 3$$
$$2\hat{\beta}_1 + 5\hat{\beta}_2 + \hat{\beta}_3 = 9$$
$$\hat{\beta}_1 + \hat{\beta}_2 + 6\hat{\beta}_3 = -8$$

要求:

(1) 把问题写成矩阵向量的形式;用求逆矩阵的方法求解之。

(2) 如果 $Y'Y = 53$,求 $\hat{\sigma}^2$。

(3) 求出 $\hat{\beta}$ 的方差—协方差矩阵。

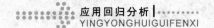

7. 经研究发现,学生用于购买书籍及课外读物的支出与本人受教育年限和其家庭收入水平有关,对18名学生进行调查的统计资料如下表所示:

学生序号	购买书籍及课外读物的支出 y(元/年)	受教育年限 x_1(年)	家庭月可支配收入 x_2(元/月)
1	450.5	4	171.2
2	507.7	4	174.2
3	613.9	5	204.3
4	563.4	4	218.7
5	501.5	4	219.4
6	781.5	7	240.4
7	541.8	4	273.5
8	611.1	5	294.8
9	1 222.1	10	330.2
10	793.2	7	333.1
11	660.8	5	366.0
12	792.7	6	350.9
13	580.8	4	357.9
14	612.7	5	359.0
15	890.8	7	371.9
16	1 121.0	9	435.3
17	1 094.2	8	523.9
18	1 253.0	10	604.1

要求:

(1) 试求出学生购买书籍及课外读物的支出 y 与受教育年限 x_1 和家庭收入水平 x_2 的估计的回归方程 $\hat{y} = \hat{\beta}_0 + \hat{\beta}_1 x_1 + \hat{\beta}_2 x_2$。

(2) 对 β_1、β_2 的显著性进行 t 检验,计算 R^2。

(3) 假设有一学生的受教育年限 $x_1 = 10$ 年,家庭收入水平 $x_2 = 480$ 元/月,试预测该学生全年购买书籍及课外读物的支出,并求出相应的预测区间($\alpha = 0.05$)。

8. 下表给出三变量模型的回归结果:

方差来源	平 方 和	自 由 度	均 方
回　归	65 965	—	—
剩　余	—	—	—
总　和	66 042	14	—

要求:

(1) 样本容量是多少?

(2) 求 S_E。

(3) S_R 和 S_E 的自由度各是多少?

(4) 求 R^2。

(5) 检验假设: x_2 和 x_3 对 y 无影响。你用什么假设检验? 为什么?

(6) 根据以上信息,你能否确定 x_2 和 x_3 各自对 y 的贡献?

9. 研究同一地区土壤内所含植物可给态磷的情况,得到 18 组数据如下,其中,

x_1: 土壤内所含无机磷浓度;

x_2: 土壤内溶于 K_2CO_3 溶液并受溴化物水解的有机磷;

x_3: 土壤内溶于 K_2CO_3 溶液但不溶于溴化物的有机磷;

y: 栽在 20℃ 土壤内的玉米中的可给态磷。

单位为百万分之一,已知 y 对 x_1、x_2、x_3 存在线性相关,求它们的回归方程,并进行检验。

土壤样本	x_1	x_2	x_3	y
1	0.4	53	158	64
2	0.4	23	163	60
3	3.1	19	37	71
4	0.6	34	157	61
5	4.7	24	59	54
6	1.7	65	123	77
7	9.4	44	46	81
8	10.1	31	117	93
9	11.6	29	173	93
10	12.6	58	112	51
11	10.9	37	111	76

(续表)

土壤样本	x_1	x_2	x_3	y
12	23.1	46	114	96
13	23.1	50	134	77
14	21.6	44	73	93
15	23.1	56	168	95
16	1.9	36	143	54
17	26.8	58	202	168
18	29.9	51	124	99

10. 下面给出依据 15 个观察值计算得到的数据:

$$\bar{y} = 367.693, \ \bar{x}_2 = 402.760, \ \bar{x}_3 = 8.0, \ \sum y_i^2 = 66\,042.269$$

$$\sum x_{2i}^2 = 84\,855.096, \ \sum x_{3i}^2 = 280.0, \ \sum y_i x_{2i} = 74\,778.346$$

$$\sum y_i x_{3i} = 4\,250.9, \ \sum x_{2i} x_{3i} = 4\,796.0$$

要求:

(1) 估计三个多元回归系数。

(2) 估计它们的标准差;并求出 R^2。

(3) 估计 β_2、β_3 置信度为 95% 的置信区间。

(4) 在 $\alpha = 0.05$ 下,检验估计的每个回归系数的统计显著性(双边检验)。

(5) 在 $\alpha = 0.05$ 下,并给出方差分析表。

11. 考虑以下方程(括号内为估计标准差):

$$\hat{W}_i = 8.562 + 0.364P_t + 0.004P_{t-1} - 2.560U_t$$
$$\quad\quad\quad (0.080) \quad\ \ (0.072) \quad\ \ (0.658)$$
$$n = 19 \quad\quad R^2 = 0.873$$

其中,W —— t 年的每位雇员的工资和薪水;

$\quad\quad P$ —— t 年的物价水平;

$\quad\quad U$ —— t 年的失业率。

要求:

(1) 对个人收入估计的回归系数进行假设检验。

(2) 讨论 P_{t-1} 在理论上的正确性,对本模型的正确性进行讨论; P_{t-1} 是否应从方程中删除? 为什么?

12. 下表是某种商品的需求量、价格和消费者收入 10 年的时间序列资料：

年 份	1	2	3	4	5	6	7	8	9	10
需求量 (吨)y	59 190	65 450	62 360	64 700	67 400	64 440	68 000	72 400	75 710	70 680
价 格 (元)x_1	23.56	24.44	32.07	32.46	31.15	34.14	35.30	38.70	39.63	46.68
收 入 (元)x_2	76 200	91 200	106 700	111 600	119 000	129 200	143 400	159 600	180 000	193 000

要求：

(1) 已知商品需求量 y 是其价格 x_1 和消费者收入 x_2 的函数，试求 y 对 x_1 和 x_2 的回归方程 $\hat{y} = \hat{\beta}_0 + \hat{\beta}_1 x_1 + \hat{\beta}_2 x_2$。

(2) 求 y 的总变差中未被 x_1 和 x_2 解释的部分，并对回归方程进行显著性检验。

(3) 对回归参数 $\hat{\beta}_1$、$\hat{\beta}_2$ 进行显著性 t 检验。

13. 逐步回归的基本思想是什么？试用 Hald 数据来说明逐步回归法。这里给出 Hald 水泥问题中各变量的观测数据，列出了所有可能的回归，其中，

x_1：水泥中 $3CaO \cdot Al_2O_3$ 的含量(%)；

x_2：水泥中 $3CaO \cdot SiO_2$ 的含量(%)；

x_3：水泥中 $4CaO \cdot Al_2O_3 \cdot Fe_2O_3$ 的含量(%)；

x_4：水泥中 $2CaO \cdot SiO_2$ 的含量(%)；

x_5：$y =$ 每克水泥释放的热量(卡路里)。

原始数据和(或)变换后的数据

序号	x_1	x_2	x_3	x_4	x_5
1	7.000 000 00	26.000 000 00	6.000 000 00	60.000 000 00	78.500 000 00
2	1.000 000 00	29.000 000 00	15.000 000 00	52.000 000 00	74.300 000 00
3	11.000 000 09	56.000 000 00	8.000 000 00	20.000 000 00	104.300 000 00
4	11.000 000 00	31.000 000 00	8.000 000 00	47.000 000 00	87.600 000 00
5	7.000 000 00	52.000 000 00	6.000 000 00	33.000 000 00	95.900 000 00
6	11.000 000 00	55.000 000 00	9.000 000 00	22.000 000 00	109.200 000 00
7	3.000 000 00	71.000 000 00	17.000 000 00	6.000 000 00	102.700 000 00
8	1.000 000 00	31.000 000 00	22.000 000 00	44.000 000 00	72.500 000 00

(续表)

序号	x_1	x_2	x_3	x_4	x_5
9	2.000 000 00	54.000 000 00	18.000 000 00	22.000 000 00	93.100 000 00
10	21.000 000 00	47.000 000 00	4.000 000 00	26.000 000 00	115.900 000 00
11	1.000 000 00	40.000 000 00	23.000 000 00	34.000 000 00	83.800 000 00
12	11.000 000 00	66.000 000 00	9.000 000 00	12.000 000 00	113.300 000 00
13	10.000 000 00	68.000 000 00	8.000 000 00	12.000 000 00	109.400 000 00

14. 为了提高煤的净化效率,收集了一些有关的数据,请你提出一个提高净化率的方案。数据如下:

y:净化后煤溶液中所含杂质的重量(是衡量净化效率的指标);

x_1:输入净化过程的溶液所含的煤及杂质的比;

x_2:溶液的 Ph 值;

x_3:溶液的流量。

净化煤溶液数据

序　号	x_1	x_2	x_3	y
1	1.50	6.00	1 315	243
2	1.50	6.00	1 315	261
3	1.50	9.00	1 890	244
4	1.50	9.00	1 890	285
5	2.00	7.50	1 575	202
6	2.00	7.50	1 575	180
7	2.00	7.50	1 575	183
8	2.00	7.50	1 575	207
9	2.50	9.00	1 315	216
10	2.50	9.00	1 315	160
11	2.50	6.00	1 890	104
12	2.50	6.00	1 890	110

15. 证明第六节关于 $\hat{y}_0$ 的六个性质。

第四章

回 归 诊 断

在第三章的讨论中，我们对线性回归模型作了如下假定：

假设 1　自变量 $x_1, x_2, \cdots, x_p$ 是确定性变量，不是随机变量，且 $\mathrm{rank}(X) = p+1 < n$，即 X 为一个满秩矩阵。

假设 2　满足高斯-马尔柯夫条件（G-M 条件），即：

$$\begin{cases} E(\varepsilon_i) = 0, \ i = 1, 2, \cdots, n \\ \mathrm{Cov}(\varepsilon_i, \varepsilon_j) = \begin{cases} \sigma^2, \ i = j \\ 0, \ i \neq j \end{cases}, \ i, j = 1, 2, \cdots, n \end{cases}$$

假设 3　正态分布的假设条件为：

$$\begin{cases} \varepsilon_i \sim N(0, \sigma^2), \ i = 1, 2, \cdots, n \\ \varepsilon_1, \varepsilon_2, \cdots, \varepsilon_n \ \text{相互独立} \end{cases}$$

对于上述回归模型假设，用另一种形式表述可写为：

（1）模型的形式为线性回归模型，即：

$$y_i = \beta_0 + \beta_1 x_{1i} + \beta_2 x_{2i} + \cdots + \beta_p x_{pi} + \varepsilon_i, \ i = 1, 2, \cdots, n$$

（2）所有的 x 都是确定性变量，并且自变量之间不存在多重共线性（将在第七章讨论）。

（3）误差项 ε 为互不相关的随机变量，均值为 0，方差为常数 σ^2。或者 ε 为均值为 0 的正态随机变量，具有相同的方差 σ^2，且相互独立。

这些假定在现实中是否成立？如何给出判定是否成立的方法？如果有些假定不满足，需要采取什么措施以改进模型？本章将就这些问题进行讨论，即关于上述假定进行诊断，同时也给出如果假定不真时的解决办法。在所有的讨论中，残差是一个重要的工具，所以，我们将以讨论残差的性质开始本章的内容。

§4.1 残差及其性质

为研究残差，我们使用第三章描述的矩阵表示。基本模型为：

$$Y = X\beta + \varepsilon, \; E(\varepsilon) = 0, \; \mathrm{Var}(\varepsilon) = \sigma^2 I_n \tag{4.1}$$

其中，X 是已知的满秩矩阵，β 的最小二乘估计是 $\hat{\beta} = (X'X)^{-1}X'Y$，估计对应于观测值 Y 的拟合值 Y 为：

$$\begin{aligned}
\hat{y} &= X\hat{\beta} = X[(X'X)^{-1}X'y] \\
&= X(X'X)^{-1}X'y \\
&= Hy
\end{aligned} \tag{4.2}$$

其中，H 是 $n \times n$ 矩阵，定义为：

$$H = X(X'X)^{-1}X' \tag{4.3}$$

H 称为帽子矩阵，因为它将因变量的观测值向量 y 变换成响应变量的拟合值向量 $\hat{y}$，残差向量 e 被定义为：

$$\begin{aligned}
e &= y - \hat{y} = y - X(X'X)^{-1}X'y \\
&= [I - X(X'X)^{-1}X']y \\
&= [I - H]y
\end{aligned} \tag{4.4}$$

e 和 ε 的区别：误差 ε 是不可观测的随机变量，假设其均值为零，且互不相关，每个具有相同的方差 σ^2。残差 e 是可以用图表示或用其他方式研究的可计算的量。它们的均值与方差为：

$$E(e) = 0$$
$$\mathrm{Var}(e) = \sigma^2(I - H) \tag{4.5}$$

类似于误差，残差的均值都为零，但残差可以有不同的方差，且它们是相关的。由(4.4)可知，残差是误差的线性组合，故若误差是正态分布，则残差也是正态分布。综上所述，残差 e 有下列性质：

(1) $E(e) = 0$，$\mathrm{Var}(e) = \sigma^2(I - H)$；

(2) $\mathrm{Cov}(\hat{Y}, e) = 0$；

(3) 当 $\varepsilon \sim N(0, \sigma^2 I)$ 时，$e \sim N(0, \sigma^2 (I-H))$。

另外，如果模型包含截距，则残差和为零。用标量形式表示，第 i 个残差的方差为：

$$\mathrm{Var}(e_i) = \sigma^2 (1 - h_{ii}) \tag{4.6}$$

其中，h_{ii} 是 H 的第 i 个对角元素。诊断过程是基于计算所得的残差，它被假设与不可观测的误差有相同的行为。这个假设的效用依赖于帽子矩阵，这是因为 H 联系了 e 和 ε，并给出 e 的方差和协方差。

由 e 的分布可知，一般来说，$e_1, \cdots, e_n$ 是相关的，且它们的方差不等。根据 (3.6) 式，当 h_{ii} 较大时，则 $\mathrm{Var}(e_i)$ 较小。从而直接用 $e_1, \cdots, e_n$ 作为比较就带来一定的麻烦，为此，我们引入标准化残差的概念。

称

$$r_i = \frac{e_i}{\hat{\sigma} \sqrt{1 - h_{ii}}}, \quad i = 1, \cdots, n \tag{4.7}$$

其中，$\hat{\sigma} = \sqrt{\dfrac{S_E}{n-p-1}}$。

一般来讲，r_i 的分布比较难求。可以证明，$r_1, \cdots, r_n$ 近似独立，且近似地服从 $N(0,1)$，所以，我们能近似地认为 $r_1, \cdots, r_n$ 是来自 $N(0,1)$ 的随机子样。

依据标准化残差 $r_1, \cdots, r_n$ 近似地服从 $N(0,1)$，且近似地相互独立。我们常用残差图对模型假设的合理性进行检验。

所谓**残差图**，是一种直观的工具，它是以残差 r 或 e 为纵坐标，以任何其他的量为横坐标的散点图。常用的横坐标有如下三种选择：

(1) 以拟合值 $\hat{y}$ 为横坐标；

(2) 以 x_j 为横坐标，$j = 1, \cdots, n$；

(3) 以观测值或序列号为横坐标。

在模型的四条假设为真时，残差图上 n 个点的散步应该是无规则的。例如，在 $\hat{y} - r$ 图中，由于在模型假设为真时，拟合向量 $\hat{y}$ 与残差向量 $\hat{\varepsilon}$ 是不相关的，从而 $\hat{y}$ 与 $r_1, \cdots, r_n$ 间的相关也应很小，点 $(\hat{y}_i, r_i)$，$i = 1, \cdots, n$ 也应大致落在 $|r| \leqslant 2$ 的水平带内且不呈现任何趋向。从而当残差图中的点呈某种规律或趋向时，就可以对于模型的假设提出怀疑。

§4.2 回归函数线性的诊断

诊断回归函数是否是 x_1，…，x_p 的线性函数的主要工具是残差图 $\hat{y}-e$（或 $\hat{y}-r$），在 $p=1$ 时还可以用散点图。为了说明这些，我们先讨论下面的例子。

例 4.1 现在收集了 x 与 y 的 8 组数据（见表 4.1），并求得 y 关于 x 的一元线性回归方程为：

$$\hat{y} = -1.82 + 0.004\,35x$$

其拟合值与残差见表 4.1，此方程对应的 σ 的估计值是 0.889，相关系数是 0.935。

表 4.1 数据的拟合值与残差

i	x	y	$\hat{y}$	e
1	80	0.60	1.66	-1.06
2	220	6.70	7.75	-1.05
3	140	5.30	4.27	1.03
4	120	4.00	3.40	0.60
5	180	6.55	6.01	0.54
6	100	2.15	2.53	-0.38
7	200	6.60	6.88	-0.28
8	160	5.75	5.14	0.61

将 (x_i, y_i) 看成一个点，画出的散点图见图 4.1。从散点图可见，将 $E(y)$ 看成 x 的线性函数不太合适，最好看成为 x 的二次函数。若将 $(\hat{y}_i, e_i)$ 看成一个点，画出的散点图见图 4.2。发现这些点的散布是有规律可循的，对应 $\hat{y}$ 小的及 $\hat{y}$ 大的残差为负，而 $\hat{y}$ 介于中间的残差为正，因此，怀疑回归函数线性的假定不成立。

当从残差图上发现回归函数可能为非线性时，就要设法改进现有模型，常可以借助 $\hat{y}-e$ 图或 $\hat{y}-r$ 图，判断回归函数关于哪个变量应该为非线性的及其如何修改。在例 4.1 中，可以画出 $x-e$ 图，即将 (x_i, e_i) 为一个点画残差图（见图 4.3），由此可见，在 x 较小或较大时，$e<0$，在 x 介于中间值时，$e>0$，从而设想改变回归模型，建立 y 关于 x、x^2 的回归方程，我们把 x 看作 x_1，把 x^2 看作 x_2，用二元线性回归方程的求法求得：

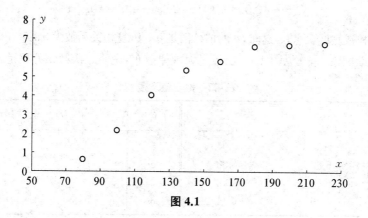

图 4.1

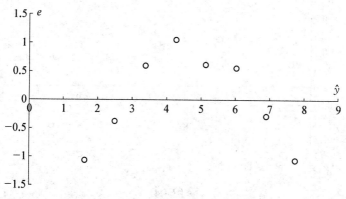

图 4.2

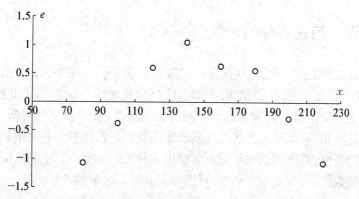

图 4.3

$$\hat{y} = -10.028 + 0.164\,24x - 0.000\,402\,5x^2$$

其拟合值和残差见表4.2。这时,σ的估计值是0.189,复相关系数为0.997 5,有了明显的改善。残差图$\hat{y} - e$(见图4.4),已经呈无规律散布,说明二次回归方程是合适的。

表4.2　拟合值及残差

i	$\hat{y}$	e	i	$\hat{y}$	e
1	0.54	0.06	5	6.49	0.06
2	6.62	0.08	6	2.37	-0.22
3	5.08	0.22	7	6.72	-0.12
4	3.89	0.11	8	5.95	-0.20

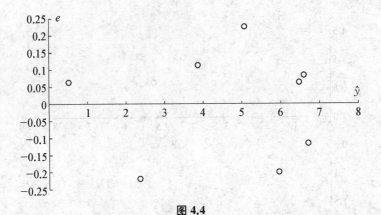

图4.4

§4.3　误差方差齐性的诊断

我们首先讨论一个可能存在异方差数据的例子。考虑表 4.3 所给的数据,包括美国 18 个行业 1998 年的销售、利润和研究与发展(R&D)费用支出数据。

由于上述每个行业都包含若干不同的企业类型,各个企业类型所包括的公司的规模又各不相同,如果考察研究与发展支出数据对销售额和利润的回归,很难保证同方差的条件,其原因就在于行业分类的多样性。对此,我们考察 R&D 费用支出和销售额数据,利用最小二乘法,可以得到其回归模型如下:

$$R\&D = 192.977\,6 + 0.031\,9 \times 销售额$$

表 4.3 美国 18 个行业 1998 年的数据   单位：百万美元

序　号	行　　业	销售额	R&D 费用支出	利　润
1	容器与包装	6 357.3	62.5	185.1
2	非银行金融机构	11 626.4	92.9	1 569.5
3	服务行业	14 655.1	178.3	274.8
4	金属与采掘业	21 896.2	258.4	2 828.1
5	住房与建筑业	26 408.3	494.7	225.9
6	一般制造业	32 405.6	1 083.0	3 751.9
7	闲暇时间行业	35 107.7	1 620.6	2 884.1
8	纸与林产品行业	40 295.4	421.7	4 645.7
9	食品行业	70 761.6	509.2	5 036.4
10	健康护理业	80 552.8	6 620.1	13 869.9
11	宇航业	95 294.0	3 918.6	4 487.8
12	消费品	101 314.1	1 595.3	10 278.9
13	电器与电子行业	116 141.3	6 107.5	8 787.3
14	化学工业	122 315.7	4 454.1	16 438.8
15	聚合物	141 649.9	3 163.8	9 761.4
16	办公设备与计算机	175 025.8	13 210.7	19 774.5
17	燃料	230 614.5	1 703.8	22 626.6
18	汽车行业	293 543.0	9 528.2	18 415.4

方差分析表见表 4.4。

表 4.4 方 差 分 析 表

方差来源	平 方 和	自 由 度	均　　方	F　值
回归	111 674 504.57	1	111 674 504.57	14.67
剩余	121 807 534.28	16	7 612 970.89	
总和	233 482 038.85	17		

方差分析的结论说明：在 $\alpha = 0.05$ 的水平下，以上回归方程是显著的。从参数的显著性检验来看，所得值为 $t = 3.83$，即在 $\alpha = 0.05$ 的水平下，参数是显著的。但是，如果我们观察其残差图 4.5，可以清楚地看出，残差的绝对值随着销售额的增加而增加。由此，在本问题中方差相同的假定是不成立的。对于这类问题，我们不能直接使用最小二乘法进行分析。

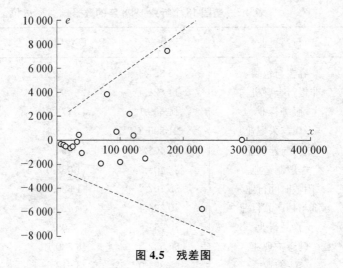

图 4.5　残差图

在回归假设下,最小二乘估计具有**最优性**,即在所有线性无偏估计中,最小二乘估计具有方差最小性。如果在回归假设中,随机误差方差 σ^2 为常数的假设不成立,而同时其他假设仍然满足,此时,可以在理论上得到如下结论:

(1) 最小二乘估计仍然是线性的,也是无偏的;

(2) 最小二乘估计不能再得到保证;

(3) 在前面的讨论中,随机误差方差 σ^2 的无偏估计 $\hat{\sigma}^2$ 的无偏性不再满足;

(4) 由此,在前面所讨论的有关 t 分布和 F 分布的假设检验和置信区间中,由于 $\hat{\sigma}^2$ 的有偏性,仍然使用第三章的方法作假设检验和区间估计可能会得出错误的结论。

综上,当误差方差 σ^2 具有异方差时,按照第三章所用的假设检验会产生错误的结论。所以,判断误差方差 σ^2 的方差齐性问题是十分重要的。

在实际应用中,误差方差是否具有异方差? 一般来说,异方差可能有以下三种类型:(1) 递增型异方差;(2) 递减型异方差;(3) 条件自回归型异方差。

利用残差图可以判断误差方差是否具有**齐性**。若残差图 $\hat{y} - r$ 呈现图 4.6 的现象,我们可以认为各个观测误差的方差非齐性,因为它表示误差方差随 $\hat{y}_i$ 增大而增大或减小。

如果在每个试验条件下进行重复试验,我们采用如下统计量作统计检验。

设共有 n 个不同条件,第 i 个条件下试验结果服从 $N(\mu_i, \sigma_i^2)$, $i = 1, \cdots, n$,其中,μ_i 与 p 个变量 $x_1, \cdots, x_p$ 的值有关。并且假定在第 i 个条件下共观测了 m_i

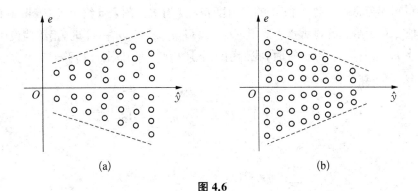

图 4.6

次试验,其结果为 y_{i1}, $\cdots$, y_{im_i}, 又记:

$$\bar{y}_i = \frac{1}{m_i} \sum_{j=1}^{m_i} y_{ij}, \ i=1, \cdots, n$$

$$s_i^2 = \frac{1}{m_i-1} \sum_{j=1}^{m_i} (y_{ij} - \bar{y}_i)^2, \ i=1, \cdots, n$$

要检验的假设是

$$H_0 : \sigma_1^2 = \cdots = \sigma_n^2 \tag{4.8}$$

在 $m_1 = m_2 = \cdots = m_n \triangleq m$ 时,我们可以给出下列两种检验统计量:

1) Hartley 检验

$$F_{\max} = \frac{\max\{s_1^2, s_2^2, \cdots, s_n^2\}}{\min\{s_1^2, s_2^2, \cdots, s_n^2\}} \tag{4.9}$$

检验统计量(4.9)的分布与总体个数 n 和 s_i^2 的自由度 $m-1$ 有关,我们可以算出其临界值 $F_{\max, 1-\alpha}(k, v)$,其中,k 为总体个数,v 是 s_i^2 的自由度,具体参见附表 4。对于给定的显著水平 α,当 $F_{\max} > F_{\max, 1-\alpha}(n, m-1)$ 时,拒绝假设(4.8)。但是,当 $\min\{s_1^2, s_2^2, \cdots, s_n^2\}$ 为零或很小时,以及 $m \leqslant 2$ 时,此检验不能用,此时,我们可以使用下面的检验。

2) Cochran 检验

$$G_{\max} = \frac{\max\{s_1^2, s_2^2, \cdots, s_n^2\}}{\sum_{i=1}^{n} s_i^2} \tag{4.10}$$

其分布同样与总体个数 n 和 s_i^2 的自由度 $m-1$ 有关。附表5给出了 Cochran 检验的临界值。对于给定的显著水平 α,当 $G_{max} > G_{max,\,1-\alpha}(n, m-1)$ 时,拒绝假设(4.8)。

当 $m_1, \cdots, m_n$ 不全等时,我们引入下述检验,即 Barlett 检验。

3) Barlett 检验

$$\chi^2 = \frac{1}{c} \left[f_e \log s^2 - \sum_i (m_i - 1) \log s_i^2 \right] \tag{4.11}$$

其中,

$$f_e = \sum_i (m_i - 1), \quad s^2 = \sum_i (m_i - 1) s_i^2 / f_e,$$

$$c = \frac{\displaystyle\sum_i \frac{1}{m_i - 1} - \frac{1}{f_e}}{3(n-1)} + 1$$

在假设(4.8)为真时,检验统计量近似地服从自由度为 $n-1$ 的 χ^2 分布,对于给定的显著水平 α,当 $\chi^2 > \chi_{1-\alpha}^2(n-1)$ 时,拒绝假设(4.8)。

当 $m_1 = m_2 = \cdots = m_n \triangleq m$ 时,检验(4.11)可以简化为:

$$\chi^2 = \frac{1}{c} \left\{ n(m-1) \left[\log s^2 - \frac{1}{n} \sum_i \log s_i^2 \right] \right\} \tag{4.12}$$

其中,

$$s^2 = \sum_i s_i^2 \Big/ n, \quad c = \frac{n+1}{3n(m-1)} + 1$$

但是,当 $s_1^2, s_2^2, \cdots, s_n^2$ 中有一个为零或很小时,Barlett 检验也是不能使用的。

例 4.2 在五个不同温度 x 下分别进行三次试验,测得化工产品合格率 y 如表 4.5 所示,并把每个温度下的三个数据所得的样本方差 s_i^2 也列在表 4.5 中。

表 4.5

x_i	y_{i1}	y_{i2}	y_{i3}	s_i^2
60	90	92	88	4
65	97	93	92	7
70	96	96	93	3
75	84	83	88	7
80	84	86	82	4

$$\sum_i s_i^2 = 25, \quad s^2 = \sum_i s_i^2 / 5 = 5$$

因为 $n_1 = n_2 = \cdots = n_5 = 3$,且各 s_i^2 均不太小,所以,可以用(4.9)、(4.10)和(4.12)中的任一种检验,分别求得如下:

$$F_{\max} = \frac{\max\{s_1^2, \ s_2^2, \ \cdots, \ s_n^2\}}{\min\{s_1^2, \ s_2^2, \ \cdots, \ s_n^2\}} = \frac{7}{3} = 2.333$$

$$G_{\max} = \frac{\max\{s_1^2, \ s_2^2, \ \cdots, \ s_n^2\}}{\sum_{i=1}^{n} s_i^2} = \frac{7}{25} = 0.28$$

$$\chi^2 = \frac{1}{c} \left\{ n(m-1) \left[\log s^2 - \frac{1}{n} \sum_i \log s_i^2 \right] \right\} = 0.47$$

在 $\alpha = 0.05$ 时,可以查得 $F_{\max, 0.95}(5, 2) = 202$,$G_{\max, 0.95}(5, 2) = 0.6838$,$\chi^2_{0.95}(4) = 9.488$。上述统计量值分别小于各自的临界值。因此,可以认为不能拒绝方差齐性的假定。

§4.4 误差的独立性诊断

在很多与时间有关的问题中,后面的观测值往往与前期的观测值不一定独立,例如,河流的水位总有一个变化过程,当一场暴雨使河流水位上涨后往往需要几天才能使水位降低,因此,当我们逐日测定河流最高水位时,相邻两天的观测间就不一定独立。对此,可以利用序号—$\hat{\varepsilon}$ 的残差图进行诊断,图 4.7 和图 4.8 均呈现相关的特点。

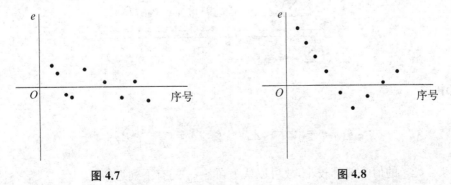

图 4.7   图 4.8

113

若将 e_i 与 e_{i+1} 看作变量 x 与 y 的取值,形成如下形式:

i	1	2	3	...	$n-1$
x	e_1	e_2	e_3	...	e_{n-1}
y	e_2	e_3	e_4	...	e_n

即 $x_i = e_i$,$y_i = e_{i+1}$。在图 4.7 中,当 $x_i > x_{i+1}$ 时,$y_i < y_{i+1}$,呈现负相关的特征,在图 4.8 中,当 $x_i > x_{i+1}$ 时,$y_i > y_{i+1}$,呈现正相关的特征。

我们考虑相邻观测间存在的一种最简单的相关情形——**一阶自相关**。设 ε_i 与 ε_{i+1} 有如下关系:

$$\varepsilon_{i+1} = \rho\varepsilon_i + u_{i+1}, \ i = 1, \cdots, n-1$$

其中,$u_2, u_3, \cdots, u_n$ 相互独立,当 $\rho \neq 0$ 时,称 $\varepsilon_1, \varepsilon_2, \cdots, \varepsilon_n$ 间存在一阶自相关。此时,检验误差的独立性问题变成下列假设检验问题:

$$H_0: \rho = 0 \tag{4.13}$$

进一步地,假定 $u_i \sim N(0, \sigma^2)$,并且 n 不太大时,我们可以引入 $D\text{-}W$ 检验,即:

$$DW = \sum_{i=2}^{n} (e_i - e_{i-1})^2 \Big/ \sum_{i=1}^{n} e_i^2 \tag{4.14}$$

由于 ε 是不可观测的随机变量,所以,考察 ε_i 间的相关性常用残差 $\hat{\varepsilon}_i$ 来进行,将 $\{\hat{\varepsilon}_1, \hat{\varepsilon}_2, \cdots, \hat{\varepsilon}_{n-1}\}$ 和 $\{\hat{\varepsilon}_2, \hat{\varepsilon}_2, \cdots, \hat{\varepsilon}_n\}$ 看成两个序列,其相关系数 r 称为一阶自相关系数:

$$r = \frac{\sum\limits_{i=1}^{n-1} (e_i - e_{1,n-1})(e_{i+1} - e_{2,n})}{\sqrt{\sum\limits_{i=1}^{n-1} (e_i - e_{1,n-1})^2 \sum\limits_{i=1}^{n-1} (e_{i+1} - e_{2,n-1})^2}}$$

其中,

$$e_{1,n-1} = \frac{1}{n-1} \sum_{i=1}^{n-1} e_i, \ e_{2,n-1} = \frac{1}{n-1} \sum_{i=2}^{n} e_i$$

由于 $|\hat{\varepsilon}_i|$ 的值一般都较小,故可以认为在各 $\hat{\varepsilon}_i$ 间有下列近似:

$$\sum_{i=1}^{n-1}e_i \approx \sum_{i=2}^{n}e_i \approx \sum_{i=1}^{n}e_i = 0$$

$$\sum_{i=1}^{n-1}e_i^2 \approx \sum_{i=2}^{n}e_i^2 \approx \sum_{i=1}^{n}e_i^2$$

则可以得到:

$$r \approx \frac{\sum_{i=1}^{n-1}e_i e_{i+1}}{\sqrt{\sum_{i=1}^{n-1}e_i^2 \sum_{i=2}^{n}e_i^2}} \approx \frac{\sum_{i=1}^{n-1}e_{i-1}e_i}{\sum_{i=1}^{n}e_i^2} \tag{4.15}$$

由(4.14)、(4.15)式可知,$D\text{-}W$ 检验统计量与相关系数 r 有如下近似关系:

$$DW \approx \frac{\sum_{i=2}^{n}e_i^2 - \sum_{i=1}^{n-1}e_i^2 - 2\sum_{i=1}^{n-1}e_i e_{i-1}}{\sum_{i=1}^{n}e_i^2}$$

$$\approx \frac{2\sum_{i=1}^{n}e_i^2 - 2\sum_{i=1}^{n-1}e_i e_{i+1}}{\sum_{i=1}^{n}e_{i+1}^2} \approx 2 - 2r \tag{4.16}$$

由(4.16)式可知,当 $r=-1$ 时,$DW \approx 4$;当 $r=1$ 时,$DW \approx 0$;当 $r=0$ 时,$DW \approx 2$。所以,当 $|DW-2|$ 过大时,拒绝假设(4.13),根据 DW 的值可以按照下面规则判断:

$DW < d_L$,认为 ε_1, ε_2, $\cdots$, ε_n 间存在正相关;

$d_U < DW < 4-d_U$,认为 ε_1, ε_2, $\cdots$, ε_n 间存在不相关;

$DW > 4-d_L$,认为 ε_1, ε_2, $\cdots$, ε_n 间存在负相关;

$d_L < DW < d_U$ 或 $4-d_U < DW < 4-d_L$,对于 ε_1, ε_2, $\cdots$, ε_n 是否相关暂不下结论。

对于给定的 α、d_L 和 d_U 值可以从附表 3 中查出。

例 4.3 为研究某地居民对农产品的消费量 y 与居民收入 x 间的关系,现收集 16 组数据(见表 4.6)的取值。

表 4.6　16 组农产品的消费量与居民收入关系

i	x_i	y_i	$\hat{y}$	e
1	255.7	116.5	118.01	−1.513 9
2	263.3	120.8	120.69	0.108 1
3	275.4	124.4	124.96	−0.555 6
4	278.3	125.5	125.98	−0.477 5
5	296.7	131.7	132.46	−0.761 2
6	309.3	136.2	136.90	−0.701 1
7	315.8	138.7	139.19	−0.491 5
8	330.0	146.8	140.25	−0.048 6
9	340.2	146.8	144.20	2.604 8
10	350.7	149.6	147.79	1.810 6
11	367.3	153.0	151.49	1.510 7
12	381.3	158.2	157.34	0.861 3
13	406.5	163.2	162.27	0.928 1
14	430.8	170.5	171.15	−0.651 7
15	430.8	178.2	179.71	−1.514 3
16	451.5	185.9	187.01	−1.108 4

由表 4.6 的数据可以求得 y 关于 x 的一元线性回归方程为：

$$\hat{y} = 27.912 + 0.352\,4x \tag{4.17}$$

由此求得各个残差也列于表 4.6 中，从而算得：

$$DW = 0.680\,0$$

取 $\alpha = 0.05$，查附表 3 得 $d_L = 1.10$，$d_U = 1.37$，则 $DW < d_L$，这表明各次观测间存在正相关。

当认为误差独立性不成立时，可以通过对数据进行变换使其独立性成立，这有多种方法，我们介绍下列两种方法。

1) 差分法

我们令

$$\Delta y_i = y_{i+1} - y_i,\ \Delta x_i = x_{i+1} - x_i,\ i = 1, \cdots, n-1$$

例如，对例 4.3，建立 Δy 关于 Δx 的一元线性回归方程为：

$$\Delta \hat{y} = 0.928\,0 + 0.283\,3\Delta x$$

其残差列于表 4.7 中,我们求得关于 Δy 的 D-W 检验统计量:

$$DW = 2.320\,9$$

取 $\alpha = 0.05$,查附表 3 得 $d_L = 1.08$,$d_U = 1.36$,则 $d_U < DW < 4 - d_U$,故可以认为 Δy_i 间是不相关的。此时,可以用下列模型作预测:

$$\hat{y}_{i+1} = y_i + 0.928\,0 + 0.283\,3(x_{i+1} - x_i)$$

表 4.7   残   值

i	Δx_i	Δy_i	$\Delta \hat{y}_i$	$e'_i = \Delta y_i - \Delta \hat{y}_i$
1	7.6	4.3	3.08	1.218 5
2	12.1	3.6	4.36	$-0.756\,5$
3	2.9	1.1	1.75	$-0.649\,7$
4	18.4	6.2	6.14	0.058 4
5	12.6	4.5	4.5	0.001 8
6	6.5	2.5	2.77	$-0.269\,8$
7	3.0	1.5	1.78	$-0.278\,1$
8	11.2	6.6	4.10	2.498 5
9	10.2	2.8	3.82	$-1.018\,2$
10	10.5	3.4	3.90	$-0.502\,3$
11	16.6	5.2	5.63	$-0.431\,6$
12	14.0	5.0	4.89	0.105 1
13	25.2	7.3	8.07	$-0.768\,4$
14	24.3	7.7	7.81	$-0.113\,4$
15	20.7	7.7	6.79	0.906 7

2) 迭代法

仍然以例 4.3 加以叙述。我们先求出 y 关于 x 的一元线性回归方程(4.17),求得表 4.6 中的残差 e_i,$i = 1, \cdots, n$,然后得 $e_1, e_2, \cdots, e_n$ 间的一阶自相关系数 $r = 0.628\,9$,再令

$$y_i^* = y_{i+1} - ry_i, \quad x_i^* = x_{i+1} - rx_i, \quad i = 1, \cdots, n-1$$

其数据见表 4.8。

y^* 关于 x^* 的一元线性回归方程为:

$$\hat{y}_i^* = 12.157 + 0.339\,4x_i^*$$

其残差也列于表 4.8 中。这时，$DW=1.919\,7$，取 $\alpha=0.05$，有 $d_U < DW < 4-d_U$，故可以认为 y_i^* 间是不相关的。可以用下列模型作预测：

$$\hat{y}_{i+1}^* = 0.628\,9y_i + 12.157 + 0.339\,4(x_{i+1} - 0.628\,9x_i)$$

如果 y_i^* 间仍是不独的，可以重新估计 r，再重复上述步骤。

表 4.8

i	x_i^*	y_i^*	$\hat{y}_i^*$	$e_i^* = y_i^* - \hat{y}_i^*$
1	102.490	47.533 2	46.945 2	0.588 0
2	109.811	48.428 9	49.430 0	$-1.001\,1$
3	105.101	47.264 8	47.831 3	$-0.566\,5$
4	121.677	52.773 1	53.457 9	$-0.684\,8$
5	122.705	53.373 9	53.806 9	$-0.433\,0$
6	121.281	53.043 8	53.323 5	$-0.279\,7$
7	120.193	52.971 6	52.954 2	0.017 4
8	129.507	58.628 2	56.115 5	2.512 8
9	137.663	57.277 5	57.186 8	0.090 7
10	136.748	58.916 6	58.573 5	0.343 1
11	146.745	61.978 3	61.966 7	0.011 6
12	150.305	63.708 0	63.175 1	0.532 9
13	166.700	67.863 5	68.740 3	$-0.876\,8$
14	175.152	70.972 5	71.609 1	$-0.636\,5$
15	180.570	73.830 0	73.448 0	0.382 0

§4.5　异常点与强影响点

1）异常点

异常点通常是指数据中的极端点或来自与其他数据的模型不同的数据点。

常用的诊断统计量有：

标准化残差 r_i，当 $|r_i| > 2$ 或 3 时，可以认为该点是异常点。

若第 j 点为均值平移模型，即指模型为：

$$\begin{cases} y_i = \beta_0 + \beta_1 x_{i1} + \beta_2 x_{i2} + \cdots + \beta_p x_{ip} + \varepsilon_i \\ y_j = \gamma + \beta_0 + \beta_1 x_{j1} + \cdots + \beta_p x_{jp} + \varepsilon_j, \ j = 1, \cdots, n, \ i \neq j \\ \text{各 } \varepsilon_i \text{ 独立同分布} \sim N(0, \sigma^2) \end{cases}$$

可以检验如下假设

$$H_0: \gamma = 0, \ H_1: \gamma \neq 0 \tag{4.18}$$

当拒绝 H_0 时,第 j 点属于异常点。检验用统计量为外学生化残差 t_j,对于给定的显著性水平 α,拒绝域为:

$$\{ |t_j| > t_{1-\alpha/2}(n-p-2) \}$$

2)强影响点

强影响点是指保留该点与删除该点两种情况下建立的回归方程中的回归系数会产生很大差异的点。

常用的诊断统计量有:

描述性统计量: 设投影阵的对角元为 h_{ii},h_{ii} 的值越大,则第 i 点对回归系数的估计的影响越大(也称该点为杠杆点)。

采用 Cook 距离: $D_i = \dfrac{h_{ii}}{1-h_{ii}} \cdot \dfrac{r_i^2}{p+1}$,其中,$r_i$ 是第 i 点的标准化残差,该值越大,则第 i 点对回归系数的估计的影响越大。

W-K 统计量: $DFFITS_i = t_i \cdot \sqrt{\dfrac{h_{ii}}{1-h_{ii}}}$,其中,$t_i$ 是第 i 点的外学生化残差,该值越大,则第 i 点对回归系数的估计的影响越大。

若某点为异常点,它可能是强影响点,但也可能不是强影响点。同样,强影响点可能是异常点,也可能不是异常点。

当具有异常点或强影响点时,要避免它对估计和拟合的影响的一种方法是删除该点后建立回归方程。下面我们通过例子加以说明。

例 4.4　工业上净化煤的方法很多,表 4.9 中的数据是从一个净化煤的试验装置获得的。这个试验是用一种聚合物溶剂和煤混合,然后通过该装置来除去煤中的杂质。其中,x_1 表示净化过程中输入溶液所含煤与杂质的百分比,x_2 表示溶液的 pH 值,x_3 表示溶液的流量,y 表示净化后溶液中杂质的重量,这是衡量净化效率的指标。试研究数据点 y 关于三个自变量的线性回归方程的影响。

表 4.9　从净化煤实验装置中获得的数据

i	x_1	x_2	x_3	y	r_i	t_i	h_{ii}	D_i	$DFFITS_i$
1	1.5	6.0	1 315	243	−0.258	−0.292 3	0.450 1	0.020	−0.264 4
2	1.5	6.0	1 315	261	0.708	0.835 9	0.450 1	0.149	0.756 3
3	1.5	9.0	1 890	244	−0.922	−1.137 2	0.466 0	0.272	−1.062 4
4	1.5	9.0	1 890	285	1.297	1.766 5	0.466 0	0.538	1.650 3
5	2.0	7.5	1 575	202	0.055	0.063 1	0.083 8	0.000	0.019 1
6	2.0	7.5	1 575	180	−0.993	−1.038 5	0.083 8	0.024	−0.314 2
7	2.0	7.5	1 575	183	−0.853	−0.869 8	0.083 8	0.018	−0.263 1
8	2.0	7.5	1 575	207	0.305	0.299 0	0.083 8	0.002	0.090 5
9	2.5	9.0	1 315	216	1.727	2.869 5	0.450 1	0.885	2.596 3
10	2.5	9.0	1 315	160	1.277	−1.714 1	0.450 1	0.484	−1.550 8
11	2.5	6.0	1 890	104	0.025	0.028 2	0.466 0	0.000	0.026 4
12	2.5	6.0	1 890	110	0.350	0.400 6	0.466 0	0.039	0.374 3

利用表 4.9 的数据,可以建立 y 关于三个自变量的线性回归方程为:

$$\hat{y} = 397.087 - 110.750x_1 + 15.583x_2 - 0.058x_3$$
$$\hat{\sigma}^2 = 435.862,\ R^2 = 0.899$$

由此方程所得的残差,计算有关的统计量,它们都列在表 4.9 中。从表中可以看出:

虽然对一切 i 来说,$|r_i|$ 都小于 2,但是若取 $\alpha = 0.05$,$|t_9| > t_{0.975} = 2.364\ 6$,所以,第 9 点是异常点,若删除该点,则所得的回归方程为:

$$\hat{y} = 419.9 - 125.39x_1 + 10.705x_2 - 0.033\ 7x_3$$
$$\hat{\sigma}^2 = 228.9,\ R^2 = 0.953\ 4$$

显然有所改进。

对一切的 i 来说,h_{ii} 都不太大,说明没有杠杆点。

从 D_i 和 $DFFITS_i$ 来看,$D_9 = 0.885$,$DFFITS_9 = 2.596\ 3$,这说明第 9 点不仅是异常点,还是一个强影响点;除第 9 点外,这两个统计量的值在第 4 点和第 10 点也较大,它们分别为:$D_4 = 0.538$,$DFFITS_4 = 1.650\ 3$,$D_{10} = 0.484$,$DFFITS_{10} = -1.550\ 8$,说明这两个数据对回归系数的估计的影响也较大。

小　结

本章主要讨论了回归诊断问题。首先讨论了残差的性质，给出残差图的定义，进一步地，利用残差图，对回归函数是否存在线性、误差方差是否相同和误差的独立性诊断问题进行了讨论。如果假定不真时，提出了异常点和强影响点的定义，并且给出这两种情况的判断方法。

习　题　四

1. 在合成异戊橡胶性能的研究中，安排了 28 种不同的试验条件，测出各条件下橡胶的特性黏度 x_1、低分子含量 x_2 与门尼黏度 y 的数据如下表所示。

i	x_{i1}	x_{i2}	y_i	e_i	h_{ii}
1	8.18	28.8	75.0	1.30	0.053 6
2	6.10	33.1	57.5	1.50	0.061 3
3	3.89	20.0	63.0	15.84	0.466 6
4	5.95	25.4	37.5	−21.74	0.135 9
5	5.54	36.3	47.0	−2.79	0.065 8
6	10.80	14.4	88.0	−13.08	0.181 5
7	9.07	4.7	97.0	3.15	0.255 1
8	8.80	29.5	57.5	−20.36	0.071 5
9	4.03	57.3	20.5	−6.63	0.120 7
10	8.30	26.5	79.5	3.62	0.060 3
11	8.36	35.6	73.0	1.81	0.068 4
12	8.91	39.1	85.0	11.75	0.125 0
13	6.70	33.0	54.0	−6.46	0.044 4
14	4.88	55.3	32.0	−2.50	0.097 0
15	8.32	34.5	72.0	0.49	0.062 6
16	3.95	63.4	24.0	0.91	0.164 8
17	9.42	31.3	89.0	7.60	0.110 5
18	8.90	38.3	81.0	7.37	0.117 6
19	6.22	39.4	56.5	3.18	0.039 0

(续表)

i	x_{i1}	x_{i2}	y_i	e_i	h_{ii}
20	8.45	30.9	81.5	7.00	0.060 0
21	4.06	59.9	22.5	−3.28	0.135 5
22	7.75	33.8	75.5	7.78	0.043 8
23	7.24	39.9	60.0	−0.53	0.045 1
24	5.57	51.8	41.0	−0.54	0.076 2
25	6.85	37.6	55.5	−3.47	0.035 8
26	3.40	55.9	28.0	4.71	0.140 6
27	3.98	56.6	25.0	−2.15	0.118 9
28	7.19	31.6	70.5	5.16	0.042 5

现已求得 y 关于两个自变量的线性回归方程为:

$$\hat{y} = 29.885\,9 + 7.345\,3x_1 - 0.564\,8x_2$$

$\hat{\sigma} = 8.70$,对应的各点的残差 e_i 及 H 矩阵的对角元 h_{ii} 也列在上述表中。

要求:

(1) 求各点的标准化残差。

(2) 用残差图判断二元回归模型是否合适,并判断方差是否齐性。

(3) 若这 28 次试验是依次进行的,试用 DW 统计量检验数据间有无一阶自相关。

2. 检验如下三个正态总体方差是否相等:

(1) 在三个总体中分别抽出容量为 8 的子样,各子样的方差分别为 6.21、1.12、4.34,请分别用 $F_{\max}$、$G_{\max}$、χ^2 统计量作检验,在 $\alpha = 0.05$ 时结论是什么?

(2) 在三个总体中分别抽出容量为 9、6、5 的子样,各子样的方差分别为 8.00、4.67、4.00,试用 χ^2 统计量作检验,在 $\alpha = 0.05$ 时结论是什么?

第 5 章

多 项 式 回 归

§5.1 多项式回归

在一元回归问题中,我们讨论过一元线性回归和可以化为一元线性回归的曲线回归问题,但在有些实际问题中,一元曲线回归不一定都能化为一元线性回归。在回归函数的线性诊断中,如发现其非线性,常用的方法就是改变回归模型,而最便于选择的非线性回归模型是多项式回归模型。多项式回归可以处理相当一类非线性问题,因为根据微积分的知识,任一函数都可以分段用多项式来逼近,因此,在实际问题中,不论变量 y 与 x 的关系如何,我们常可选择适当的多项式回归或分段选择多项式回归加以研究。

例 5.1 某种合金中的主要成分为金属 A 与金属 B,经过试验和分析,发现这两种金属成分之和 x 与膨胀系数 y 之间有一定的数量关系。为此收集了如下13 组数据(见表 5.1)。

表 5.1 合金中的主要成分之和 x 与膨胀系数 y 数据

序 号	x	y	序 号	x	y
1	37.0	3.40	8	40.5	1.70
2	37.5	3.00	9	41.0	1.80
3	38.0	3.00	10	41.5	1.90
4	38.5	2.27	11	42.0	2.35
5	39.0	2.10	12	42.5	2.54
6	39.5	1.83	13	43.0	2.90
7	40.0	1.53			

散点图如图 5.1 所示。

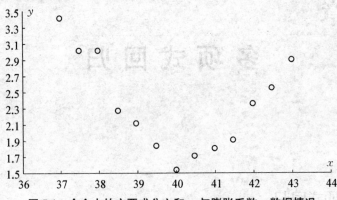

图 5.1 合金中的主要成分之和 x 与膨胀系数 y 数据情况

从散点图可以看出，y 随 x 的变化可以用一个二次多项式加上误差来描述：

$$y_i = \beta_0 + \beta_1 x_i + \beta_2 x_i^2 + \varepsilon_i, \qquad i = 1, 2, \cdots, 13 \tag{5.1}$$

其中，各 ε_i 独立同分布，均服从 $N(0, \sigma^2)$。

（5.1）式便是一个二次多项式回归模型。一般地，当假定变量 y 与 x 的关系是：

$$\begin{cases} y_i = \beta_0 + \beta_1 x_i + \cdots + \beta_p x_i^p + \varepsilon_i, \ i = 1, 2, \cdots, n \\ \varepsilon_1, \varepsilon_2, \cdots, \varepsilon_n \ \text{相互独立，且} \ \varepsilon_i \sim N(0, \sigma^2) \end{cases} \tag{5.2}$$

则称（5.2）式为 p 次多项式回归模型，(x_i, y_i) 是第 i 次观测值，β_0，$\beta_1 \cdots$，β_p 为未知参数。

多项式回归问题很容易化为多元线性回归问题，只要令

$$x_1 = x, \ x_2 = x^2, \cdots, x_p = x^p$$

则（5.2）式就化为：

$$\begin{cases} y_i = \beta_0 + \beta_1 x_{i1} + \cdots + \beta_p x_{ip} + \varepsilon_i, \ i = 1, 2, \cdots, n \\ \varepsilon_1, \varepsilon_2, \cdots, \varepsilon_n \ \text{相互独立，且} \ \varepsilon_i \sim N(0, \sigma^2) \end{cases} \tag{5.3}$$

这样便可以利用第三章所述的方法求出各系数的最小二乘估计，并对方程和系数作显著性检验。

下面求例 5.1 中 y 关于 x 的二次回归方程。先求各类和、平方和、乘积和及

l_{ij}、l_{iv}：

$$\sum_i x_{i1} = \sum_i x_i = 520 \qquad\qquad \bar{x} = 40$$

$$\sum_i x_{i2} = \sum_i x_i^2 = 20\,845.5 \qquad\qquad \bar{x}^2 = 1\,603.5$$

$$\sum_i y_i = 30.32 \qquad\qquad \bar{y} = 2.409\,2$$

$$\sum_i x_{i1}^2 = \sum_i x_i^2 = 20\,845.5 \qquad\qquad l_{11} = 45.5$$

$$\sum_i x_{i2}^2 = \sum_i x_i^4 = 33\,717\,084.315 \qquad\qquad l_{22} = 291\,325.125$$

$$\sum_i x_{i1}x_{i2} = \sum_i x_i^3 = 837\,460 \qquad\qquad l_{12} = l_{21} = 3\,640$$

$$\sum_i x_{i1}y_i = \sum_i x_i y_i = 1\,246.43 \qquad\qquad l_{1y} = -6.37$$

$$\sum_i x_{i2}y_i = \sum_i x_i^2 y_i = 49\,731.54 \qquad\qquad l_{2y} = -490.08$$

$$\sum_i y_i^2 = 80.476\,8 \qquad\qquad l_{yy} = 5.019\,7$$

由以上数据可列出二元线性方程组：

$$\begin{cases} 45.5\,\hat{\beta}_1 + 3\,640\,\hat{\beta}_2 = -6.37 \\ 3\,640\,\hat{\beta}_1 + 291\,325.125\,\hat{\beta}_2 = -490.08 \end{cases} \tag{5.4}$$

解得：

$$\hat{\beta}_1 = -12.62, \quad \hat{\beta}_2 = 0.156$$

从而

$$\hat{\beta}_0 = \bar{y} - \hat{\beta}_1\,\bar{x} - \hat{\beta}_2\,\bar{x}^2 = 257.063$$

因此，y 关于 x 的二次多项式回归方程为：

$$\hat{y} = 257.063 - 12.62x + 0.156x^2 \tag{5.5}$$

此时，得到的拟合情况如图 5.2 所示。

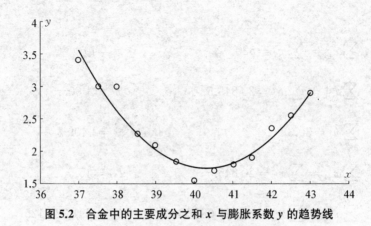

图 5.2　合金中的主要成分之和 x 与膨胀系数 y 的趋势线

为对回归方程作显著性检验，通过计算，可以求得：

$$S_T = 5.019\ 7, \quad S_R = 3.936\ 9, \quad S_E = 1.082\ 8$$

由此可知，对于回归方程作检验的 F 统计量的值为：

$$F = 18.18$$

当 $\alpha = 0.01$ 时，$F > F_{0.01}(2,\ 10) = 7.56$，所以，回归方程是高度显著的。为对两个系数分别作下面对系数作显著性检验，可以分别求得各自的偏回归平方和与对应的 F 比，分别为：

$$Q_1 = 3.112 \qquad Q_2 = 3.045$$
$$F_1 = 28.744 \qquad F_2 = 28.122$$

当 $\alpha = 0.01$ 时，$F_i > F_{0.99}(1,\ 10) = 10.0$，故两个系数均显著不为零。即说明 x 的一次项及二次项对 y 都有显著影响。

例 5.2　Northwind Trader 公司的销售额数据见表 5.2，应用上述方法进行非线性回归分析，并预测 1998 年 5 月和 6 月的销售额。

表 5.2　Northwind Trader 公司的销售额数据　　　　单位：$

年	月	月 销 售 额	年	月	月 销 售 额
1996	7	27 861.89	1986	10	37 515.72
1986	8	25 485.27	1986	11	45 600.04
1986	9	26 381.40	1986	12	45 239.63

（续表）

年	月	月 销 售 额	年	月	月 销 售 额
1997	1	61 258.07	1987	9	55 629.24
1987	2	38 483.63	1987	10	66 749.23
1987	3	38 547.22	1987	11	43 533.81
1987	4	53 032.95	1987	12	71 398.43
1987	5	53 781.29	1998	1	94 225.31
1987	6	36 362.80	1988	2	99 415.29
1987	7	51 020.86	1988	3	104 901.65
1987	8	47 287.67	1988	4	123 798.68

上述数据的散点图如图 5.3 所示。

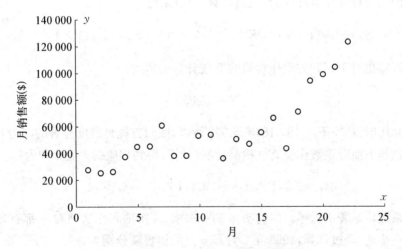

图 5.3 Northwind Trader 公司的月销售额

从散点图可以看出，y 随 x 的变化可以用一个三次多项式加上误差来描述：

$$y_i = \beta_0 + \beta_1 x_i + \beta_2 x_i^2 + \beta_3 x_i^3 + \varepsilon_i, \ i = 1, \cdots, 22$$

其中，各 ε_i 独立同分布，均服从 $N(0, \sigma^2)$。运用 SAS 统计软件，可以给出模型的参数估计，得到 $\hat{\beta}_0 = 11\,635.911$，$\hat{\beta}_1 = 10\,921.419$，$\hat{\beta}_2 = -1\,147.679$，$\hat{\beta}_3 = 40.367$。

由此可以得到如下趋势线,参见图5.4。

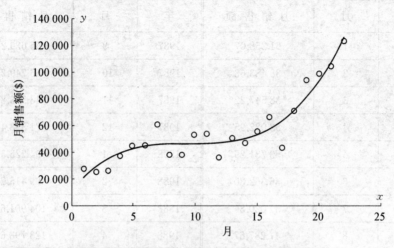

图 5.4 Northwind Trader 公司的月销售额的趋势线

对回归方程作显著性检验,通过计算,可以求得:

$$S_T = 1.514 \times 10^{10}, \; S_R = 1.369 \times 10^{10}, \; S_E = 1.444 \times 10^9$$

由此可以得出对于回归方程作检验的 F 统计量的值为:

$$F = 56.888$$

当 $\alpha = 0.01$ 时,$F > F_{0.01}(3, \, 18) = 5.09$,所以,回归方程是高度显著的。为对三个系数分别作下面对系数作显著性检验,经过计算,得到相应的 t 值分别为:

$$t_1 = 3.241\,5, \; t_2 = -3.411\,2, \; t_3 = 4.192\,1$$

故三个系数均显著不为零。即说明 x 的一次项、二次项和三次项对 y 都有显著影响。进一步地,经过计算,1998 年 5 月和 6 月的销售额分别为:

$$\begin{aligned}
y_{1998(5)} &= 11\,635.911 + 10\,921.409 \times 23 - 1\,147.679 \times 23^2 + 40.367 \times 23^3 \\
&= 146\,850.06 \\
y_{1998(6)} &= 11\,635.911 + 10\,921.409 \times 24 - 1\,147.679 \times 24^2 + 40.367 \times 24^3 \\
&= 170\,718.48
\end{aligned}$$

预测情况见图 5.5。

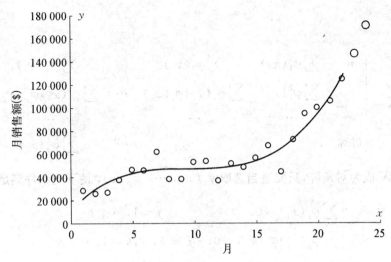

图 5.5　Northwind Trader 公司 1998 年 5 月和 6 月的销售额预测

§5.2　正交多项式回归

多项式回归本质上并不存在困难,但是它存在缺点。由于 $X'X$ 通常是非对角阵,因此,当次数 p 较大时,解正则方程求回归系数的计算量较大,且精度会降低;此外,由于 $\hat{\beta}$ 的各分量之间存在相关,剔除任意一项时都需要重新计算。一般情况下,要使 $X'X$ 成为对角阵比较困难,但在有些情况下是容易办到的,下面仅就 x_1,$x_2\cdots$,x_n 等间隔取值的情况加以讨论,即仍是 $x_i - x_{i+1} = h$(常数),$i = 1, 2, \cdots,$ $n-1$。

设 p 次多项式回归模型为:
$$y_i = \beta_0 + \beta_1 x_i + \cdots + \beta_p x_i^p + \varepsilon_i,\ i = 1, 2, \cdots, n$$
由于此时 $X'X$ 不是对角阵,故设法改写成下列模型:
$$y_i = \beta_0' + \beta_1' \varphi_1(x_i) + \cdots + \beta_p' \varphi_p(x_p) + \varepsilon_i,\ i = 1, 2, \cdots, n \qquad (5.6)$$
其中,$\varphi_j(x)$ 是 x 的 j 次多项式,$j = 1, 2, \cdots, p$,(5.6)对应的结构矩阵为:
$$X = \begin{pmatrix} 1 & \varphi_1(x_1) & \varphi_2(x_1) & \cdots & \varphi_p(x_1) \\ 1 & \varphi_1(x_2) & \varphi_2(x_2) & \cdots & \varphi_p(x_2) \\ \cdots & & \cdots & & \cdots \\ 1 & \varphi_1(x_n) & \varphi_2(x_n) & \cdots & \varphi_p(x_n) \end{pmatrix}$$

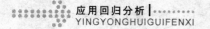

从而

$$X'X = \begin{bmatrix} n & \sum \varphi_1(x_i) & \sum \varphi_2(x_i) & \cdots & \sum \varphi_p(x_i) \\ & \sum \varphi_1^2(x_i) & \sum \varphi_1(x_i)\varphi_2(x_i) & \cdots & \sum \varphi_1(x_i)\varphi_p(x_i) \\ & \cdots & \cdots & & \cdots \\ 对称 & & & \cdots & \sum \varphi_p^2(x_i) \end{bmatrix}$$

为使 $X'X$ 成为对角阵,只要适当选取 $\varphi_1(x), \cdots, \varphi_p(x)$,使下列条件满足:

$$\begin{cases} \sum \varphi_j(x_i) = 0, & j = 1, \cdots, p \\ \sum \varphi_j(x_i)\varphi_k(x_i) = 0, & j \neq k, j, k = 1, \cdots, p \end{cases} \tag{5.7}$$

我们称满足条件(5.7)的一组多项式 $(\varphi_1(x), \cdots, \varphi_p(x))$ 为在 $x_1, x_2 \cdots, x_n$ 点上的**正交多项式**。

下面讨论正交多项式的一种形式。

设

$$x_i = x_0 + ih, \ i = 1, \cdots, n$$

其中,x_0, h 是常数。则:

$$\bar{x} = x_0 + \frac{n+1}{2}h$$

$$\sum (x_i - \bar{x})^{2k-1} = 0, \ k = 1, 2, \cdots \tag{5.8}$$

令 x 的 j 次多项式有如下形式:

$$\varphi_j(x) = x^j + k_{j, j-1}x^{j-1} + \cdots + k_{j1}x + k_{j0}, \ j = 1, \cdots, p \tag{5.9}$$

其中,$k_{j, j-1}, \cdots, k_{j1}, k_{j0}$ 为待定参数。选取其值使(5.7)式成立。

例如,在 $p = 2$ 时,则有:

$$\begin{cases} \sum \varphi_1(x_i) = \sum (x_i + k_{10}) = 0 \\ \sum \varphi_2(x_i) = \sum (x_i^2 + k_{21}x_i + k_{20}) = 0 \\ \sum \varphi_1(x_i)\varphi_2(x_i) = \sum (x_i + k_{10})(x_i^2 + k_{21}x_i + k_{20}) = 0 \end{cases} \tag{5.10}$$

所以,

$$n(\bar{x} + k_{10}) = 0, \ k_{10} = -\bar{x}$$

进一步地,

$$\sum (x_i - \bar{x})(x_i^2 + k_{21} x_i + k_{20})$$

$$= \sum (x_i - \bar{x})\left[(x_i - \bar{x})^2 + (k_{21} + 2\bar{x})(x_i - \bar{x}) \right.$$

$$\left. + (k_{20} + k_{21}\bar{x} + \bar{x}^2)\right]$$

$$= \sum (x_i - \bar{x})^3 + (k_{21} + 2\bar{x}) \sum (x_i - \bar{x})^2$$

$$+ (k_{20} + k_{21}\bar{x} + \bar{x}^2) \sum (x_i - \bar{x})$$

$$= (k_{21} + 2\bar{x}) \sum (x_i - \bar{x})^2 = 0$$

因此,

$$k_{21} = -2\bar{x}$$

再由

$$\sum (x_i^2 - 2\bar{x}x_i + k_{20})$$

$$= \sum \left[(x_i - \bar{x})^2 + (k_{20} - \bar{x}^2)\right]$$

$$= \sum (x_i - \bar{x})^2 - n\bar{x}^2 + nk_{20} = 0$$

可以得到:

$$k_{20} = \bar{x}^2 - \frac{1}{n} \sum_i (x_i - \bar{x})^2$$

由此可知,

$$\begin{cases} \varphi_1(x) = x - \bar{x}, \\ \varphi_2(x) = (x - \bar{x})^2 - \dfrac{1}{n} \sum_i (x_i - \bar{x})^2 \end{cases} \tag{5.11}$$

同理,当 $p = 3, 4, \cdots$ 时,还可以待定出 $\varphi_3(x)$, $\varphi_4(x) \cdots$ 中的系数 k_{jl}, $j = 3$, $4, \cdots$, $l = 0, 1, \cdots, j-1$。

由于在 $x_1, x_2 \cdots, x_n$ 点上 $\varphi_j(x)$ 的值分别为:

$$\varphi_1(x_i) = x_i - \bar{x} = (x_0 + ih) - \left(x_0 + \frac{n+1}{2}h\right) = \left(i - \frac{n+1}{2}\right)h$$

$$\varphi_2(x_i) = (x_i - \bar{x})^2 - \frac{1}{n}\sum_i (x_i - \bar{x})^2$$

$$= \left(i - \frac{n+1}{2}\right)^2 h^2 - \frac{1}{n}\sum \left(i - \frac{n+1}{2}\right)^2 h^2$$

$$= \left\{\left(i - \frac{n+1}{2}\right)^2 - \frac{1}{n}\sum \left[i^2 - (n+1)i + \frac{(n+1)^2}{4}\right]\right\} h^2$$

$$= \left[\left(i - \frac{n+1}{2}\right)^2 - \frac{n^2-1}{12}\right] h^2$$

......

可以看到 $\varphi_j(x)$ 的值随 h 的不同而改变,为了克服在计算中正交多项式对 h 的依赖,令

$$\psi_j(x) = \varphi_j(x)/h^j,\ j = 1, 2, \cdots, p \tag{5.12}$$

则 $\{\psi_1(x), \cdots, \psi_p(x)\}$ 仍是 $x_1, x_2, \cdots, x_n$ 上的一组正交多项式。而在这 n 个点上,

$$\psi_1(x_i) = i - \frac{n+1}{2}$$

$$\psi_2(x_i) = \left(i - \frac{n+1}{2}\right)^2 - \frac{n^2-1}{12}$$

......

它们仅与 x 的取值个数 n 及序号 i 有关,常用的 $\psi_j(x)$ 的表达式如下:

$$\begin{cases}
\psi_1(x) = \dfrac{x - \bar{x}}{h} \\[2mm]
\psi_2(x) = \left(\dfrac{x - \bar{x}}{h}\right)^2 - \dfrac{n^2-1}{12} \\[2mm]
\psi_3(x) = \left(\dfrac{x - \bar{x}}{h}\right)^3 - \dfrac{3n^2-7}{20}\left(\dfrac{x - \bar{x}}{h}\right) \\[2mm]
\psi_4(x) = \left(\dfrac{x - \bar{x}}{h}\right)^4 - \dfrac{3n^2-13}{14}\left(\dfrac{x - \bar{x}}{h}\right)^2 + \dfrac{3(n^2-1)(n^2-9)}{560} \\[2mm]
\psi_5(x) = \left(\dfrac{x - \bar{x}}{h}\right)^5 - \dfrac{5(n^2-7)}{18}\left(\dfrac{x - \bar{x}}{h}\right)^3 + \dfrac{15n^4-230n^2+407}{1\,008}\left(\dfrac{x - \bar{x}}{h}\right)
\end{cases}$$

$$\tag{5.13}$$

若令 $\psi_0(x)=1$，则第 $k+1$ 次正交多项式可以用 $\psi_1(x)$、$\psi_k(x)$ 与 $\psi_{k-1}(x)$ 来表示：

$$\psi_{k+1}(x)=\psi_1(x)\psi_k(x)-\frac{k^2(n^2-k^2)}{4(4k^2-1)}\psi_{k-1}(x) \tag{5.14}$$

综上所述，要建立 y 关于 x 的 p 次多项式回归，可以先建立 y 关于 x 的一次、二次、…、p 次正交多项式的回归。为简化符号，令回归方程为：

$$\hat{y}=\hat{\beta}_0+\hat{\beta}_1 X_1(x)+\cdots+\hat{\beta}_p X_p(x)$$

求回归系数的最小二乘估计的步骤如下：

(1) 根据 n 的值，从正交多项式表上抄录各 $\lambda_j\psi_j(x)=x_{ij}$ 的值，$i=1,2,\cdots,n$，$j=1,2,\cdots,p$；

(2) 记 $\sum\limits_{i=1}^{n}x_{ij}^2=s_j$，从正交多项式表上抄录 s_j 的值，

$$j=1,2,\cdots,p;$$

(3) 计算 $\sum\limits_{i}x_{ij}y_i=B_j$，$j=1,2,\cdots,p$；

(4) 计算回归系数 $\hat{\beta}_j=B_j/s_j$，$j=1,2,\cdots,p$，及 $\hat{\beta}_0=\bar{y}$。

为对回归系数作检验，需求出下述值：

$$\Delta=s_1 s_2\cdots s_p$$
$$\Delta_{jj}=s_1\cdots s_{j-1}s_{j+1}\cdots s_p，j=1,2,\cdots,p$$

故第 j 次正交多项式的偏回归平方和为：

$$Q_j=\frac{\hat{\beta}_j^2}{\Delta_{jj}/\Delta}=\frac{B_j^2}{s_j}，j=1,2,\cdots,p$$

另一方面，

$$S_R=\hat{\beta}_1 B_1+\hat{\beta}_2 B_2+\cdots+\hat{\beta}_p B_p=\sum_{j=1}^{p}\frac{B_j^2}{s_j}=\sum_{j=1}^{p}Q_j$$

故

$$S_E=S_T-S_R=S_T-\sum_{j=1}^{p}Q_j$$

因此，对回归系数作显著性检验的步骤可如下进行：

(1) 计算 $Q_j = B_j^2/s_j$，$j = 1, 2, \cdots, p$；

(2) 计算 $S_T = \sum_i y_i^2 - \dfrac{1}{n} \left(\sum_i y_i\right)^2$，$S_R = \sum_{j=1}^p Q_j$，$S_E = S_T - S_R$；

(3) 计算 $F_j = \dfrac{Q_j}{S_E/(n-p-1)}$，$j = 1, 2, \cdots, p$。

从正交多项式回归的计算过程可知，如果某一系数不显著，只要将该项去掉，其余各项系数均不必重算，这就大大地减少了检验时的计算工作量。

最后，可根据显著的系数，按(5.13)的公式求出

$$X_j(x) = \lambda_j \psi_j(x)$$

写出回归方程。

为说明问题，我们对例 5.1 取 $p = 3$ 来建立 y 关于 x 的多项式回归方程，计算过程见表 5.2，例中 $n = 13$。

表 5.3

i	ψ_1	ψ_2	$\dfrac{1}{6}\psi_3$	y
1	-6	22	-11	3.40
2	-5	11	0	3.00
3	-4	2	6	3.00
4	-3	-5	8	2.27
5	-2	-10	7	2.10
6	-1	-13	4	1.83
7	0	-14	0	1.53
8	1	-13	-4	1.70
9	2	-10	-7	1.80
10	3	-5	8	1.90
11	4	2	-6	2.35
12	5	11	0	2.54
13	6	22	11	2.90
S_j	182	2 002	572	$\sum_i y_i = 30.32$，$\hat{\beta}_0 = \bar{y} = 2.332\,3$
B_j	-9.74	83.08	3.98	$\sum_i y_i^2 = 74.936\,8$
$\hat{\beta}_j$	$-0.053\,5$	0.041\,5	0.007\,0	$S_T = 4.221\,2$，$f_T = 12$

（续表）

i	ψ_1	ψ_2	$\frac{1}{6}\psi_3$	y
Q_j	0.521 3	3.447 7	0.027 7	$S_R = \sum\limits_{j=1}^{3} Q_j = 3.996\,7,\ f_R = 3$
F_j	20.94	138.46	1.11	$S_E = 0.224\,5,\ f_E = 9$
显著性	$\alpha = 0.01$	$\alpha = 0.01$		$V_E = 0.024\,9$

对系数的检验结果表明，仅一次项和二次项是显著的，三次项可略去，为写出回归方程，只要注意到在本例中，$\bar{x} = 40$，$h = 0.5$，$\lambda_1 = 1$，$\lambda_2 = 1$，故

$$X_1(x) = \psi_1(x) = \frac{x-40}{0.5} = 2(x-40)$$

$$X_2(x) = \psi_2(x) = \left(\frac{x-40}{0.5}\right)^2 - \frac{13^2-1}{12} = 4\,(x-40)^2 - 14$$

因此，

$$\begin{aligned}
\hat{y} &= \bar{y} + \hat{\beta}_1 X_1(x) + \hat{\beta}_2 X_2(x) \\
&= 2.332\,3 - 0.053\,5 \times 2(x-40) + 0.041\,5[4\,(x-40)^2 - 14] \\
&= 271.631\,3 - 13.387x + 0.166x^2
\end{aligned} \tag{5.15}$$

(5.15)与(5.5)相比，除了小数点后第二位上有点计算上引起的误差外，两者基本一致。

为了利用回归方程进行预测和控制，往往需要求出 σ 的估计值，当存在不显著的系时，需按如下方法估计：

$$S'_E = S_E + \text{不显著的 } Q$$

$$f'_E = f_E + \text{不显著的项数} \tag{5.16}$$

$$\hat{\sigma} = \sqrt{S'_E/f'_E}$$

在例 5.1 中，由于 $X_3(x)$ 这一项系数不显著，故

$$S'_E = 0.224\,5 + 0.027\,7 = 0.252\,2$$

$$f'_E = 9 + 1 = 10$$

从而(5.15)式的 σ 的估计为：

$$\hat{\sigma} = \sqrt{\frac{0.252\,2}{10}} = 0.158\,8$$

对于多项式回归问题,只要试验计划是正交的,各变量的取值是等间隔的,也可用正交多项式去求出回归方程,下面举一例。

例 5.3　为增强某橡胶胶制品的抗拉强度,对硫黄量 x_1 和硫化时间 x_2 分别取下列值做试验,试验结果见表 5.4。试建立 y 关于 x_1、x_2 并包括乘积项 x_1x_2 的多项式回归方程。

注意,这里 x_1 仅取三个等间隔的值,故对 x_1 至多配到二次多项式,查 $n=3$ 的正交多项式表,x_1 的同一值对应表中同一个值。对 x_2 来讲,取四个等间隔值,故至多配到三次多项式,查 $n=4$ 的正交多项式表,x_2 的相同值对应表中相同的值。

表 5.4　某项测试结果

x_1 ＼ x_2	20	30	40	50
0.5	105	120	129	125
1.0	150	157	165	159
1.5	148	154	157	155

可以假定所考虑的 y 关于 x_1、x_2 的回归方程形式是:

$$\hat{y} = \hat{\beta}_0 + \hat{\beta}_{10}X_1(x_1) + \hat{\beta}_{20}X_2(x_1) + \hat{\beta}_{01}X_1(x_2) + \hat{\beta}_{02}X_2(x_2)$$
$$+ \hat{\beta}_{03}X_3(x_2) + \hat{\beta}_{11}X_1(x_1)X_1(x_2)$$

我们可将它看成六元线性回归方程,并注意到试验计划也是正交的,故对一切 $i \neq j$ 的 $l_{ij} = 0$,从而回归系数的估计、检验均可如表 5.5 所列的那样进行。

方差分析结论说明,x_1 与 x_2 的一次、二次项及 x_1 与 x_2 的一次项的乘积项均为显著的。

为写出回归方程,只要注意到,对 x_1 来讲,$n=3$,$h=0.5$,$\bar{x}_1=1$;对 x_2 来讲,$n=4$,$h=10$,$\bar{x}_2=35$,从而

$$X_1(x_1) = \frac{x_1 - 1}{0.5} = 2(x_1 - 1)$$

$$X_2(x_1) = 3 \times \left[\left(\frac{x_1 - 1}{0.5} \right)^2 - \frac{3^2 - 1}{12} \right] = 12\,(x_1 - 1)^2 - 2$$

$$X_1(x_2) = 2 \times \frac{x_2 - 35}{10} = \frac{1}{5}(x_2 - 35)$$

$$X_2(x_2) = \left(\frac{x_2 - 35}{10}\right)^2 - \frac{4^2 - 1}{12}$$

$$= \frac{1}{100}(x_2 - 35)^2 - 1.25$$

因而

$$\hat{y} = 143.666\ 7 + 16.875 \times 2(x_1 - 1) - 7.041\ 7[12(x_1 - 1)^2 - 2]$$

$$+ 2.133\ 3 \times \frac{1}{5}(x_2 - 35) - 3.333\ 3\left[\frac{(x_2 - 35)^2}{100} - 1.25\right]$$

$$- 1.125 \times 2(x_1 - 1) \times \frac{1}{5}(x_2 - 35)$$

$$= -27.849\ 7 + 218.500\ 8x_1 - 84.500\ 4x_1^2 + 3.210\ 0x_2$$

$$- 0.033\ 3x_2^2 - 0.45x_1x_2$$

若要用(5.17)进行预测和控制,则需求出 σ 的估计,按(5.16),有:

$$\hat{\sigma} = \sqrt{\frac{23.875 + 9.6}{5 + 1}} = 2.36$$

表 5.5　例 5.3 中回归系数的估计与检验

序号	试验计划		x_1		x_2			$2\psi_1(x_1)$ $\psi_1(x_2)$	y
	x_1	x_2	ψ_1	$3\psi_2$	$2\psi_1$	ψ_2	$\frac{10}{3}\psi_3$		
1	0.5	20	-1	1	-3	1	-1	3	105
2	0.5	30	-1	1	-1	-1	3	1	120
3	0.5	40	-1	1	1	-1	-3	-1	129
4	0.5	50	-1	1	3	1	1	-3	125
5	1.0	20	0	-2	-3	1	-1	0	150
6	1.0	30	0	-2	-1	-1	3	0	157
7	1.0	40	0	-2	1	-1	-3	0	165
8	1.0	50	0	-2	3	1	1	0	159
9	1.5	20	1	1	-3	1	-1	-3	148

（续表）

序号	试验计划 x_1	x_2	x_1 ψ_1	$3\psi_2$	x_2 $2\psi_1$	ψ_2	$\dfrac{10}{3}\psi_3$	$2\psi_1(x_1)$ $\psi_1(x_2)$	y
10	1.5	30	1	1	−1	−1	3	−1	154
11	1.5	40	1	1	1	−1	−3	1	157
12	1.5	50	1	1	3	1	1	3	155
			8	24	60	12	60	40	$\sum_i y_i = 1\,724$
S_j B_j			135	−169	128	−40	−24	45	$\bar{y} = 143.666\,7$
$\hat{\beta}_j$			16.875	−7.041 7	2.133 3	−3.333 3	−0.4	−1.125	$\sum_i y_i^2 = 251\,640$
Q_j F_j			2 278.125	1 190.041 7	273.066 7	133.333 3	9.6	50.625	$S_T = 3\,958.666\,7$
显著性			477.09	249.22	57.19	27.92	2.01	10.60	$\sum Q_j = 3\,934.791\,7$ $S_E = 23.875$ $f_E = 5$
			$\alpha = 0.01$	$\alpha = 0.01$	$\alpha = 0.01$	$\alpha = 0.01$	$\alpha = 0.05$		$V_E = 4.775$

§5.3 多项式对曲线的分段拟合

我们在前面讲过可以化为一元线性回归的曲线回归问题。但在有些实际问题中,用一条曲线去拟合数据,效果往往不太理想,特别在某些点上实测值会与回归值之间存在较大的偏差,我们先看下面一个例子。

例 5.4 在某个试验中测得如下 11 组 x 与 y 的值,见表 5.6。

表 5.6 测试中测得的数据

序 号	x	y	序 号	x	y
1	4.9	607	7	35.0	231
2	9.9	308	8	40.4	233
3	14.7	378	9	42.1	236
4	19.8	270	10	44.6	230
5	24.2	250	11	46.2	227
6	29.1	236			

其散点图如图 5.6 所示。

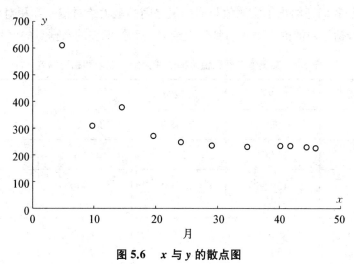

图 5.6 x 与 y 的散点图

从散点图 5.6 中,我们可以设想 y 与 x 之间的关系有如下曲线回归方程的形式:

$$\hat{y} = \left(\hat{\beta}_0 + \hat{\beta} \cdot \frac{1}{x} \right)^{-1} \tag{5.17}$$

$$\hat{y} = \hat{\beta}_0 + \hat{\beta} \cdot \frac{1}{\sqrt{x}} \tag{5.18}$$

$$\hat{y} = \hat{\beta}_0 + \hat{\beta} \cdot e^{-x} \tag{5.19}$$

或有二次多项式回归方程:

$$\hat{y} = \hat{\beta}_0 + \hat{\beta}_1 x + \hat{\beta}_2 x^2 \tag{5.20}$$

由所给出的数据可具体求出(5.17)—(5.20)各式中的系数,得如下回归方程:

$$\hat{y} = (0.004\,627 - 0.015\,797/x)^{-1} \tag{5.21}$$

$$\hat{y} = 29.534\,2 + 1\,186.99/\sqrt{x} \tag{5.22}$$

$$\hat{y} = 259.585 + 46\,759.7e^{-x} \tag{5.23}$$

$$\hat{y} = 665.372 - 27.178\,2x + 0.397\,279x^2 \tag{5.24}$$

我们还可以求出各曲线方程所对应的相关指数 R^2 及剩余标准差 s。为了了解拟合情况，我们还给出了实测值与回归值之间的最大绝对偏差和相对偏差（见表 5.7）。其中，括号内的数字表示达到最大绝对（相对）偏差的数据点的序号。

表 5.7 实测值与回归值之间的最大绝对偏差和相对偏差

方　　程	(5.22)	(5.23)	(5.24)	(5.25)
R^2	0.950 4	0.948 9	0.842 4	0.902 1
S	42.6	27.2	47.8	40.0
$\max_i \lvert y_i - \hat{y}_i \rvert$	105.86 (1)	39.88 (1)	116.07 (2)	65.26 (1)
$\max_i \left\lvert \dfrac{y_i - \hat{y}_i}{y_i} \right\rvert$	0.174 (1)	0.104 (3)	0.307 (2)	0.151 (2)

由此可见，尽管相关指数看来都较大，但剩余标准差也都较大，特别在 x 值较小的几个点上，实测值与回归值偏离太远，因而有必要加以改进。

改进方法之一是分段用多项式去拟合数据，即假定有一个 x_0，使

$$x \leqslant x_0 \text{ 时}, y = \alpha + \beta(x - x_0) + \gamma(x - x_0)^2 + \varepsilon;$$
$$x \geqslant x_0 \text{ 时}, y = \alpha' + \beta'(x - x_0) + \gamma'(x - x_0)^2 + \varepsilon.$$

其中，$\varepsilon \sim N(0, \sigma^2)$，根据 $(x_1, y_1), (x_2, y_2), \cdots, (x_n, y_n)$，求出 α、β、γ、α'、β'、γ' 便可得如下回归方程：

$$x \leqslant x_0 \text{ 时}, \hat{y} = \hat{\alpha} + \hat{\beta}(x - x_0) + \hat{\gamma}(x - x_0)^2$$
$$x \geqslant x_0 \text{ 时}, \hat{y} = \hat{\alpha}' + \hat{\beta}'(x - x_0) + \hat{\gamma}'(x - x_0)^2 \tag{5.25}$$

根据实际问题，我们可要求这两个方程在 $x = x_0$ 点光滑连接，即要求这两个方程在 $x = x_0$ 点有相联系的回归值和相同的一阶导数，则应有：

$$\hat{\alpha} + \hat{\beta}(x_0 - x_0) + \hat{\gamma}(x_0 - x_0)^2 = \hat{\alpha}' + \hat{\beta}'(x_0 - x_0) + \hat{\gamma}'(x_0 - x_0)^2$$
$$\hat{\beta} + 2\hat{\gamma}(x_0 - x_0) = \hat{\beta}' + 2\hat{\gamma}'(x_0 - x_0)$$

即要求

$$\hat{\alpha} = \hat{\alpha}', \quad \hat{\beta} = \hat{\beta}'$$

为方便起见,我们选 x_0 为 x_2,x_3,$\cdots$,x_{n-1} 中的某一个,不妨设 $x_0 = x_l$,l 为 2,3,$\cdots$,$n-1$ 中某个值,这样,n 组观测值可写作:

$$\begin{cases} y_1 = \alpha + \beta(x_1 - x_l) + \gamma(x_1 - x_l)^2 + \varepsilon_1 \\ \cdots\cdots\cdots\cdots \\ y_{l-1} = \alpha + \beta(x_{l-1} - x_l) + \gamma(x_{l-1} - x_l)^2 + \varepsilon_{l-1} \\ y_l = \alpha + \varepsilon_l \\ y_{l+1} = \alpha + \beta(x_{l+1} - x_l) + \gamma'(x_{l+1} - x_l)^2 + \varepsilon_{l+1} \\ \cdots\cdots \\ y_n = \alpha + \beta(x_n - x_l) + \gamma'(x_n - x_l)^2 + \varepsilon_n \end{cases} \tag{5.26}$$

若用 β_0、β_1、β_2、β_3 分别表示 α、β、γ、γ',并记 x_1'、x_2'、x_3' 的 n 个观测值如表 5.8 所示。

表 5.8 观察值

序 号	x_1'	x_2'	x_3'
1	$x_1 - x_l$	$(x_1 - x_l)^2$	0
$\vdots$	$\vdots$	$\vdots$	$\vdots$
$l-1$	$x_{l-1} - x_l$	$(x_{l-1} - x_l)^2$	0
l	0	0	0
$l+1$	$x_{l+1} - x_l$	0	$(x_{l+1} - x_l)^2$
$\vdots$	$\vdots$	$\vdots$	$\vdots$
n	$x_n - x_l$	0	$(x_n - x_l)^2$

我们可将(4.26)用多元线性回归的数学模型表示:

$$\begin{cases} y_i = \beta_0 + \beta_1 x_{i1}' + \beta_2 x_{i2}' + \beta_3 x_{i3}' + \varepsilon_i, \ i = 1, 2, \cdots, n \\ \varepsilon_1, \varepsilon_2, \cdots, \varepsilon_n \ 相互独立, \varepsilon_i \sim N(0, \sigma^2) \end{cases} \tag{5.27}$$

从而可以用前面所述方法求出回归方程,然后取 l 使所得方程的剩余平方和达到最小。具体求解时可以用正规方程组(3.12)。

计算步骤如下。

步骤一:选定 $x_0 = x_l$,$l = 2, 3, \cdots, n-1$,分别按如下步骤计算:

141

(1) $c_{00} = n$, $c_{01} = \sum\limits_{i=1}^{n} (x_i - x_l)$, $c_{02} = \sum\limits_{i=1}^{l-1} (x_i - x_l)^2$,

$$c_{03} = \sum\limits_{i=l+1}^{n} (x_i - x_l)^2,$$

$$c_{10} = c_{01}, \quad c_{11} = \sum\limits_{i=1}^{n} (x_i - x_l)^2, \quad c_{12} = \sum\limits_{i=1}^{l-1} (x_i - x_l)^3,$$

$$c_{13} = \sum\limits_{i=l+1}^{n} (x_i - x_l)^3,$$

$$c_{20} = c_{02}, \quad c_{21} = c_{12}, \quad c_{22} = \sum\limits_{i=1}^{l-1} (x_i - x_l)^4, \quad c_{23} = 0,$$

$$c_{30} = c_{03}, \quad c_{31} = c_{13}, \quad c_{32} = c_{23}, \quad c_{33} = \sum\limits_{i=l+1}^{n} (x_i - x_l)^4,$$

$$c_{0y} = \sum\limits_{i=1}^{n} y_i, \quad c_{1y} = \sum\limits_{i=1}^{n} (x_i - x_l) y_i, \quad c_{2y} = \sum\limits_{i=1}^{l-1} (x_i - x_l)^2 y_i,$$

$$c_{3y} = \sum\limits_{i=l+1}^{n} (x_i - x_l)^2 y_i$$

(2) 解线性方程组:

$$\begin{cases} c_{00} \hat{\beta}_0 + c_{01} \hat{\beta}_1 + c_{02} \hat{\beta}_2 + c_{03} \hat{\beta}_3 = c_{0y} \\ c_{10} \hat{\beta}_0 + c_{11} \hat{\beta}_1 + c_{12} \hat{\beta}_2 + c_{13} \hat{\beta}_3 = c_{1y} \\ c_{20} \hat{\beta}_0 + c_{21} \hat{\beta}_1 + c_{22} \hat{\beta}_2 + c_{23} \hat{\beta}_3 = c_{2y} \\ c_{30} \hat{\beta}_0 + c_{31} \hat{\beta}_1 + c_{32} \hat{\beta}_2 + c_{33} \hat{\beta}_3 = c_{3y} \end{cases}$$

得 $\hat{\beta}_0$、$\hat{\beta}_1$、$\hat{\beta}_2$、$\hat{\beta}_3$。

(3) 计算剩余平方和:

$$S_{El} = \sum\limits_{i} y_i^2 - \hat{\beta}_0 c_{0y} - \hat{\beta}_1 c_{1y} - \hat{\beta}_2 c_{2y} - \hat{\beta}_3 c_{3y}$$

步骤二: 选 l 使 S_{E2}, S_{E3}, $\cdots$, $S_{E, n-1}$ 达到最小之下标, 即为所求的。

$$S_{El} = \min\limits_{k} S_{Ek}$$

并记此最小之剩余平方和为 S_E。 此时对应的 x_l 就作为 x_0, 对应的 $\hat{\beta}_0$、$\hat{\beta}_1$、$\hat{\beta}_2$、$\hat{\beta}_3$ 即为所求的。

步骤三: 计算相关指数 $R^2 = 1 - \dfrac{S_E}{S_T}$, 其中 $S_T = \sum\limits_{i} (y_i - \bar{y})^2$。

步骤四：计算剩余标准差 $s = \sqrt{S_E/(n-4)}$。

可以编制一个简单程序用计算机来完成以上计算过程。

对例 4.3，以 $l=3$ 为例，有：

$n=11$ $\qquad\qquad x_l = x_3 = 14.7$

$c_{01} = 149.2$ $\qquad\qquad c_{02} = 119.08$ $\qquad\qquad c_{03} = 4\,033.22$

$c_{11} = 4\,152.3$ $\qquad\qquad c_{12} = -1\,051.784$ $\qquad\qquad c_{13} = 107\,873.628$

$c_{22} = 9\,754.523\,2$ $\qquad\qquad c_{33} = 3\,005\,339.48$

$c_{0y} = 3\,206$ $\qquad\qquad c_{1y} = 30\,558.7$ $\qquad\qquad c_{2y} = 67\,005.4$

$c_{3y} = 935\,651.53$

解线性方程组：

$$\begin{cases} 11\hat{\beta}_0 + 149.2\hat{\beta}_1 + 119.08\hat{\beta}_2 + 4\,033.22\hat{\beta}_3 = 3\,206 \\ 149.2\hat{\beta}_0 + 4\,152.3\hat{\beta}_1 - 1\,051.784\hat{\beta}_2 + 107\,873.628\hat{\beta}_3 = 30\,558.7 \\ 119.08\hat{\beta}_0 - 1\,051.784\hat{\beta}_1 + 9\,754.523\,2\hat{\beta}_2 = 67\,005.4 \\ 4\,033.22\hat{\beta}_0 + 107\,873.628\hat{\beta}_1 + 3\,005\,339.48\hat{\beta}_3 = 935\,651.53 \end{cases}$$

得：

$$\hat{\beta}_0 = 297.405, \quad \hat{\beta}_1 = -5.616\,82, \quad \hat{\beta}_2 = 2.632\,91, \quad \hat{\beta}_3 = 0.113\,817$$

此时，

$$S_{E3} = \sum_i y_i^2 - \hat{\beta}_0 c_{0y} - \hat{\beta}_1 c_{1y} - \hat{\beta}_2 c_{2y} - \hat{\beta}_3 c_{3y} = 318.596$$

对不同的 l，对应的剩余平方和分别为：

l	2	3	4	5	...
S_E	762.47	318.596	1 558.23	3 233.02	...

由此可见，以取 $l=3$ 为宜，故得回归方程为：

$x \leqslant 14.7$ 时，$\hat{y} = 297.405 - 5.616\,82(x-14.7) + 2.632\,91(x-14.7)^2$

$x \geqslant 14.7$ 时，$\hat{y} = 297.405 - 5.616\,82(x-14.7) + 0.113\,817(x-14.7)^2$

$$(5.28)$$

对应的相关指数

$$R^2 = 0.997\,6$$

剩余标准差

$$s = 6.75$$

这时的最大绝对值偏差和相对偏差分别为:

$$\max_i |\, y_i - \hat{y}_i \,| = 12.998\,9,\text{对应的数据序号为 } 2,$$

$$\max_i \left| \frac{y_i - \hat{y}_i}{y_i} \right| = 0.053,\text{对应的数据序号为 } 11。$$

由此可见,分段拟合所得的回归方程比用一条曲线来拟合效果有所改进。

小　结

本章讨论多项式回归模型。我们引入了正交多项式的概念,对于多项式回归问题,只要试验计划是正交的,各变量的取值是等间隔的,就可以用正交多项式去求出回归方程,我们给出了多项式回归系数的详细计算步骤。

习　题　五

1. 使用正交多项式来解决多项式回归问题要具备什么条件? 它与一般回归分析相比有些什么特点?

2. 设变量 z 与变量 x 和 y 有关,现对由间隔的 x_1、x_2、x_3 和等间隔的 y_1、y_2、y_3、y_4、y_5 所组成的 15 个试验点,测定了 z 的值,经初步分析,数据结构式是:

$$Z_{ij} = \alpha_{00} + \alpha_{10}x_i + \alpha_{20}x_i^2 + \alpha_{01}y_j + \alpha_{02}y_j^2 + \alpha_{11}x_iy_j + \varepsilon_{ij},$$
$$i = 1, 2, 3, \ j = 1, 2, 3, 4, 5$$

问此时应选哪些正交多项式才能把它转化为正交多项式回归,并写出它的结构矩阵 X、系数矩阵 A 和相关矩阵 C。

3. 某零件上有一条曲线,为了在程控机床上加工,需求该曲线的解析表达式。在曲线横坐标 x_i 处测得纵坐标 y_i 的 11 组数据如下:

x	0.5	2.5	4.5	6.5	8.5	10.5	12.5	14.5	16.5	18.5	20.5
y	0.06	0.20	0.44	0.75	1.18	1.71	2.33	3.12	3.96	4.97	6.17

要求：

试用多项式近似表示这曲线，并估计误差。

第六章

含定性变量的数量化方法

在实际问题的研究中,经常会碰到一些非数量型的变量,如品质变量、性别、正常年份、干旱年份、战争与和平,改革前、改革后等。在建立一个经济问题的回归方程时,经常需要考虑这些品质变量,例如,建立粮食产量预测方程就应考虑到正常年份与受灾年份的不同影响。我们把这些品质变量称为**定性变量**。本章主要介绍两种方法,一种是讨论自变量中含定性变量的回归模型。另一种是在一定条件下,利用协方差分析方法研究含定性变量的问题。

§6.1 自变量中含有定性变量的回归模型

在回归分析中,对一些自变量是定性变量的情形先给予数量化处理。当自变量中含有定性变量时,我们采用设置虚拟变量的方法建立回归方程,这种方法即为数量化方法。

首先讨论定性变量只取两类可能值的情况,例如,研究粮食产量问题时,y 为粮食产量,x 为施肥量,另外再考虑气候问题,分为正常年份和干旱年份两种情况,对这个问题的数量化方法是引入一个 $0\sim1$ 型变量 D,令

$$D_i = 1, \text{表示正常年份;}$$
$$D_i = 0, \text{表示干旱年份。}$$

粮食产量的回归模型为:

$$y_i = \beta_0 + \beta_1 x_i + \beta_2 D_i + \varepsilon_i, \ i = 1, \cdots, n \tag{6.1}$$

其中,$\varepsilon_i \sim N(0, \sigma^2)$,且相互独立,$i = 1, \cdots, n$。在以下回归模型中不再一一注明。干旱年份的粮食平均产量为:

$$E(y_i \mid D_i = 0) = \beta_0 + \beta_1 x_i$$

正常年份的粮食平均产量为：

$$E(y_i \mid D_i = 1) = (\beta_0 + \beta_2) + \beta_1 x_i$$

这里有一个前提条件，就是认为干旱年份与正常年份回归直线的斜率 β_1 是相等的，也就是说，不论是干旱年份还是正常年份，施肥量 x 每增加一个单位，粮食产量 y 平均都增加相同的数量 β_1。对(6.1)式的参数估计仍采用普通最小二乘法。

例 6.1 某经济学家想调查文化程度对家庭储蓄的影响，在一个中等收入的样本框中，随机调查了 13 户高学历家庭与 14 户中低学历的家庭。因变量 y 为上一年家庭储蓄增加额，自变量 x_1 为上一年家庭总收入，自变量 x_2 表示家庭学历。高学历家庭 $x_2 = 1$，低学历家庭 $x_2 = 0$，调查数据见表 6.1。

表 6.1　相关调查数据

序　号	y(元)	x_1(万元)	x_2	e_i	de_i
1	235	2.3	0	−588	455
2	346	3.2	1	−220	−2 372
3	365	2.8	0	−2 371	−1 047
4	468	3.5	1	−1 246	−3 229
5	658	2.6	0	−1 313	−101
6	867	3.2	1	301	−1 851
7	1 085	2.6	0	−886	326
8	1 236	3.4	1	−96	−2 135
9	1 238	2.2	0	797	1 784
10	1 345	2.8	1	2 309	−67
11	2 365	2.3	0	1 542	2 585
12	2 365	3.7	1	−115	−1 985
13	3 256	4.0	1	−371	−2 074
14	3 256	2.9	0	137	1 517
15	3 265	3.8	1	403	−1 412
16	3 265	4.6	1	−2 658	−4 023

（续表）

序 号	y(元)	x_1(万元)	x_2	e_i	de_i
17	3 567	4.2	1	−826	−2 416
18	3 658	3.7	1	1 178	−692
19	4 588	3.5	0	−827	891
20	6 436	4.8	1	−252	−1 505
21	9 047	5.0	1	1 593	453
22	7 985	4.2	0	−108	2 002
23	8 950	3.9	0	2 005	3 947
24	9 865	4.8	0	−524	1 924
25	9 866	4.6	0	243	2 578
26	10 235	4.8	0	−154	2 294
27	10 140	4.2	0	2 047	4 157

建立 y 对 x_1、x_2 的线性回归，用最小二乘法得回归方程为：

$$\hat{y} = -7\,976 + 3\,826x_1 - 3\,700x_2$$

这个结果表明，中等收入的家庭每增加 1 万元收入，平均拿出 3 826 元作为储蓄。高学历家庭每年的平均储蓄额比低学历的家庭少 3 700 元。

如果不引入家庭学历定性变量 x_2，仅用 y 对家庭年收入 x_1 作为一元线性回归，得相关系数 $R^2 = 0.618$，说明拟合效果不好。y 对 x_1 的一元线性回归的残差 de_i 也列在表 6.1 中。

家庭年收入 x_1 是连续型变量，它对回归的贡献也是不可缺少的。如果不考虑家庭年收入这个自变量，13 户高学历家庭的平均年储蓄增加额为 3 009.31 元，14 户低学历家庭的平均年储蓄增加额为 5 059.36 元，这样会认为高学历家庭每年的储蓄额比低学历的家庭平均少 5 059.36 − 3 009.31 = 2 050.05 元，而用回归法算出的数值是 3 700 元，两者并不相等。

用回归法算出的高学历家庭每年的平均储蓄额比低学历的家庭少 3 700 元，这是在假设两者的家庭年收入相等的基础上储蓄差值，或者说是消除了家庭年收入的影响后的差值，因而反映了学历高低对储蓄额的真实差异。而直接由样本计算的差值 2 050.05 元是包含有家庭年收入影响在内的差值，是虚假的差值。所调查的 13 户高学历家庭的平均年收入额为 3.838 5 万元, 14 户低学历家庭的平均年收入额为 3.407 1 万元,两者并不相等。

通过本例的分析我们看到,在一些问题的分析中,仅依靠平均数是不够的,很可能得到虚假的数值。只有通过对数据的深入分析,才能得到正确结果。

§6.2 虚拟变量引入回归模型的几种形式

1) 虚拟变量只影响回归函数的截距

设回归模型为:

$$y_i = \beta_0 + \beta_1 x_i + \varepsilon_i$$

如果观察单位的不同状态只影响回归函数的截距而不影响斜率,可以如例 6.1 所示,引进一个反映这种影响的虚拟变量 D,并将模型 6.1 改写成:

$$y_i = \beta_0 + \beta_1 x_i + \beta_2 D_i + \varepsilon_i \tag{6.2}$$

其中,

$$D_i = \begin{cases} 1, & \text{状态 1} \\ 0, & \text{状态 2} \end{cases}$$

当(6.2)满足经典回归假定时,可应用 OLS 法得:

$$\hat{y}_i = \begin{cases} (\hat{\beta}_0 + \hat{\beta}_2) + \hat{\beta}_1 x_i, & \text{状态 1} \\ \hat{\beta}_0 + \hat{\beta}_1 x_i, & \text{状态 2} \end{cases}$$

β_2 表示回归函数在状态 1 与状态 2 的差异。根据检验假设 $H_0: \beta_2 = 0$ 是否成立,可以判断状态 1 与状态 2 的截距是否无显著差异。

2) 虚拟变量既影响回归函数的截距又影响斜率

引进虚拟变量 D,并将模型 6.1 改写为:

$$y_i = (\beta_0 + \beta_1 D_i) + (\beta_2 + \beta_3 D_i) x_i + \varepsilon_i \tag{6.3}$$

其中,

$$D_i = \begin{cases} 1, & \text{状态 1} \\ 0, & \text{状态 2} \end{cases}$$

当(6.3)满足经典回归假定时,可应用 OLS 法得:

$$\hat{y}_i = \begin{cases} (\hat{\beta}_0 + \hat{\beta}_1) + (\hat{\beta}_2 + \hat{\beta}_3)x_i, \text{状态 1} \\ \hat{\beta}_0 + \hat{\beta}_2 x_i, \text{状态 2} \end{cases}$$

β_1 表示回归函数在状态 1 与状态 2 的截距差异，β_3 则表示回归函数在状态 1 与状态 2 的斜率差异。

应该指出，应用 OLS 法的条件是回归函数在状态 1 与状态 2 具有相同的方差。

3) 虚拟变量引入折线模型

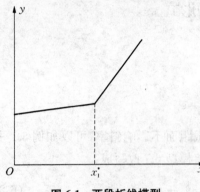

图 6.1　两段折线模型

在实际中可能会遇到折线回归的情况，如图 6.1 所示。

数据观测以 x^* 为分界点，当 $x < x^*$ 时，y 与 x 的总体关系表现为一条直线；当 $x > x^*$ 时，y 与 x 的总体关系表现为另一条截距与斜率都不相同的直线。可以用一个统一的折线回归模型来表示：

$$y_i = \beta_0 + \beta_1 x_i + \beta_2 (x_i - x^*)D_i + \varepsilon_i \tag{6.4}$$

$$D_i = \begin{cases} 1, \ x_i > x^* \\ 0, \ x_i \leqslant x^* \end{cases}$$

当 6.4 满足经典回归假定，应用 OLS 法得：

$$\hat{y}_i = \begin{cases} \hat{\beta}_0 + \hat{\beta}_1 x_i, \ x \leqslant x^* \\ (\hat{\beta}_0 - \hat{\beta}_2 x^*) + (\hat{\beta}_1 + \hat{\beta}_2)x_i, \ x > x^* \end{cases}$$

要检验真实的回归线在 x^* 点是否有弯折，只需要对 6.4 估计式中的 β_2 进行显著性检验就可以了。

由此类推，还可以拓展到更为复杂的折线模型，例如，如下方法可以使用于三段折线模型，如图 6.2 所示。

$$y_i = \beta_0 + \beta_1 x_i + \beta_2 (x_i - x_1^*)D_{1i}$$
$$+ \beta_3 (x_i - x_2^*)D_{2i} + \varepsilon_i$$

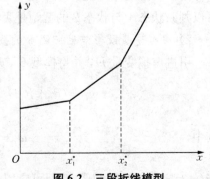

图 6.2　三段折线模型

$$D_{1i} = \begin{cases} 1, \ x_i > x_1^* \\ 0, \ x_i \leqslant x_1^* \end{cases}$$

$$D_{2i} = \begin{cases} 1, \ x_i > x_2^* \\ 0, \ x_i \leqslant x_2^* \end{cases}$$

4）虚拟变量陷阱问题

有时会遇到回归函数带有季节性特征的情况，如果引进四个虚拟变量来表示不同的季节，则回归模型变为：

$$y_i = \beta_0 + \beta_1 D_{1i} + \beta_2 D_{2i} + \beta_3 D_{3i} + \beta_4 D_{4i} + \beta_5 x_i + \varepsilon_i \tag{6.5}$$

$$D_{ji} = \begin{cases} 1, \text{观测 } i \text{ 处于第 } j \text{ 季}, j = 1, 2, 3, 4 \\ 0, \text{其他季} \end{cases}$$

显然，四个季节构成了所有的状态空间，四个虚拟变量之间具有如下关系：

$$D_{1i} + D_{2i} + D_{3i} + D_{4i} = 1 \tag{6.6}$$

造成了完全多重共线性，这就是虚拟变量陷阱问题。为了克服陷阱问题，要改变虚拟变量的引入方法，只使用三个虚拟变量：

$$D_{ji} = \begin{cases} 1, \text{观测 } i \text{ 处于第 } j \text{ 季}, j = 2, 3, 4 \\ 0, \text{其他季} \end{cases}$$

第一季度可以用 $D_{2i} = D_{3i} = D_{4i} = 0$ 表示，这时，回归函数的季节回归模型表达为：

$$y_i = \beta_0 + \beta_2 D_{2i} + \beta_3 D_{3i} + \beta_4 D_{4i} + \beta_5 x_i + \varepsilon_i$$

一般地，若某自变量具有 k 个不同的水平，则设置 $k-1$ 个虚拟变量，令

$$D_i = \begin{cases} 1, \text{当该自变量取第 } i \text{ 个水平时} \\ 0, \text{当该自变量取其他水平时} \end{cases}$$

$$i = 1, \cdots, k-1 \tag{6.7}$$

把 $D_1, D_2, \cdots, D_{k-1}$ 与其他定量的变量一起建立线性回归方程，仍使用最小二乘估计求出回归系数，可以用最小二乘基本定理检验该定性变量的显著性。

需要指出的是，虽然虚拟变量取某一数值，但这一数值没有任何数量大小的意义，它仅仅用来说明观察单位的性质或属性。我们通过下面例子来进一步理解这

种方法。

例 6.2 在酿酒工艺中,要将大麦浸在水中以吸收一定的水分 x_1,为了提高产量,还要加入某种化学溶剂浸泡一定的时间 x_2,然后测量大麦吸入化学溶剂的量 y,控制 y 的量对质量是极为重要的。由经验知,y 与 x_1 和 x_2 有较好的线性关系,但是随着季节的不同会有差异,在三个季节的每个季节下各收集了 6 组数据,结果见表 6.2,建立回归方程,并且在 $\alpha = 0.05$ 水平上就季节对 y 的影响是否显著进行检验。

表 6.2 每个季节下收集的 6 组数据

序号	季节	x_1	x_2	y	序号	季节	x_1	x_2	y
1	冬	130	200	7.5	10	春	138	240	5.6
2	冬	136	200	4.2	11	春	139	220	4.6
3	冬	140	215	1.5	12	春	141	260	3.9
4	冬	138	265	3.7	13	夏	130	205	11.0
5	冬	134	235	5.3	14	夏	140	265	6.0
6	冬	142	260	1.2	15	夏	139	250	6.5
7	春	136	215	6.2	16	夏	136	245	9.1
8	春	137	250	7.0	17	夏	135	235	9.3
9	春	136	180	5.5	18	夏	137	220	7.0

令

$$u_1 = \begin{cases} 1, 冬季 \\ 0, 其他 \end{cases}, \quad u_2 = \begin{cases} 1, 春季 \\ 0, 其他 \end{cases}$$

则回归模型为:

$$\begin{cases} y_i = \beta_0 + \beta_1 x_{i1} + \beta_2 x_{i2} + \delta_1 u_{i1} + \delta_2 u_{i2} + \varepsilon_i, \ i = 1, \cdots, 18 \\ \varepsilon_i \sim i.i.d.N(0, \sigma^2) \end{cases} \tag{6.8}$$

根据最小二乘法得回归方程:

$$\hat{y} = 90.31 - 0.64 x_1 + 0.024 x_2 - 3.83 u_1 - 1.39 u_2$$

此方程对应的残差平方和为:$SSE = 1.492\,3$,$f_E = 13$。为检验季节对 y 有无影响,即要检验假设:

$$H_0: \delta_1 = \delta_2 = 0, \ H_1: \delta_1 、\delta_2 \ 不全为 0$$

在原假设 H_0 成立的条件下,模型可以写为:

$$\begin{cases} y_i = \beta_0 + \beta_1 x_{i1} + \beta_2 x_{i2} + \varepsilon_i, \ i = 1, \cdots, 18 \\ \varepsilon_i \sim i.i.d. N(0, \sigma^2) \end{cases}$$

求得残差平方和为:$SSE_M = 46.194\,5$,$s = 2$。 构造检验统计量:

$$F = \frac{(46.194\,5 - 1.492\,3)/2}{1.492\,3/13} = 194.71 > F_{0.95}(2,\,13) = 3.81$$

因此,拒绝原假设 H_0,说明季节对 y 是有影响的。从而所得的回归方程可以分季节写为:

$$\text{冬季:} \ \hat{y} = 86.48 - 0.64 x_1 + 0.024 x_{22}$$
$$\text{春季:} \ \hat{y} = 88.92 - 0.64 x_1 + 0.024 x_{22}$$
$$\text{夏季:} \ \hat{y} = 90.31 - 0.64 x_1 + 0.024 x_{22}$$

例 6.3 国内外研究表明,开放式基金的赎回往往受到回报率、风险、费率等的影响,对于规模因素的作用,可以通过将基金公司按规模大小分类,使用虚拟变量加入回归方程的方式进行检验。考虑到我国开放式基金的费率水平基本相同,同一行情下申购比率与赎回比率有一定的同向影响,选取申购率、风险调整收益和规模因素来构建影响投资者赎回/持有选择的解释方程。模型观测的重点是虚拟变量的显著性,它们表明投资者在同等申购、同等回报的情况下,是否会因基金公司的规模而倾向赎回或继续持有基金。风险调整收益采用基于 CAPM 理论框架的 Treynor 指标,反映基金每承担一个单位的风险所获得的收益。观测期间选取 2006 年年初到 2007 年上半年,以同期上证综指作为市场指数,以一年期定期存款利率作为无风险利率。考虑所有 56 家基金公司的规模分布情况,将其分为三类:总规模大于 350 亿元的为第一类,共 16 家;总规模为 100 亿元到 350 亿元之间的为第二类,共 25 家;总规模小于 100 亿元的为第三类,共 15 家。选取研究期内具有连续各季申购、赎回数据的股票型、混合型基金作为研究对象,按照其所属基金公司的规模归入一、二、三类。由于研究期内基金公司在建仓期对申购赎回的特殊限制以及一些非正常捧场资金的存在会干扰申购率、赎回率,因而采用研究期间内申购率、赎回率的中位数进行回归分析,设置变量如下:

$y_i = $ 第 i 支基金各季度赎回率的中位数

$x_{1, i} =$ 第 i 支基金各季度申购率的中位数

$x_{2, i} =$ 第 i 支基金在观测期内的 Treynor 指标

$$D_{i, 1} = \begin{cases} 1, \text{当第 } i \text{ 支基金属于第一类基金公司所有时} \\ 0, \text{当第 } i \text{ 支基金不属于第一类基金公司所有时} \end{cases}$$

$$D_{i, 2} = \begin{cases} 1, \text{当第 } i \text{ 支基金属于第二类基金公司所有时} \\ 0, \text{当第 } i \text{ 支基金不属于第二类基金公司所有时} \end{cases}$$

建立投资者赎回/持有选择行为的回归方程如下：

$$y_i = \beta_0 + \beta_1 x_{1, i} + \beta_2 x_{2, i} + \beta_3 D_{1, i} + \beta_4 D_{2, i} + \varepsilon_i \tag{6.9}$$

部分原始数据如表 6.3 所示。

表 6.3 原始数据示例

序号	规模类别	x_1	x_2	y
1	1	0.348 017 84	18.286 15	0.511 734 88
2	3	0.334 971 03	11.556 35	0.525 969 93
3	3	0.331 133 35	7.026 9	0.585 471 00
4	2	0.327 665 94	18.236 4	0.367 815 86
5	1	0.324 795 95	12.804 95	0.397 822 91
6	2	0.324 781 56	22.938 65	0.345 532 37
7	2	0.324 223 87	11.555 85	0.342 106 58
8	3	0.320 610 21	10.615 85	0.525 875 44
9	1	0.304 890 45	16.048 25	0.254 557 59
10	3	0.295 014 20	8.248 5	0.606 526 53
11	3	0.293 257 14	20.471 9	0.307 555 80
12	2	0.291 210 51	13.272 4	0.214 406 91
13	1	0.289 411 31	15.437 05	0.345 266 16
...	...	...	...	...
106	1	0.285 276 92	22.087 6	0.257 205 95

最终得到的回归结果为：调整后的复决定系数为 0.723，F 检验 $P = 0.000$ 高度显著，方程拟合程度较好。回归参数估计如表 6.3 所示，各变量作用显著（申购率和规模虚拟变量高度显著，Treynor 指标在 10% 显著性水平下通过检验），最终建立对方程(6.9)的估计结果如下：

$$\hat{y}_i = 0.451 + 0.437x_{1,i} - 0.772x_{2,i} - 0.086D_{1,i} - 0.091D_{2,i} \qquad (6.10)$$

从方程(6.10)中的系数可以得知：在一定的外部市场行情下，投资者的赎回行为与申购行为有着同向变动的特征；投资者的赎回行为与 Treynor 系数变动相反，说明基金获取的超额回报越高，投资者越倾向于继续持有基金；两个虚拟变量的系数检验结果均显著，说明在同等申购、同等回报情况下，公司规模会显著影响投资者继续持有基金的决定，投资者对三类基金公司有所选择，来自第二类中型公司的基金最占优势，将会比第三类小型公司少赎回 9.1%（$\hat{\beta}_4 = 0.091$），来自第一类大型公司的基金也比第三类小型公司少赎回 8.6%（$\hat{\beta}_3 = 0.086$），但第一类与第二类的差别比较小。回归系数估计结果如表 6.4 所示。

表 6.4 回归系数估计结果

Model	Unstandardized Coefficients		Standardized Coefficients	t	Sig.
	Beta	Std. Error	Beta		
(Constant)	.451	.064		7.045	.000
X1	.437	.043	.712	10.141	.000
X2	−.772	.455	−.118	−1.696	.093
D1	−.086	.029	−.294	−2.961	.004
D2	−.091	.031	−.290	−2.947	.004

§6.3 协方差分析

本节讨论另一类问题。在一个问题中，影响试验结果 y 的因素既有像方差分析中所讨论的定性的因子 A，B，$\cdots$，也有像回归分析中的定量变量 z_1，z_2，$\cdots$，z_k，此时，我们可以采用协方差分析的方法。在实际问题中，称这些定性的因子为**因子**，定量的变量为**协变量**。模型可以表示为

$$\begin{cases} Y = X\beta + Z\gamma + \varepsilon \\ H\beta = 0 \\ \varepsilon \sim N(0, \sigma^2 I_n) \end{cases} \qquad (6.11)$$

其中，Y 是随机变量的 n 次独立观测值组成的向量，X 为 $n \times p$ 的矩阵，其元素非 0 即 1，β 是未知参数向量，其中的分量为一般平均、因子的主效应、交互效应等，它们满足方差分析中的对效应的约束条件，记为 $H\beta = 0$，这里的 H 是 $s \times p$ 矩阵，其秩为 s，Z 为 $n \times k$ 的矩阵，其中的第 j 列为第 j 个协变量 z_j 在 n 次试验中的观测值，γ 为 $k \times 1$ 的协变量的回归系数向量。ε 是随机误差向量。

关于参数 β、γ 的参数估计，我们仍使用最小二乘估计方法。称

$$\begin{cases} Y = X\beta + \varepsilon \\ H\beta = 0 \\ \varepsilon \sim N(0, \sigma^2 I_n) \end{cases} \tag{6.12}$$

为(6.11)对应的方差分析模型，由第三章的定理可知，β 的最小二乘估计为 Y 的线性函数，记为：

$$\hat{\theta}_0 = AY \tag{6.13}$$

它是

$$\begin{cases} X'X\beta = X'Y \\ H\beta = 0 \end{cases} \tag{6.14}$$

的解，其残差平方和记为：

$$R_{00} = (Y - X\hat{\theta}_0)'(Y - X\hat{\theta}_0) = Y'(Y - X\hat{\theta}_0)$$

(6.11)式可以写为：

$$\begin{cases} Y = (X \quad Z) \begin{pmatrix} \beta \\ \gamma \end{pmatrix} + \varepsilon \\ H\beta = 0 \\ \varepsilon \sim N(0, \sigma^2 I_n) \end{cases} \tag{6.15}$$

则对应的正规方程组为：

$$\begin{cases} \begin{bmatrix} X' \\ Z' \end{bmatrix} (X \quad Z) \begin{pmatrix} \beta \\ \gamma \end{pmatrix} = \begin{bmatrix} X' \\ Z' \end{bmatrix} Y \\ H\beta = 0 \end{cases}$$

即：

$$\begin{cases} X'X\beta + XZ\gamma = X'Y \\ Z'X\beta + Z'Z\gamma = Z'Y \\ H\beta = 0 \end{cases} \tag{6.16}$$

记

$$Z = (Z_1, \ Z_2, \ \cdots, \ Z_k), \ \gamma = \begin{pmatrix} \gamma_1 \\ \gamma_2 \\ \vdots \\ \gamma_k \end{pmatrix}$$

由此,我们有:

$$\begin{cases} X'X\beta = X'(Y - Z\gamma) \\ H\beta = 0 \end{cases} \tag{6.17}$$

利用(6.13)是(6.14)的解,我们可以得到(6.17)的解为:

$$\hat{\beta} = A(Y - Z\gamma) = AY - AZ_1\gamma_1 - \cdots - AZ_k\gamma_k \tag{6.18}$$

而 AZ_j 可以看作是模型

$$\begin{cases} Z_j = X\theta_j + \varepsilon \\ H\theta_j = 0 \\ \varepsilon \sim N(0, \ \sigma^2 I_n) \end{cases}$$

的最小二乘估计 $\hat{\theta}_j$。 所以,有:

$$\hat{\beta} = \hat{\theta}_0 - \hat{\theta}_1\gamma_1 - \cdots - \hat{\theta}_k\gamma_k \tag{6.19}$$

只要求出 $\gamma_1, \cdots, \gamma_k$ 的估计 $\hat{\gamma}_1, \cdots, \hat{\gamma}_k$,将其代入(6.19),可得:

$$\hat{\beta} = \hat{\theta}_0 - \hat{\theta}_1\hat{\gamma}_1 - \cdots - \hat{\theta}_k\hat{\gamma}_k \tag{6.20}$$

为了得到 $\hat{\gamma}_1, \cdots, \hat{\gamma}_k$,我们将(6.20)代入(6.16)中的第二个方程,则

$$Z'X(\hat{\theta}_0 - \hat{\theta}_1\hat{\gamma}_1 - \cdots - \hat{\theta}_k\hat{\gamma}_k) + Z'(Z_1\hat{\gamma}_1 + \cdots + Z_k\hat{\gamma}_k) = Z'Y$$

即:

$$Z'(Y - X\hat{\theta}_0) = Z'(Z_1 - X\hat{\theta}_1)\hat{\gamma}_1 + \cdots + Z'(Z_k - X\hat{\theta}_k)\hat{\gamma}_k \tag{6.21}$$

记

$$R_{ij} = (Z_i - X\hat{\theta}_i)'(Z_j - X\hat{\theta}_j) = Z_i'(Z_j - X\hat{\theta}_j), \ i, j = 1, \cdots, k$$

$$R_{i0} = (Z_i - X\hat{\theta}_i)'(Y - X\hat{\theta}_0) = Z_i'(Y - X\hat{\theta}_0) = Y'(Z_i - X\hat{\theta}_i), \ i = 1, \cdots, k$$

则(6.21)可以写成：

$$
\begin{cases}
R_{11}\hat{\gamma}_1 + \cdots + R_{1k}\hat{\gamma}_k = R_{10} \\
\quad\quad\cdots\cdots\cdots \\
R_{k1}\hat{\gamma}_1 + \cdots + R_{kk}\hat{\gamma}_k = R_{k0}
\end{cases}
\tag{6.22}
$$

其中，$\hat{\gamma}_1, \cdots, \hat{\gamma}_k$ 为线性方程组(6.22)的解。

综上所述，模型的参数估计可以按以下步骤进行：

(1) 利用方差分析中关于效应的估计公式，可以求得 $\hat{\theta}_0, \hat{\theta}_1, \cdots, \hat{\theta}_k$。

(2) 利用方差分析中有关求误差平方和的公式，可以求得各个残差乘积和与残差平方和 R_{ij}, $i, j = 0, 1, \cdots, k$。

(3) 解方程组(6.22)，得 $\hat{\gamma}_1, \cdots, \hat{\gamma}_k$。

(4) 最后求出 $\hat{\beta} = \hat{\theta}_0 - \hat{\theta}_1\hat{\gamma}_1 - \cdots - \hat{\theta}_k\hat{\gamma}_k$。

关于某个因子或交互作用的显著性检验，以及有关某个协变量的回归系数的显著性检验，可以通过考虑下列假设检验

$$
H_0: M \begin{bmatrix} \beta \\ \gamma \end{bmatrix} = 0 \qquad H_1: M \begin{bmatrix} \beta \\ \gamma \end{bmatrix} \neq 0
\tag{6.23}
$$

来进行。对于上述的检验问题，可以按照下列步骤进行。

(1) 计算原模型中的残差平方和：

$$R_0 = R_{00} - R_{10}\hat{\gamma}_1 - \cdots - R_{k0}\hat{\gamma}_k \tag{6.24}$$

其自由度为 $f_0 = f_e - k$，这里的 f_e 是模型(6.12)中的误差的偏差平方和 S_e 的自由度。

(2) 在 H_0 为真的条件下改写模型，求出它对应的残差平方和 SSE_{M_1}，记为 R_1^2，以及其自由度为 f_1。

(3) 计算检验统计量：

$$F = \frac{(R_1^2 - R_0^2)/(f_1 - f_0)}{R_0^2/f_0} \tag{6.25}$$

对于给定的显著性水平 α，当 $F > F_{1-\alpha}(f_1 - f_0, f_0)$ 时，拒绝原假设 H_0。

下面通过一个例子来说明上述方法。

例 6.4 设有三种饲料 A_1、A_2、A_3，要研究它们对猪的催肥效果，现用每种饲料喂养了 8 头猪，称得每头猪在喂养前的初始重量 z 以及喂养一段时间后的增重 y。数据见表 6.5。请研究不同饲料对猪的催肥效果有无显著性差异。

表 6.5 相关实测数据 单位：千克

序 号	A_1		A_2		A_3	
	z	y	z	y	z	y
1	15	85	17	97	22	89
2	16	83	16	90	24	91
3	17	65	18	160	20	83
4	18	76	18	95	23	95
5	19	80	21	103	25	100
6	20	91	22	106	27	102
7	21	84	19	99	30	105
8	22	90	18	94	32	110

解： 由于初始重量对增重有影响，因此，为比较三种饲料的效果，采用一个因子一个协变量（$k=1$）的协方差模型，可具体写为：

$$\begin{cases} y_{ij} = \mu + a_i + \gamma z_{ij} + \varepsilon_{ij}, \ i=1, 2, 3; \ j=1, \cdots, 8 \\ a_1 + a_2 + a_3 = 0 \\ \varepsilon_{ij} \sim N(0, \sigma^2)，且相互独立 \end{cases}$$

首先计算方差分析模型中误差的偏差平方和及偏差乘积和。

对于 y，有：$S_T(y) = 255.958$，$S_A(y) = 1317.583$，从而 $R_{00} = S_e(y) = 1238.375$，其自由度为 $f_e = 21$。

对于 z，有：$S_T(z) = 720.50$，$S_A(z) = 659.875$，从而 $R_{11} = S_e(z) = 175.25$。

类似地，有：

$$S_T(yz) = \sum_{i=1}^{3} \sum_{j=1}^{8} (y_{ij} - \bar{y}_i)(z_{ij} - \bar{z}_i) = 1080.750$$

$$S_A(yz) = \sum_{i=1}^{3} 8(\bar{y}_i - \bar{y})(\bar{z}_i - \bar{z}) = 659.875$$

从而 $R_{10} = S_e(yz) = S_T(yz) - S_A(yz) = 175.25$。

根据 (6.23)，$R_{11}\gamma = R_{10}$，解之，得 $\hat{\gamma} = R_{10}/R_{11} = 2.40$，由 (6.24) 式得：

$$R_0 = R_{00} - R_{10}\hat{\gamma} = 227.615$$

其自由度为 $f_1 = f_e - k = 20$。

考虑假设检验问题

$$H_0: \gamma = 0 \qquad H_1: \gamma \neq 0$$
$$R_1^2 = S_e(y) = R_{00} = 1\,238.375$$

自由度为 $f_1 = f_e - k = 21$。根据(6.25),其检验统计量

$$F = \frac{(R_1^2 - R_0^2)/(f_1 - f_0)}{R_0^2/f_0} = 88.81 > F_{0.95}(1,\ 20) = 4.4$$

说明协变量对结果有显著性影响。

进一步地,可以考虑因子的显著性问题,即考虑假设检验问题

$$H_0: a_1 = a_2 = a_3 = 0 \qquad H_1: 至少有一个 a_i \neq 0$$

在原假设 H_0 为真的条件下,模型变成 y 关于 x 的一元线性回归模型,类似地,有:

$$R_{00}' = 2\,555.98,\quad R_{11}' = 720.50,\quad R_{10}' = 1\,080.75$$

则 $\hat{\gamma}' = R_{10}'/R_{11}' = 1.50$,从而 $R_0' = R_{00}' - R_{10}'\hat{\gamma}' = 707.218$,自由度为:$f_1 = f_e + f_A - k = 22$。则检验统计量

$$F = \frac{(R_1^2 - R_0^2)/(f_1 - f_0)}{R_0^2/f_0} = 31.07 > F_{0.95}(2,\ 20) = 3.5$$

这说明因子 A 是显著的。

对于 y、z 的方差分析模型,根据模型的参数估计的计算步骤,可以求得参数估计:

$$\hat{\theta}_0 = (\bar{y} \quad \bar{y}_1. - \bar{y} \quad \bar{y}_2. - \bar{y} \quad y_3. - \bar{y}) = (92.21 \quad -10.46 \quad 5.76 \quad 4.67)$$
$$\hat{\theta}_1 = (\bar{z} \quad \bar{z}_1. - z \quad \bar{z}_2. - \bar{z} \quad \bar{z}_3. - \bar{z}) = (19.25 \quad -5.50 \quad -0.63 \quad 6.13)$$

则 $\hat{\beta} = \hat{\theta}_0 - \hat{\theta}_1\hat{\gamma} = (46.01 \quad 2.74 \quad 7.30 \quad -10.04)$。因而,不同饲料种类下,增重关于初始重量的回归方程为:

$$A_1: \hat{y} = \hat{\beta}_0 + a_1 + \gamma \cdot z = 48.75 + 2.4 \cdot z$$
$$A_2: \hat{y} = \hat{\beta}_0 + a_2 + \gamma \cdot z = 53.31 + 2.4 \cdot z$$
$$A_3: \hat{y} = \hat{\beta}_0 + a_3 + \gamma \cdot z = 35.97 + 2.4 \cdot z$$

从中可以知道 A_2 是三种饲料中效果最好的,它能使猪的重量增加最多。

小 结

本章主要讨论自变量中含定性变量情况。我们引入了数量化方法,一种数量化方法是引入虚拟变量的概念,然后利用最小二乘法得到回归方程。另一种数量化方法是在一定条件下,利用协方差分析方法研究含定性变量的问题。

习 题 六

1. 对自变量中含有定性变量的问题,为什么不对同一属性分别建立回归模型,而采取设虚拟变量的方法建立回归模型?
2. 研究者想研究采取某项保险革新措施的速度 y 对保险公司的规模 x_1 和保险公司类型的关系。因变量的计量是第一个公司采纳这项革新和给定公司采纳这项革新在时间上先后间隔的月数。第一个自变量公司的规模是数量型的,用公司的总资产额(百万美元)来计量;第二个自变量公司的类型是定性变量,由两种类型构成,即股份公司和互助公司。数据资料如下表,试建立 y 对公司规模和公司类型的回归。

i	y	x_1	公司类型	i	y	x_1	公司类型
1	17	151	互助	11	28	164	股份
2	26	92	互助	12	15	272	股份
3	21	175	互助	13	11	295	股份
4	30	31	互助	14	38	68	股份
5	22	104	互助	15	31	85	股份
6	0	277	互助	16	21	224	股份
7	12	210	互助	17	20	166	股份
8	19	120	互助	18	13	305	股份
9	4	290	互助	19	30	124	股份
10	16	238	互助	20	14	246	股份

3. 用协方差分析方法对例 6.2 的数据作分析,写出模型,对各种假设作检验,最后给出回归方程。

第七章
多元线性回归模型的有偏估计

§7.1 引言

在前面的多元回归模型中,关于多元回归方程的解释,隐含着要求解释变量之间无强相关性的假定。但是,解释变量之间完全不相关的情形是非常少见的,尤其是研究某个经济问题时,涉及的自变量较多,我们很难找到一组自变量,它们之间互不相关,而且它们又都对因变量有显著影响。客观地说,某一经济现象涉及多个影响因素时,这多个影响因素之间大都有一定的相关性。当它们之间的相关性较弱时,我们一般就认为符合多元线性回归模型设计矩阵的要求;当这一组变量间有较强的相关性时,我们就认为是一种违背多元线性回归模型基本假设的情形。当我们所研究的经济问题涉及时间序列资料时,经济变量随时间往往存在共同的变化趋势,使得它们之间容易出现共线性。例如,我们要研究我国居民消费状况,影响居民消费的因素很多,一般有职工平均工资、农民平均收入、银行利率、全国零售物价指数、国债利率、货币发行量、储蓄额、前期消费额等,这些因素显然既对居民消费产生重要影响,它们之间又有着很强的相关性。从以上例子来看,在研究社会、经济问题时,因为问题本身的复杂性,涉及的因素很多。在建立回归模型时,往往由于研究者认识水平的局限性,很难在众多因素中找到一组互不相关又对因变量 y 有显著影响的变量,不可避免地出现所选自变量相关的情形。当自变量之间有较强相关性时,会给回归模型的参数估计带来什么样的后果,这就是我们要讨论的问题。

当解释变量之间存在着相关性时,也就是 X 的列向量之间有较强的线性相关性,即解释变量间出现严重的多重共线性。这时,设计矩阵 X 将呈"病态"。在这种情况下,用普通最小二乘法估计模型参数,往往因为参数估计方差太大,使普通最小二乘法的效果变得很不理想。为了解决这一问题,统计学家从模型和数据的角度考虑,采用回归诊断和自变量选择来克服多重共线性的影响。近 40 年来,人们还对普通最小二乘估计提出一些改进方法。目前,**岭回归**就是最有影响的一种新的估计方法。本章将系统介绍岭回归估计的定义及性质,并结合实际例子给出岭回归的应用。

从理论上说,在讨论多元线性回归模型中,一般要求设计矩阵 X 中的列向量之间不存在线性关系,即对于线性回归模型

$$y = \beta_0 + \beta_1 x_1 + \cdots + \beta_p x_p + \varepsilon \tag{7.1}$$

的解释变量观测值,不存在线性关系

$$\beta_0 + \beta_{i1} x_1 + \cdots + \beta_{ip} x_p = 0, \ i = 1, 2, \cdots, n \tag{7.2}$$

如果解释变量 $x_1, x_2 \cdots, x_p$ 之间存在上述关系,我们称它们之间存在**完全多重共线性**(Multi-collinearity)。

根据第三章的讨论,我们知道,对于线性回归模型

$$Y = X\beta + \varepsilon, \ E(\varepsilon) = 0, \ D(\varepsilon) = \sigma^2 I \tag{7.3}$$

其中,I 是单位矩阵。在古典回归分析中,通常用最小二乘估计 LS $\hat{\beta} = (X'X)^{-1} X'Y$ 来估计参数 β。$\hat{\beta}$ 具有一些良好的性质,例如,最小二乘估计是具有最小方差的线性无偏估计,最重要的是 Gauss-Markov 定理。当进一步假设误差 ε 服从正态分布时,$\hat{\beta}$ 还有一些进一步的优良性质。利用这些性质可以做各种统计检验。正因为如此,最小二乘估计 LS 得到了广泛的应用。但是,随着应用的普遍,逐渐发现了它的一些缺点。人们在越来越多地处理大型回归问题时,经常遇到关于 LS 估计的问题,有时 LS 估计的效果很不理想,造成这种情况的原因很多,但有一个比较重要的因素,是 LS 估计的性能效果与设计矩阵 X 有关,当 $R = X'X$ 接近一个奇异阵时,即呈现所谓的"病态"时,LS 估计的性能变坏。为说明这一点,我们来看几个例子。

例 7.1 假设已知 x_1、x_2 与 y 的关系服从模型

$$y = 10 + 2x_1 + 3x_2 + \varepsilon$$

做了 10 次试验,得设计矩阵如下:

$$X = \begin{pmatrix} 10 & 1.1 & 1.1 \\ 10 & 1.4 & 1.5 \\ 10 & 1.7 & 1.8 \\ 10 & 1.7 & 1.7 \\ 10 & 1.8 & 1.9 \\ 10 & 1.8 & 1.8 \\ 10 & 1.9 & 1.8 \\ 10 & 2.0 & 2.1 \\ 10 & 2.3 & 2.4 \\ 10 & 2.4 & 2.5 \end{pmatrix}$$

用模拟的方法产生的正态随机误差如下：

$$\varepsilon = (0.8, \ -0.5, \ 0.4, \ -0.5, \ 0.2, \ 1.9, \ 1.9, \ 0.6, \ -1.5, \ -0.5)'$$

由模型 $y = 10 + 2x_1 + 3x_2 + \varepsilon$ 得到 y 的值如下：

$$y = (16.3, \ 16.8, \ 19.2, \ 18.0, \ 19.5, \ 20.9, \ 21.1, \ 20.9, \ 20.3, \ 22.0)'$$

使用通常的最小二乘法得到参数估计为：

$$\hat{\beta}_0 = 11.292, \quad \hat{\beta}_1 = 11.307, \quad \hat{\beta}_2 = -6.591$$

而原模型的参数为：

$$\beta_0 = 10, \ \beta_1 = 2, \ \beta_2 = 3$$

相差太大。我们计算 x_1、x_2 的样本相关矩阵得 $\begin{bmatrix} 1 & 0.986 \\ 0.986 & 1 \end{bmatrix}$，所以，这个相关矩阵接近于退化，原因是 x_1 与 x_2 之间有着密切的关系，即 X 的列向量接近于线性相关。从这个例子我们可以看到，当解释变量之间高度相关时，也就是 $R = X'X$ 呈现"病态"时，普通的 LS 估计的性能变坏。

例 7.2　表 7.1 是 Malinvand 于 1966 年提出的研究法国经济问题的一组数据。所考虑的因变量为进口总额 y，三个解释变量分别为：国内总产值 x_1，储存量 x_2，总消费量 x_3，现收集了 1949 年至 1959 年共 11 年的数据，具体值见表 7.1。

表 7.1 1949—1959 年法国进口总额与相关变量的数据

单位：10 亿法郎

序号 （年份）	x_1	x_2	x_3	y	序号 （年份）	x_1	x_2	x_3	y
1(1949)	149.3	4.2	108.1	15.9	7(1955)	202.1	2.1	146.0	22.7
2(1950)	171.5	4.1	114.8	16.4	8(1956)	212.4	5.6	154.1	26.5
3(1951)	175.5	3.1	123.2	19.0	9(1957)	226.1	5.0	162.3	28.1
4(1952)	180.8	3.1	126.9	19.1	10(1958)	231.9	5.1	164.3	27.6
5(1953)	190.7	1.1	132.1	18.8	11(1959)	239.0	0.7	167.6	26.3
6(1954)	202.1	2.2	137.7	20.4					

对于上述问题，我们可以直接用普通的最小二乘估计建立 y 关于三个解释变量 x_1、x_2 和 x_3 的回归方程为：

$$\hat{y} = -10.128 - 0.051x_1 + 0.587x_2 + 0.287x_3$$

其中，x_1 的系数为负，这不符合经济意义，因为法国是一个原材料进口国，当国内总产值 x_1 增加时，进口总额 y 也应该增加，所以，该系数的符号应该为正，其原因就是因为三个自变量 x_1、x_2 和 x_3 之间存在多重共线性。

我们计算 x_1、x_2 和 x_3 三者的相关系数矩阵如下：

$$R = \begin{pmatrix} 1 & 0.026 & 0.997 \\ 0.026 & 1 & 0.036 \\ 0.997 & 0.036 & 1 \end{pmatrix}$$

由此可知，x_1 与 x_3 间的相关系数高达 0.997，这说明 x_1 与 x_3 基本线性相关，若将 x_3 看作因变量，将 x_1 看作解释变量，那么 x_3 关于 x_1 的一元线性回归方程为：

$$x_3 = 60\,258 + 0.686x_1$$

这说明当 x_1 变化时，x_3 不可能保持一个常数，因此，对回归系数的解释就复杂了，不能仅从其符号上做解释。x_1 与 x_3 之间存在**多重共线性关系**，在通常的回归分析中，自变量间的这种多重共线性关系并非那么简单。

例 7.3 1985—2002 年中国私人轿车拥有量以年增长率 23%，年均增长 55 万辆的速度增长。见图 7.1。

考虑到目前农村家庭购买私人轿车的现象还很少，在建立中国私人轿车拥有量模型时，主要考虑如下因素：（1）城镇居民家庭人均可支配收入；（2）城镇总人

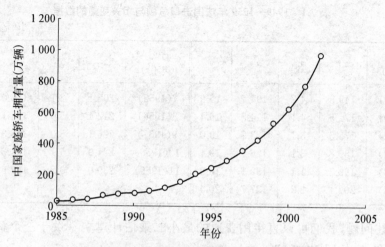

图 7.1　1985—2002 年中国私人轿车拥有量

口；（3）轿车产量；（4）公路交通完善程度；（5）轿车价格。城镇居民家庭人均可支配收入、城镇总人口数和轿车产量可以直接从统计年鉴上获得。公路交通完善程度用全国公路里程度量，也可以从统计年鉴上获得。由于国产轿车价格与进口轿车价格差距较大，而且轿车种类很多，做分种类的轿车销售价格与销售量统计非常困难，所以，轿车价格暂且略去不用。定义变量名如下：

y：中国私人轿车拥有量（万辆）；

x_1：城镇居民家庭人均可支配收入（元）；

x_2：全国城镇人口（亿人）；

x_3：全国汽车产量（万辆）；

x_4：全国公路长度（万千米）。

具体数据见表 7.2。

表 7.2　1985—2002 年中国私人轿车拥有量及相关变量数据

年　份	y	x_1	x_2	x_3	x_4
1985	28.49	739.1	2.51	43.72	92.24
1986	34.71	899.6	2.64	36.98	96.28
1987	42.29	1 002.2	2.77	47.18	98.22
1988	60.42	1 181.4	2.87	64.47	99.96
1989	73.12	1 375.7	2.95	58.35	101.43
1990	81.62	1 510.2	3.02	51.4	102.83

（续表）

年　份	y	x_1	x_2	x_3	x_4
1991	96.04	1 700.6	3.05	71.42	104.11
1992	118.2	2 026.6	3.24	106.67	105.67
1993	155.77	2 577.4	3.34	129.85	108.35
1994	205.42	3 496.2	3.43	136.69	111.78
1995	249.96	4 283	3.52	145.27	115.7
1996	289.67	4 838.9	3.73	147.52	118.58
1997	358.36	5 160.3	3.94	158.25	122.64
1998	423.65	5 425.1	4.16	163	127.85
1999	533.88	5 854	4.37	183.2	135.17
2000	625.33	6 280	4.59	207	140.27
2001	770.78	6 859.6	4.81	234.17	169.8
2002	968.98	7 702.8	5.02	325.1	176.52

数据来源：《中国统计年鉴》，中国统计出版社，1985—2002。

对于上述问题，可以直接用普通的最小二乘估计建立 y 关于三个解释变量 x_1、x_2、x_3 和 x_4 的回归方程为：

$$\hat{y} = -925.664 - 0.005\,7x_1 + 62.943x_2 + 0.412x_3 + 7.729x_4$$

其方差分析表见表 7.3。

表 7.3 　方　差　分　析

	df	SS	MS	F
回归分析	4	1 300 525	325 131.2	241.499 5
残差	13	17 501.92	1 346.302	
总计	17	1 318 027		

说明在 $\alpha = 0.05$ 的水平下，以上回归方程是显著的。但是，对于回归系数作显著性检验，计算得到相应的 $t_1 = 0.243$，$t_2 = 0.746$，$t_3 = 0.811$ 均小于 $t_{0.005}(13)$，说明 x_1、x_2 和 x_3 对 y 没有显著性影响。

我们也可以考察私人轿车拥有量（y）与城镇居民家庭人均可支配收入（x_1）、城镇总人口（x_2）、轿车产量（x_3）和全国公路长度（x_4）之间的关系，见图 7.2。

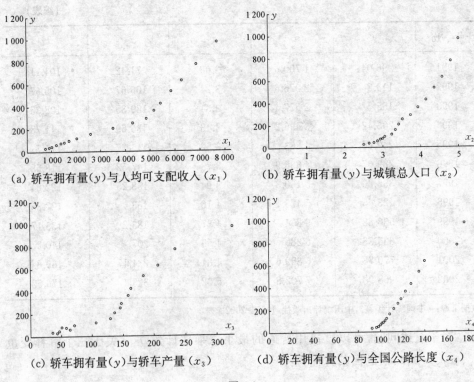

（a）轿车拥有量（y）与人均可支配收入（x_1）　　（b）轿车拥有量（y）与城镇总人口（x_2）

（c）轿车拥有量（y）与轿车产量（x_3）　　（d）轿车拥有量（y）与全国公路长度（x_4）

图 7.2

从上述图像可以看到，y 与 x_1、x_2 呈非线性关系，与 x_3、x_4 近似呈线性关系。

经过计算，x_1、x_2、x_3 和 x_4 的相关系数矩阵如下：

$$R = \begin{pmatrix} 1 & 0.983\,0 & 0.958\,5 & 0.929\,6 \\ 0.983\,0 & 1 & 0.962\,9 & 0.958\,8 \\ 0.958\,5 & 0.962\,9 & 1 & 0.955\,3 \\ 0.929\,6 & 0.958\,8 & 0.955\,3 & 1 \end{pmatrix}$$

由此可知，x_1、x_2、x_3、x_4 两两之间的相关系数都超过 0.9，这说明 x_i 与 x_j，i，j = 1，2，3，4 基本线性相关。因此，我们可以得出 x_1、x_2、x_3、x_4 之间存在**多重共线性关系**。

"多重共线性"一词由 R. Frisch 在 1934 年提出，它原指模型的解释变量间存在线性关系。在实际经济问题中，由于经济变量本身的性质，多重共线性是存在于计量经济学模型中的一个普遍的问题，产生多重共线性的原因一般有以下三种情况：

(1) 许多经济变量之间存在相关关系,有着共同的变化趋势,例如,国民经济发展使国民增加了收入,随之消费、储蓄和投资出现了共同增长。经济变量在时间上有共同变化的趋势。例如,在经济上升时期,收入、消费、就业率等都增长;在经济收缩期,收入、消费、就业率等又都下降。当这些变量同时进入模型后,就会带来多重共线性问题。如果采用其中的两个作为因变量(解释变量),就可能产生多重共线性问题。

(2) 在回归模型中使用滞后因变量(解释变量),也可能产生多重共线性问题,由于经济变量的现期值和各滞后期值往往高度相关,因此,使用滞后因变量(解释变量)所形成的分布滞后模型就存在一定程度的多重共线性。

(3) 样本数据也会引起多重共线性问题。根据回归模型的假设,因变量(解释变量)是非随机变量,由于收集的数据过窄而造成某些因变量(解释变量)似乎有相同或相反的变化趋势,也就是说因变量(解释变量)即使在总体上不存在线性关系,其样本也可能是线性相关的。在此意义上说,多重共线性是一种样本现象。

一般地,关于多重共线性关系,我们给出如下定义:

定义 7.1 当设计矩阵 X 的列向量间具有近似的线性相关时,即存在不全为 0 的常数 $c_1, c_2 \cdots, c_p$,使得 $c_0 + c_1 x_1 + \cdots + c_p x_p \approx 0$,称各自变量之间有多重共线性关系。

设因变量(解释变量)的相关系数矩阵 $R = X'X$ 的特征根为 $\lambda_1 \geqslant \lambda_2 \geqslant \cdots \geqslant \lambda_p > 0$,由线性代数知识还可知 $\sum_{j=1}^{p} \lambda_j = p$。由于各 λ_j 之和为一常数,而每一 λ_j 均非负,从而当某些 λ_j 较大时,必有某些 λ_j 较小,而其倒数必很大。当 $x_1, x_2 \cdots, x_p$ 存在多重共线性关系时,λ_1 的值将较大,而 λ_p 的值将会变得较小。此时,虽然最小二乘估计 $\hat{\beta}$ 仍为 β 的具有最小方差的线性无偏估计,但是从均方误差的意义来看,$\hat{\beta}$ 并非是 β 的好估计。

在说明上述问题之前,我们需要给出一些定义及相关性质。根据数理统计知识,我们知道均方误差(Mean Squared Error, MSE)是指参数估计值与参数真值之差平方的期望值,记为 MSE,即 θ 为一元未知参数,$\hat{\theta}$ 为其一个参数估计量,则 $MSE(\hat{\theta}) = E(\hat{\theta} - \theta)^2$,当参数估计 $\hat{\theta}$ 是参数 θ 的无偏估计时,$MSE(\hat{\theta})$ 即为 $Var(\hat{\theta})$。MSE 是衡量平均误差的一种较方便的方法,MSE 可以评价数据的变化程度,MSE 的值越小,说明预测模型描述实验数据具有更好的精确度。

本章需要给出参数向量 β 的有偏估计,并且需要将其与最小二乘估计 $\hat{\beta}$ 进行比较,所以,必须定义一个能够进行比较的平台,而以往用于比较无偏估计好坏的有效性显然不能再被使用了。因此,在均方误差意义下对它们进行优劣的比较是可行的。我们首先定义向量 $\hat{\beta} - \beta$ 的范数,下面所讨论的参数和其估计量都是向量。

定义 7.2 设 θ 为参数向量,$\hat{\theta}$ 为 θ 的估计量:

$$\| \hat{\theta} - \theta \| = \sqrt{(\hat{\theta} - \theta)'(\hat{\theta} - \theta)}$$

称为向量 $\hat{\theta} - \theta$ 的范数。即这里的 $\| \cdot \|$ 是向量的**范数**,其平方等于向量各分量的平方和。

定义 7.3 设 θ 为参数向量,$\hat{\theta}$ 为 θ 的估计量,则

$$MSE(\hat{\theta}) = E[(\hat{\theta} - \theta)'(\hat{\theta} - \theta)] = E[\| \hat{\theta} - \theta \|]^2$$

称为 $\hat{\theta}$ 的均方误差。对于线性回归模型来说,参数 β 的最小二乘估计 $\hat{\beta}$ 的均方误差即为 $\sum\limits_{j=0}^{p} \mathrm{Var}(\hat{\beta}_j)$。

为进一步地计算 $MSE(\hat{\theta})$,我们还需要给出如下引理。

引理 7.1 $MSE(\hat{\theta}) = \mathrm{tr}[\mathrm{Cov}(\hat{\theta})] + \| E\hat{\theta} - \theta \|^2$,其中,$\mathrm{tr}(A)$ 为矩阵 A 的迹。

证明:

$$\begin{aligned}
MSE(\hat{\theta}) &= E[(\hat{\theta} - \theta)'(\hat{\theta} - \theta)] \\
&= E[(\hat{\theta} - E\hat{\theta}) + (E\hat{\theta} - \theta)]'[(\hat{\theta} - E\hat{\theta}) + (E\hat{\theta} - \theta)] \\
&= E[(\hat{\theta} - E\hat{\theta})'(\hat{\theta} - E\hat{\theta})] + (E\hat{\theta} - \theta)'(E\hat{\theta} - \theta) \\
&= \Delta_1 + \Delta_2
\end{aligned}$$

对于可乘矩阵 $A_{m \times n}$ 和 $B_{n \times m}$,$\mathrm{tr}(AB) = \mathrm{tr}(BA)$,所以,

$$\begin{aligned}
\Delta_1 &= E[\mathrm{tr}(\hat{\theta} - E\hat{\theta})'(\hat{\theta} - E\hat{\theta})] \\
&= E[\mathrm{tr}(\hat{\theta} - E\hat{\theta})(\hat{\theta} - E\hat{\theta})'] \\
&= \mathrm{tr}E[(\hat{\theta} - E\hat{\theta})(\hat{\theta} - E\hat{\theta})'] \\
&= \mathrm{tr}\mathrm{Cov}(\hat{\theta})
\end{aligned}$$

而 $$\Delta_2 = (E\hat{\theta} - \theta)'(E\hat{\theta} - \theta) = \| E\hat{\theta} - \theta \|^2$$

上述引理说明,$\hat{\theta}$ 的均方误差可以分解为两项之和,其中一项为 $\hat{\theta}$ 的各分量方差之和,另一项为 $\hat{\theta}$ 的各分量偏差的平方和。即估计量 $\hat{\theta}$ 的均方误差是由它各分量的方差和偏差所决定。好的估计量的各分量的方差和偏差都应该较小。

回到线性回归问题,我们设对应于特征根 $\lambda_1 \geqslant \lambda_2 \geqslant \cdots \geqslant \lambda_p > 0$ 的单位化的相互正交的特征向量为 l_1, $l_2 \cdots$, l_p。

记以特征根为对角元的对角阵为:

$$\Lambda = \begin{pmatrix} \lambda_1 & & & \\ & \lambda_2 & & \\ & & \ddots & \\ & & & \lambda_p \end{pmatrix} \tag{7.4}$$

并且记以特征向量为列向量的正交阵为:

$$L = (l_1 \quad l_2 \quad \cdots \quad l_p) \tag{7.5}$$

则最小二乘估计 $\hat{\beta}$ 的均方误差为:

$$MSE(\hat{\beta}) = E[(\hat{\beta} - \beta)'(\hat{\beta} - \beta)] = \sigma^2 \sum_{i=1}^{p} \frac{1}{\lambda_i} \tag{7.6}$$

且

$$\mathrm{Var}[(\hat{\beta} - \beta)'(\hat{\beta} - \beta)] = 2\sigma^4 \sum_{i=1}^{p} \frac{1}{\lambda_i^2} \tag{7.7}$$

这是因为

$$MSE(\hat{\beta}) = \mathrm{trCov}(\hat{\beta}) = \sigma^2 \mathrm{tr}(X'X)^{-1} = \sigma^2 \mathrm{tr}(L'\Lambda L)^{-1}$$
$$= \sigma^2 \mathrm{tr}(L\Lambda^{-1}L') = \sigma^2 \mathrm{tr}(\Lambda^{-1}L'L) = \sigma^2 \mathrm{tr}(\Lambda^{-1})$$
$$= \sigma^2 \sum_{i=1}^{p} \frac{1}{\lambda_i}$$

根据 Graham M H(2003)

$$\mathrm{Var}[(\hat{\beta} - \beta)'(\hat{\beta} - \beta)] = 2\sigma^4 \mathrm{tr}(X'X)^{-1}(X'X)^{-1}$$
$$= 2\sigma^4 \mathrm{tr}(\Lambda^{-2}) = 2\sigma^4 \sum_{i=1}^{p} \frac{1}{\lambda_i^2}$$

因此,根据(7.6)、(7.7)式,当 x_1, $x_2 \cdots$, x_p 存在多重共线性关系时,由于特征根 $\lambda_1 \geqslant \lambda_2 \geqslant \cdots \geqslant \lambda_p > 0$ 中,从某个 λ_j 开始,都会变得很小。这样,上述两式给出了向量 $\hat{\beta} - \beta$ 长度平方的期望值和方差。由于它们都依赖于特征根。由此,向量 $\hat{\beta} - \beta$ 的范数均值将很大,并且其波动也很大。这样,最小二乘估计 $\hat{\beta}$ 仍为 β 的具

有最小方差的线性无偏估计，但是范数 $\parallel \hat{\beta}-\beta \parallel^2$ 的均值和方差都很大，$\hat{\beta}$ 已经变得很差了。

在后面讨论有偏估计性质时，需要把回归模型进行变形，主要通过变换使得转换后模型的设计矩阵 Z 满足 $Z'Z$ 是对角矩阵，此时，模型的参数向量 β 也将发生变化。而转换后的参数向量实际上是原参数向量 β 的一个线性变换，我们关心的是其统计性质是否与原参数向量 β 一致，下面给出回归模型的典则形式及相应的性质。

定义 7.4 设回归模型 $Y=X\beta+\varepsilon$，我们可将其写为：

$$Y=Z\alpha+\varepsilon \tag{7.8}$$

其中，$Z=XL$，$\alpha=L'\beta$。这里，L 为(7.5)式所给，(7.8)式称为回归模型的**典则形式**。

对于回归模型的典则形式，我们可以得到对于均方误差来说，回归模型典则形式的参数向量 α 的最小二乘估计 $\hat{\alpha}$ 与原模型参数向量 β 的最小二乘估计 $\hat{\beta}$ 是相等的。

引理 7.2 回归模型典则形式的参数向量 α 的最小二乘估计 $\hat{\alpha}$ 与原模型参数向量 β 的最小二乘估计 $\hat{\beta}$ 均方误差相等，即：

$$MSE(\hat{\alpha})=MSE(\hat{\beta})$$

证明：

$$MSE(\hat{\alpha})=MSE(L'\hat{\beta})=\mathrm{trCov}(L'\hat{\beta})=\mathrm{tr}[L'\mathrm{Cov}(\hat{\beta})L]$$
$$=\mathrm{tr}[\mathrm{Cov}(\hat{\beta})LL']=\mathrm{trCov}(\hat{\beta})=MSE(\hat{\beta})$$

上述结论对本章提出的其他有偏估计也成立。

这样，判断解释变量 x_1，x_2，$\cdots$，x_p 间是否存在多重共线性关系是一个很重要的问题。对此，有多种准则，较为常用的有：

1）特征分析法

假设 X 呈"病态"，则 $R=X'X$ 至少有一个特征根接近于零。不妨设后 $p-r$ 个特征根 λ_{r+1}，$\cdots$，$\lambda_p \approx 0$，记 l_{r+1}，$\cdots$，l_p 为与它们对应的单位化的相互正交的特征向量，则

$$Xl_i \approx 0, \ i=r+1, \cdots, p \tag{7.9}$$

若令 $l'_i=(l_{1i}, \cdots, l_{pi})$，则有：

$$l_{1i}X + l_{2i}X + \cdots + l_{pi}X \approx 0, \quad i = r+1, \cdots, p \tag{7.10}$$

这是 $p-r$ 个多重共线性关系。由此可见，$X'X$ 有多少个特征根接近于零，设计矩阵 X 就有多少个多重共线性关系，并且这些多重共线性关系的系数向量就是接近于零的那些特征根对应的特征向量。

特征分析法计算简单，且很容易地给出全部的多重共线性关系。但是，$X'X$ 的特征根"很接近于零"是一个很模糊的说法，在应用上较难掌握。

2）条件数

R 矩阵的**条件数**

$$k = \frac{\lambda_1}{\lambda_p} \tag{7.11}$$

如果 $k < 100$，则认为解释变量 $x_1, x_2, \cdots, x_p$ 间不存在多重共线性关系。

如果 $100 \leqslant k \leqslant 1\,000$，则认为解释变量 $x_1, x_2, \cdots, x_p$ 间存在中等程度或较强的多重共线性关系。

如果 $k > 1\,000$，则认为解释变量 $x_1, x_2, \cdots, x_p$ 间存在严重的多重共线性关系。

为了说明上述方法的使用，我们给出如下例子。

例7.4 Webster、Gunst 和 Mason 在研究回归系数的特征根估计时，构造下面的例子。此例子含有六个解释变量 $x_1, x_2, \cdots, x_6$ 和因变量 y。表7.4 给出了原始数据。

表 7.4 **Webster-Gunst-Mason 非中心标准化数据**

数据号	y	x_1	x_2	x_3	x_4	x_5	x_6
1	10.006	8.000	1.000	1.000	1.000	0.541	−0.099
2	9.737	8.000	1.000	1.000	0.000	0.130	0.070
3	15.087	8.000	1.000	1.000	0.000	2.116	0.115
4	8.422	0.000	0.000	9.000	1.000	−2.397	0.252
5	8.625	0.000	0.000	9.000	1.000	−0.046	0.017
6	16.289	0.000	0.000	9.000	1.000	0.365	1.504
7	5.958	2.000	7.000	0.000	1.000	1.996	−0.865
8	9.313	2.000	7.000	0.000	1.000	0.228	−0.055

（续表）

数据号	y	x_1	x_2	x_3	x_4	x_5	x_6
9	12.960	2.000	7.000	0.000	1.000	1.380	0.502
10	5.541	0.000	0.000	0.000	10.000	−0.798	−0.399
11	8.756	0.000	0.000	0.000	10.000	0.257	0.101
12	10.937	0.000	0.000	0.000	10.000	0.440	0.432

共有 12 组数据，除第一组外，其余 11 组数据满足线性关系

$$x_1 + x_2 + x_3 + x_4 = 10 \tag{7.12}$$

将数据中心标准化，并且仍用 x_1，x_2，$\cdots$，x_6 表示，设 ε_1，ε_2，$\cdots$，ε_{12} 为从正态随机数表产生的 12 个数，则 ε_1，ε_2，$\cdots$，ε_{12} 为来自 $N(0, 1)$ 的独立样本。

根据关系

$$y = 10 + 2.0x_{1i} + 1.0x_{2i} + 0.2x_{3i} - 2.0x_{4i} + 3.0x_{5i} + 10.0x_{6i} + \varepsilon_i,$$
$$i = 1, 2, \cdots, 12 \tag{7.13}$$

算出因变量 y 的 12 个观测值。这些值列在表 7.4 中。我们得到一个正态线性回归模型，对于此模型，$X'X$ 为：

$$\begin{bmatrix} 1.000 & 0.052 & -0.343 & -0.498 & 0.417 & -0.192 \\ & 1.000 & -0.432 & -0.371 & 0.485 & -0.317 \\ & & 1.000 & -0.355 & -0.505 & 0.494 \\ & & & 1.000 & -0.215 & -0.087 \\ & & & & 1.000 & -0.123 \\ & & & & & 1.000 \end{bmatrix}$$

它的六个特征根分别为：

$$\lambda_1 = 2.248\,79, \quad \lambda_2 = 1.546\,15, \quad \lambda_3 = 0.922\,08$$
$$\lambda_4 = 0.793\,99, \quad \lambda_5 = 0.307\,89, \quad \lambda_6 = 0.001\,11$$

条件数为：

$$k = \frac{\lambda_1}{\lambda_6} = \frac{2.248\,79}{0.001\,11} = 2\,025.94$$

因为 $k > 1\,000$，所以，我们认为解释变量 x_1，x_2，$\cdots$，x_6 间存在严重的多重共线

性关系。表 7.5 列出了 $X'X$ 的标准正交化的特征向量。

表 7.5　Webster-Gunst-Mason 数据的特征向量

l_1	l_2	l_3	l_4	l_5	l_6
−0.390 72	−0.339 68	0.679 80	0.079 90	−0.251 04	−0.447 68
−0.455 60	−0.053 92	−0.700 13	0.057 69	−0.344 47	−0.421 14
0.482 64	−0.453 33	−0.160 78	0.191 03	0.453 64	−0.541 69
0.187 66	0.735 47	0.135 87	−0.276 45	0.015 21	−0.573 37
−0.497 73	−0.097 14	−0.031 85	−0.563 56	0.651 28	−0.006 05
0.351 95	−0.354 76	−0.486 4	−0.748 18	−0.433 75	−0.002 17

因为特征根 $\lambda_6 = 0.001\ 11 \approx 0$，则以 l_6 为系数的关系

$$-0.447\ 68x_1 - 0.421\ 14x_2 - 0.541\ 69x_3 - 0.573\ 37x_4$$
$$-0.006\ 05x_5 - 0.002\ 17x_6 \approx 0$$

就是一个共线性关系。注意到 x_5 和 x_6 的系数相对于前四个系数都十分小，把它们略去，得到：

$$-0.447\ 68x_1 - 0.421\ 14x_2 - 0.541\ 69x_3 - 0.573\ 37x_4 \approx 0 \tag{7.14}$$

又因为 x_1、x_2、x_3、x_4 的系数比较接近，因为这个共线性关系就体现了我们原来构造数据时所用的关系(7.13)。因为第一组数据并不满足(7.12)，所以，(7.14)与(7.12)不尽相同。

3）方差扩大因子

记 R^{-1} 中的对角元为 r^{jj}，$j = 1, 2, \cdots, p$，称为**方差扩大因子**。若记 x_j 关于其他 $p-1$ 个解释变量的复相关系数为 R_j，则 $r^{jj} = \dfrac{1}{1 - R_j^2}$，记

$$VIF = \max_j \{r^{jj}\} \tag{7.15}$$

如果 $VIF < 5$，则认为解释变量 $x_1, x_2, \cdots, x_p$ 间不存在多重共线性关系。

如果 $5 \leqslant VIF \leqslant 10$，则认为解释变量 $x_1, x_2, \cdots, x_p$ 间存在中等程度或较强的多重共线性关系。

如果 $VIF > 10$，则认为解释变量 $x_1, x_2, \cdots, x_p$ 间存在严重的多重共线性关系。

我们继续例 7.4,说明方差扩大因子的使用方法。

例 7.5 (续例 7.4)对于 Webster-Gunst-Mason 的数据,方差扩大因子如表 7.6。

表 7.6 Webster-Gunst-Mason 数据的方差扩大因子

自变量	x_1	x_2	x_3	x_4	x_5	x_6
方差扩大因子 C_{jj}	182.05	161.36	266.26	297.72	1.92	1.46

方差扩大因子的最大值 $297.72 \gg 10$,可见模型存在严重的多重共线性关系。从表 7.6 看出,$VIF > 10$ 的四个自变量对应于例 7.4 中的多重共线性关系(7.12)所含的四个自变量。这个事实容易从关系式 $C_{jj} = (1 - R_j)^{-1}$ 及 R_j 的统计意义得到解释。推广到一般情况,即凡方差扩大因子超过 10 的自变量,都含在某个多重共线性关系中。

多重共线性产生的原因可能是多种多样的。常见的原因如下:

一种是由于数据收集的局限性造成的,直观上,如果设计矩阵 X 的 p 个列向量 $X_1, X_2, \cdots, X_p$ 近似地都落在维数低于 p 的 R^n 的超平面内,X 的 p 个列向量就有多重共线性。这样产生的多重共线性是非本质的,可以通过进一步收集数据得到克服。

另一种产生的多重共线性是自变量之间客观上就有近似的线性相关关系。当处理含自变量较多的大型回归问题时,由于人们对自变量之间的关系缺乏认识,很可能把一些有多重共线性的自变量引入回归方程,这种情况往往是无法克服的。这时需要寻找新的估计方法。我们需要对最小二乘估计作改进,改进方法可以从两方面着手,一方面,从减小 $MSE(\hat{\beta})$ 着手,岭估计就是这种方法;另一方面,从消除自变量间的多重共线性入手,主成分估计就是其中的一个方法。此外,还有广义岭估计和均匀压缩估计(Stein 估计)等方法。本章将重点介绍较常用的岭估计和主成分估计,同时介绍其他的估计方法。

§7.2 岭估计

7.2.1 定义及其性质

岭估计(Ridge estimate)是由 Hoerl 于 1962 年首先提出的,1970 年,Hoerl 和

Kennard 在此基础上进一步给予系统的讨论。自 1970 年以来,这种估计的研究和应用得到广泛的重视,目前已经成为最有影响的有偏估计。

岭估计提出的想法很自然。当 x_1, x_2, $\cdots$, x_p 间存在多重共线性关系时,也就是 $|X'X| \approx 0$,我们设想给 $X'X$ 加上一个正常数矩阵 $k \cdot I(k > 0)$, $(X'X + k \cdot I)^{-1}$ 接近奇异的可能性就要比 $(X'X)^{-1}$ 接近奇异的可能性小得多,因此用

$$\hat{\beta}(k) = (X'X + k \cdot I)^{-1} X'y \tag{7.16}$$

作为 β 的估计应该比最小二乘估计稳定。为此,我们可以给出岭估计的定义。

定义 7.5 设 $0 \leqslant k < \infty$,满足(7.16)式的 $\hat{\beta}(k)$ 称为 β 的**岭估计**。由 β 的岭估计建立的回归方程称为**岭回归方程**。其中,k 称为**岭参数**。对于回归系数 $\hat{\beta}(k) = (\hat{\beta}_1(k), \cdots, \hat{\beta}_p(k))'$ 的每一个分量 $\hat{\beta}_j(k)$ 来说,在直角坐标系中 $k - \hat{\beta}_j(k)$ 的图像称为**岭迹**。

由定义 7.5 可知,$\hat{\beta}(k)$ 仍为 β 的线性估计。当 $k = 0$ 时,$\hat{\beta}(0)$ 即为原来的最小二乘估计。

下面介绍岭估计的一些重要性质。

性质 7.1 $\hat{\beta}(k)$ 是 β 的有偏估计。

证明:

$$\begin{aligned} E[\hat{\beta}(k)] &= E[(X'X + k \cdot I)^{-1} X'y] \\ &= (X'X + k \cdot I)^{-1} X'E(y) \\ &= (X'X + k \cdot I)^{-1} X'X\beta \end{aligned} \tag{7.17}$$

显然,只有 $k = 0$ 时,$E[\hat{\beta}(k)] = \beta$;当 $k \neq 0$ 时,$\hat{\beta}(k)$ 是 β 的有偏估计。

性质 7.2 $\hat{\beta}(k) = (X'X + k \cdot I)^{-1} X'y$ 是最小二乘估计的一个线性变换。

证明: 因为 $\hat{\beta}(k) = (X'X + k \cdot I)^{-1} X'y = (X'X + k \cdot I)^{-1} X'X (X'X)^{-1} X'y$
$$= (X'X + k \cdot I)^{-1} X'X\hat{\beta}$$

因此,岭估计 $\hat{\beta}(k)$ 是最小二乘估计的一个线性变换。

性质 7.3 对于任意 $k > 0$,$\| \hat{\beta} \| \neq 0$,总有

$$\| \hat{\beta}(k) \| < \| \hat{\beta} \| \tag{7.18}$$

证明: 对于回归模型的典则形式(7.8),由于 $Z'Z = L'X'XL = \Lambda$,所以,由(7.8)导出的 α 的最小二乘估计为:

$$\hat{\alpha} = \Lambda^{-1} Z'Y \tag{7.19}$$

而 β 最小二乘估计 $\hat{\beta}$ 与 $\hat{\alpha}$ 有如下关系：

$$\hat{\beta} = L\hat{\alpha} \tag{7.20}$$

相应的岭估计分别是：

$$\hat{\alpha}(k) = (\Lambda + k \cdot I)^{-1} Z'Y \tag{7.21}$$

和

$$\hat{\beta}(k) = L\hat{\alpha}(k) \tag{7.22}$$

所以，有：

$$\| \hat{\beta}(k) \| = \| \hat{\alpha}(k) \| = \| (\Lambda + k \cdot I)^{-1} \Lambda \hat{\alpha} \| < \| \hat{\alpha} \| = \| \hat{\beta} \|$$

性质 7.3 表明，$\hat{\beta}(k)$ 是对 $\hat{\beta}$ 向原点的压缩。这是因为

$$MSE(\hat{\beta}) = E[(\hat{\beta} - \beta)'(\hat{\beta} - \beta)] = E[\beta'\beta] - \beta'\beta$$

由(7.6)式

$$E \| \hat{\beta}(k) \|^2 = \| \beta \|^2 + MSE(\hat{\beta}) = \| \beta \|^2 + \sigma^2 \sum_{i=1}^{p} \frac{1}{\lambda_i} \tag{7.23}$$

当设计矩阵 X 呈"病态"时，(7.23)式的第二项将会很大，所以，平均来说，最小二乘估计 $\hat{\beta}$ 偏长，对它作适当的压缩是应该的。这从另一个侧面说明了岭估计的合理性。性质 7.4 从均方误差意义上说明岭估计要优于最小二乘估计。

性质 7.4 必存在一个 $k > 0$，使 $MSE(\hat{\beta}(k)) < MSE(\hat{\beta}(0))$。

证明：根据(7.22)式，我们只需证明，存在一个 $k > 0$，使 $MSE(\hat{\alpha}(k)) < MSE(\hat{\alpha}(0))$ 即可。因为

$$\text{Cov}(\hat{\alpha}(k)) = \sigma^2 (\Lambda + k \cdot I)^{-1} \Lambda (\Lambda + k \cdot I)^{-1}$$

$$E(\hat{\alpha}(k)) = (\Lambda + k \cdot I)^{-1} Z'Z\alpha$$

$$= (\Lambda + k \cdot I)^{-1} \Lambda\alpha$$

并且

$$MSE(\hat{\alpha}(k)) = \text{trCov}(\hat{\alpha}(k)) + \| E[\hat{\alpha}(k)] - \alpha \|$$

$$= \sigma^2 \sum_{i=1}^{p} \frac{\lambda_i}{(\lambda_i + k)^2} + k^2 \sum_{i=1}^{p} \frac{\alpha_i^2}{(\lambda_i + k)^2}$$

$$\triangleq g_1(k) + g_2(k) \triangleq g(k) \tag{7.24}$$

上述函数关于 k 求导,得:

$$g'_1(k) = -2\sigma^2 \sum_{i=1}^{p} \frac{\lambda_i}{(\lambda_i + k)^3} \tag{7.25}$$

$$g'_2(k) = 2k \sum_{i=1}^{p} \frac{\lambda_i \alpha_i^2}{(\lambda_i + k)^3} \tag{7.26}$$

因为 $g'_1(0) < 0$,$g'_2(0) = 0$,所以,$g'(0) < 0$。而 $g'_1(k)$ 和 $g'_2(k)$ 在 $k \geqslant 0$ 上都连续,因此,当 $k > 0$ 且充分小时,有 $g'(k) = g'_1(k) + g'_2(k) < 0$。则我们证明了,在 $k > 0$ 且充分小时,$g(k) = MSE(\hat{\alpha}(k))$ 是减函数。故存在 $k > 0$,使得 $g(k) < g(0)$,即 $MSE(\hat{\alpha}(k)) < MSE(\hat{\alpha}(0))$,从而我们证明了性质 7.4。

7.2.2 岭参数 k 的选择

我们引进岭估计的目的是为了减少均方误差。性质 7.4 指出了这样的岭估计的存在性,从 $g'(k) = g'_1(k) + g'_2(k)$ 的表达式来看,关于最优的 k 的选择不但依赖于模型的未知参数 β、σ^2,而且这种依赖关系没有显著表示。这就使得对于 k 值的确定变得非常困难。到目前为止,已经提出多种确定 k 值的方法,但是,在这些已经提出的方法中,还没有找到一种最优的确定 k 值的方法。下面介绍几种常用的 k 值的确定方法。

1) 岭迹法

岭估计 $\hat{\beta}(k) = (X'X + k \cdot I)^{-1} X'y$ 的分量 $\hat{\beta}_i(k)$ 作为 k 的函数,当 k 在 $[0, +\infty)$ 变化时,在平面直角坐标系中 $k - \hat{\beta}_j(k)$ 所描绘的图像称为**岭迹**。利用岭迹可以选择 k,其原则如下:

(1) 各回归系数的岭估计基本稳定;

(2) 用最小二乘估计时符号不合理的回归系数,其岭估计的符号将变得合理;

(3) 回归系数没有不合理的符号;

(4) 残差平方和增大不太多。

关于岭迹的计算问题,如果按照其定义计算,关于每一个 k 都要计算一次逆矩阵 $(X'X + k \cdot I)^{-1}$,这将有很大的计算量。我们可以利用 $\hat{\beta}(k)$ 的其他形式进行计算,因为

$$\hat{\beta}(k) = (L\Lambda L' + k \cdot I)^{-1} X'y$$
$$= L(\Lambda + k \cdot I)^{-1} L'X'y$$
$$= \sum_{i=1}^{p} \left(\frac{1}{\lambda_i + k}\right) l_i l_i' X'y$$

则根据 $X'X$ 的特征根和特征向量 λ_i、l_i, $i = 1, 2, \cdots, p$, 我们可以很容易计算出岭迹。

岭迹法与传统的基于残差的方法相比, 在概念上是完全不同的。因此, 对我们分析问题提供了一种新的思想方法, 对分析各个变量之间的作用和关系也是有帮助的。

岭迹法也有它的缺点, 它缺少严格的令人信服的理论依据, k 值的确定具有一定的主观随意性。

2) 方差扩大因子法

在 7.1 节中, 我们引入了方差扩大因子概念, 方差扩大因子 r^{jj} 可以用来度量多重共线性关系的严重程度。一般地, 当 $r^{jj} > 10$ 时, 模型的多重共线性关系就严重了。如果计算 $\hat{\beta}(k)$ 的协方差, 得:

$$\mathrm{Cov}(\hat{\beta}(k)) = \sigma^2 (X'X + k \cdot I)^{-1} X'X (X'X + k \cdot I)^{-1} \tag{7.27}$$
$$= \sigma^2 (R^{ij}(k))$$

(7.27) 式中矩阵 $R^{ij}(k)$ 的对角元 $r^{jj}(k)$ 就是岭估计的方差扩大因子。不难看出, $r^{jj}(k)$ 随着 k 的增大而减少。应用方差扩大因子选择 k 的经验做法是, 选择 k 使所有的方差扩大因子 $r^{jj} \leqslant 10$ 时, 所对应的 k 值的岭估计 $\hat{\beta}(k)$ 就会相对稳定。

3) Hoerl-Kennad 公式

在线性回归模型

$$Y = X\beta + \varepsilon$$

中, 设 X 已经中心化, 我们可将其写为:

$$Y = Z\alpha + \varepsilon$$

其中, $Z = XL$, $\alpha = L'\beta$。这里, L 为 (7.5) 式所给。由于 $Z'Z = L'X'XL = \Lambda = \mathrm{diag}(\lambda_1, \cdots, \lambda_p)$, 这时, α 的最小二乘估计和岭估计分别为:

$$\hat{\alpha} = \Lambda^{-1} Z'Y, \quad \hat{\alpha}(k) = (\Lambda + k \cdot I)^{-1} Z'Y$$

Hoerl-Kennad 于 1970 年提出

$$k = \hat{\sigma}^2 / \max \hat{\alpha}_i^2 \tag{7.28}$$

当 σ^2 和 α 已知时,这样选择的 k 比最小二乘估计有较小的均方误差。

4) Mcdorard-Garaneau 法

我们知道,当 X 呈病态时,最小二乘估计 $\hat{\beta}$ 偏长。Mcdorard 和 Garaneau 把 $\hat{\beta}$ 的长度平方 $\| \hat{\beta} \|^2$ 与 $MSE(\hat{\beta})$ 的估计 $\hat{\sigma}^{-2} \sum_{i=1}^{p} \lambda_i^{-1}$ 作比较,如果

$$Q = \| \hat{\beta} \|^2 - \hat{\sigma}^{-2} \sum_{i=1}^{p} \lambda_i^{-1} > 0 \tag{7.29}$$

则认为 $\hat{\beta}$ 太长,需要对其进行压缩。压缩量由 $\hat{\sigma}^{-2} \sum_{i=1}^{p} \lambda_i^{-1}$ 决定。Mcdorard 和 Garaneau 建议选择 k,使得

$$\| \hat{\beta} \|^2 - \| \hat{\beta}(k) \|^2 \approx \hat{\sigma}^{-2} \sum_{i=1}^{p} \lambda_i^{-1}$$

即选择 k,使得

$$\| \hat{\beta}(k) \|^2 \approx \| \hat{\beta} \|^2 - \hat{\sigma}^{-2} \sum_{i=1}^{p} \lambda_i^{-1} = Q \tag{7.30}$$

如果 $Q \leqslant 0$,则认为 $\hat{\beta}$ 不算太长,此时,对 $\hat{\beta}$ 不进行压缩,选择 $k = 0$。

7.2.3 岭迹分析

前面已经利用岭迹来确定 k 的值,我们将进一步地讨论岭迹问题。岭迹是分析自变量的作用、相互关系以及进行自变量选择的一种工具。下面我们给出几个有代表性的情况来说明岭迹分析的作用,见图 7.3。

(1) 在图 7.3(a) 中,$\hat{\beta}_i = \hat{\beta}_i(0) > 0$ 且比较大,从最小二乘回归的观点来说,应将 x_i 视为对于因变量 y 有重要影响的因素。但是,从岭迹来看,$\hat{\beta}_2(k)$ 显示出相当不稳定,当 k 从零开始略增加时,$\hat{\beta}_i(k)$ 显著地下降,而且迅速趋于零,因而失去了"预报能力"。因此,从岭迹回归的观点来看,x_i 对于因变量 y 不起重要影响,甚至可以去掉这个自变量。

(2) 与 7.3(a) 相反的情况如图 7.3(b) 所示。$\hat{\beta}_i = \hat{\beta}_i(0) > 0$ 但很小。从最小二乘回归的观点来说,x_i 对于因变量 y 的作用不大。但是,随着 k 略增加时,$\hat{\beta}_i(k)$

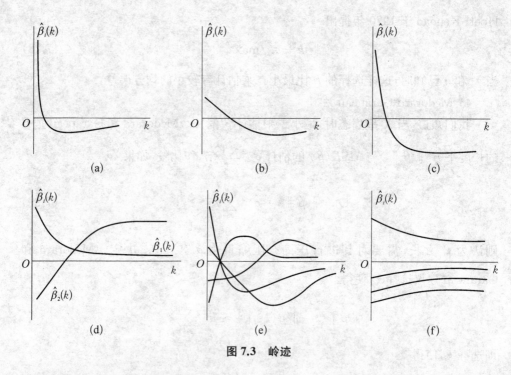

图 7.3　岭迹

骤然变为负的,且绝对值还比较大。从岭迹回归的观点来看,x_i 对于因变量 y 有显著影响。

（3）第三种情况如图 7.3(c)所示,$\hat{\beta}_i = \hat{\beta}_i(0) > 0$ 比较大,但当 k 增加时迅速下降且稳定为负值。从最小二乘回归看,x_i 是对因变量 y 有"正"影响的重要因素。而从岭迹回归的观点来看,x_i 要被看作因变量 y 有"负"影响的因素。

（4）另一种情况如图 7.3(d)所示。这里的 $\hat{\beta}_1(k)$ 和 $\hat{\beta}_2(k)$ 都不稳定,但其和却大体上变动不大。这种情况往往发生在自变量 x_1 和 x_2 相关性很大的场合,即 x_1 与 x_2 之间存在多重共线性关系的场合。因此,从变量的选择来看,两者只要保留其中一个就可以了。

（5）从全局来看,岭迹分析可以用来估价在某一具体场合最小二乘估计是否合用。如图 7.3(e),所有的岭迹不稳定程度很大,整个"系统"呈现比较"乱"的局面,往往就使人怀疑最小二乘估计是否很好地反映了真实情况。反过来,若情况如图 7.3(f)那样,则我们对于最小二乘估计可以有更大的信心。有时介于图 7.3(e)、图 7.3(f)之间的,此时,我们必须适当地选择 k 值。

如果把岭迹应用到回归模型的自变量选择中来,其基本原则如下:

(1) 去掉岭回归系数比较稳定且绝对值比较小的自变量。这里的岭回归系数可以直接比较大小,因为设计矩阵 X 是假定已经中心标准化的。

(2) 去掉岭回归系数不稳定但随着 k 的增加迅速趋于零的自变量。

(3) 去掉一个或若干个具有不稳定岭回归系数的自变量。如果不稳定的岭回归系数很多,究竟去掉几个,去掉哪几个,并无一般性的原则可以遵循。这需要结合已经找出的多重共线性关系以及去掉后重新进行岭回归分析的效果来决定。

为了说明上述方法,我们给出一个例子。

例 7.6(续例 7.2)设 x_1、x_2、x_3 以及 y 的标准化变量为 x'_1、x'_2、x'_3 以及 y'。标准化回归方程为:

$$\hat{y}' = \hat{\beta}'_1 x'_1 + \hat{\beta}'_2 x'_2 + \hat{\beta}'_3 x'_3$$

对于不同的 k 值,求得的系数 $\hat{\beta}'_1$、$\hat{\beta}'_2$、$\hat{\beta}'_3$ 及对应原变量的残差平方和在表 7.7 中,岭迹图见 7.4。

表 7.7

k	$\hat{\beta}'_1$	$\hat{\beta}'_2$	$\hat{\beta}'_3$	$S_{残}$
0.000	-0.339	0.213	1.303	1.673
0.001	-0.117	0.215	1.080	1.728
0.002	0.010	0.216	0.952	1.809
0.003	0.092	0.217	0.870	1.881
0.004	0.150	0.217	0.811	1.941
0.005	0.193	0.217	0.768	1.990
0.006	0.225	0.217	0.735	2.031
0.007	0.251	0.217	0.709	2.006
0.008	0.272	0.217	0.687	2.095
0.009	0.290	0.217	0.669	2.120
0.010	0.304	0.217	0.654	2.142
0.020	0.379	0.216	0.575	2.276
0.030	0.406	0.214	0.543	2.352
0.040	0.420	0.213	0.525	2.416
0.050	0.427	0.211	0.513	2.480
0.060	0.432	0.209	0.504	2.548
0.070	0.434	0.207	0.497	2.623
0.080	0.436	0.206	0.491	2.705
0.090	0.436	0.204	0.486	2.794

(续表)

k	$\hat{\beta}'_1$	$\hat{\beta}'_2$	$\hat{\beta}'_3$	$S_{残}$
0.100	0.436	0.202	0.481	2.890
0.200	0.426	0.186	0.450	4.236
0.300	0.411	0.173	0.427	6.155
0.400	0.396	0.161	0.408	8.489
0.500	0.381	0.151	0.391	11.117
0.600	0.367	0.142	0.376	13.947
0.700	0.354	0.135	0.361	16.911
0.800	0.342	0.128	0.348	19.957
0.900	0.330	0.121	0.336	23.047
1.000	0.319	0.115	0.325	26.149

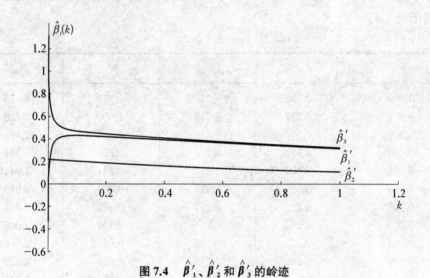

图 7.4　$\hat{\beta}'_1$、$\hat{\beta}'_2$ 和 $\hat{\beta}'_3$ 的岭迹

从岭迹图 7.4 可以看到,取 $k = 0.04$ 时,三条岭迹均已较平稳了,故可取 $k = 0.04$,建立岭迹回归方程,此时,标准化方程为:

$$\hat{y}' = 0.420x'_1 + 0.213x'_2 + 0.525x'_3$$

因为 $\bar{x}_1 = 194.59$, $\bar{x}_2 = 3.30$, $\bar{x}_3 = 139.74$, $\bar{y} = 21.89$, $\sigma_{x_1} = 94.87$, $\sigma_{x_2} = 5.22$, $\sigma_{x_3} = 65.25$, $\sigma_y = 14.37$,将标准化回归方程还原后,得:

$$\hat{y} = -0.855\,37 + 0.063x_1 + 0.585\,9x_2 + 0.115x_3$$

上述回归方程显然可得到合理的经济解释,这说明用岭回归方程克服了普通最小二乘法的不足之处。

例 7.7 我国财政收入的主要来源为各项税收收入、国有企业上缴利润和政府提供服务所得收入,其中,税收收入近年来的比重高达 93%,政府提供服务所得收入占 8% 左右,而来自企业的收入一直处于补贴状态。所以,理论上,我国财政收入应该取决于税收贡献大的部门,由此可建立国家财政收入回归模型:以 1978—2001 年间我国财政收入 y 为因变量,选取农业增加值 x_1、工业增加值 x_2、建筑业增加值 x_3、第三产业增加值 x_4、社会消费总额 x_5(以上变量单位为亿元)、受灾面积 x_6(万公顷)、人口数 x_7(万人)为自变量,数据来自《中国统计年鉴》。

首先做因变量 y 与各自变量之间的相关分析,y 与 x_1、x_2、x_3、x_4、x_5 的相关系数都在 0.9 以上,和 x_7 的相关系数为 0.858,均与 y 高度线性相关,x_6 与 y 的相关系数最小,为 0.551,但在初步建模时还是应将其包含在内。用最小二乘法做 y 与 7 个自变量的多元线性回归,得到回归方程(括号内为相应自变量 t 检验的 P 值):

$$\hat{y} = -4\,771.928 - 1.063x_1 + 0.039x_2 - 0.718x_3 - 0.209x_4$$
$$\qquad\qquad (0.000) \quad (0.851) \quad (0.304) \quad (0.304)$$

$$+ 0.653x_5 - 0.010x_6 + 0.063x_7$$
$$(0.001) \quad (0.417) \quad (0.040)$$

复决定系数为 0.998,F 检验高度显著($F = 943.355$,$P = 0.000$),说明模型整体拟合效果不错,但是在回归系数的显著性检验中 x_2、x_3、x_4 和 x_6 的回归系数都无法通过($\alpha = 0.05$),并且回归方程中有 4 个回归系数为负值,这显然与经济意义不符,说明用所有 7 个自变量做回归效果不好。为了证实各变量间是否存在多重共线性,用方差扩大因子法和特征根判别法进行诊断。经计算,7 个自变量的方差扩大因子(VIF)分别为 110.689、2 821.057、776.950、28.849、3 356.029、2.387、1 517.670。除 x_6 以外,其他变量的方差扩大因子都远远超过 10,说明存在严重的多重共线性。在表 7.8 中,最大的条件数为 300.674,也说明自变量间存在严重的多重共线性。而且由方差比例表可以粗略判定,第七行中,x_1、x_4、x_7 的方差比例值同时较大,分别为 0.63、0.72、0.72,第八行中,x_2、x_5 的方差比例值同时较大,分别为 0.84、0.83,说明这几个自变量之间存在多重共线性。

表 7.8　所有自变量回归的多重共线性诊断结果

Dimension	Eigenvalue	Condition Index	Variance Proportions							
			(Constant)	x_1	x_2	x_3	x_4	x_5	x_6	x_7
1	7.094	1.000	0.00	0.00	0.00	0.00	0.00	0.00	0.00	0.00
2	0.884	2.833	0.00	0.00	0.00	0.00	0.00	0.00	0.00	0.00
3	1.068E-02	25.768	0.00	0.19	0.00	0.00	0.00	0.00	0.19	0.00
4	8.766E-03	28.447	0.01	0.09	0.00	0.00	0.00	0.00	0.44	0.00
5	1.880E-03	61.434	0.01	0.00	0.01	0.11	0.02	0.00	0.11	0.02
6	4.140E-04	130.902	0.03	0.05	0.11	0.67	0.05	0.05	0.01	0.05
7	1.153E-04	248.051	0.82	0.63	0.04	0.05	0.72	0.12	0.10	0.72
8	7.847E-05	300.674	0.13	0.04	0.84	0.17	0.21	0.83	0.14	0.21

　　共线性的产生有其理论上的原因,我国经济体制改革的深入导致三大产业之间的微观联系更加紧密,三大产业的收入又直接决定了社会消费总额。具体在财政收入上,我国税收主要由流转税和所得税构成,两者都直接来源于第二产业和第三产业增加值,并且都直接与社会消费总额有关,因此,理论上,这些变量间存在着共线性。对 7 个自变量之间的相关分析也表明它们在统计上确实有一定的相关。下面利用逐步回归法在 7 个自变量间作选择,取显著性水平 $\alpha_{进} = 0.05$, $\alpha_{出} = 0.10$,最终选取变量 x_1、x_5、x_7,用这三个变量对 y 做回归的结果如下:

$$\hat{y} = -4\,036.560 - 1.051x_1 + 0.482x_5 + 0.054x_7$$
$$(0.000) \quad\quad (0.000) \quad\quad (0.003)$$

　　复决定系数为 0.997,F 检验高度显著($F = 2\,018.166$, $P = 0.000$),模型整体拟合效果不错。所有回归系数均通过显著性检验($\alpha = 0.05$)。但这时得到的方程中,农业增加值的系数仍然是负的,回归方程可能仍存在较严重的多重共线性。再次做多重共线性分析,三个变量的方差扩大因子分别为 43.718、31.652 和 8.203,前两个变量的方差扩大因子都远远超过 10,说明存在严重的多重共线性。表 7.9 中最大的条件数为 83.080,也说明自变量间存在较强的多重共线性,因此,回归模型仍然需要改进。

表7.9　三个自变量回归的多重共线性诊断结果

Dimension	Eigenvalue	Condition Index	Variance Proportions			
			(Constant)	x_1	x_5	x_7
1	3.562	1.000	0.00	0.00	0.00	0.00
2	0.431	2.874	0.00	0.00	0.01	0.00
3	6.804E-03	22.880	0.00	0.69	0.95	0.00
4	5.160E-04	83.080	1.00	0.31	0.03	1.00

上述从统计角度最终选取 x_1、x_5 和 x_7 作为 y 的解释变量,然而,一方面,从经济理论角度看回归方程变量的选取并不合理;另一方面,由于这三个变量的共线性使得求出的回归方程受影响,而这种相关关系由于变量间内在固有的联系而难以消除。因而尝试采用岭回归估计来选取自变量和改进普通最小二乘估计。对全部的七个自变量做岭迹分析,岭迹图见图7.5。可以看出,岭迹比较混乱。根据选择自变量的原则,首先,去掉稳定趋于零的 x_6;其次,由于 x_7 的绝对值很小,并且它与 x_3 的和比较稳定,而二者本身的相关系数也较高,可以剔除一个,考虑到 y 与 x_3 的相关系数高于 x_7;此外,由于 x_1 的绝对值比较小,并且 x_4 与 x_1 的和比较稳定,而二者本身的相关系数也较高,可以剔除一个,考虑到 y 与

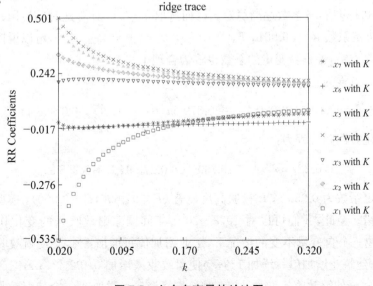

图 7.5　七个自变量的岭迹图

x_4 的相关系数也要高于 x_1，剔除掉 x_1。 经过这样的分析，保留四个变量 $\{x_2$，x_3，x_4，$x_5\}$，再作岭迹图（图 7.6）。

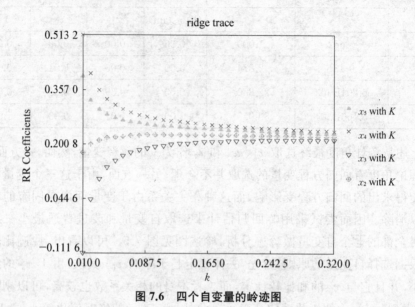

图7.6 四个自变量的岭迹图

在岭迹图上，当 $k=0.1$ 以后，各参数开始渐趋于稳定。计算 k 从 0~0.2 变化时的岭参数值也可以得知 x_3 的系数从负值迅速变为正值，x_4 和 x_5 的系数也迅速变小，$k=0.1$ 以后，各参数逐渐稳定。因而选取 $k=0.1$，计算此时的岭回归估计结果为：复决定系数 $R^2=0.951$，$F=91.696$，$P=0.000$ 高度显著，可以说回归方程拟合的效果不错，各解释变量的系数也较为合理了。

岭回归方程为：

$$\hat{y}=590.109+0.070\,4x_2+0.379\,5x_3+0.112\,9x_4+0.058\,4x_5$$

标准化岭回归方程为：

$$\hat{y}^*=0.227\,5x_2^*+0.192\,4x_3^*+0.275\,0x_4^*+0.256\,9x_5^*$$

复决定系数为 0.950 8，F 检验高度显著（$F=91.696,P=0.000$），模型整体拟合效果不错。至此，我们可以对 1978—2001 年间国家财政收入的变化作如下解释：在其他三个自变量不变的情况下，工业增加值每增加 1%，会使财政收入增加0.227 5%；建筑业增加值每增加 1%，会使财政收入增加 0.192 4%；第三产业产值每增加 1%，会使财政收入增加 0.275 0%；最终消费每增加 1%，会使财政收入增加

0.256 9%。由于目前我国的税收主要来自流转税,所得税比重还不高,因此,变量的选取及其系数大小的排序都很符合我国财政收入的实际情况。

至此,运用岭回归分析方法成功地解决了我国财政收入影响因素分析的回归建模问题。岭回归估计已不再是无偏估计,而是通过对最小二乘法的改进,允许回归系数的有偏估计量存在而补救多重共线性的方法。采用它可以通过允许小的偏差而换取高于无偏估计量的精度,因为它接近真实值的可能性较大。灵活运用岭回归方法,可以对分析各变量之间的作用和关系带来独特而有效的帮助。

§7.3 主成分估计

主成分估计是 W. F. Massy 在 1965 年提出的另一种有偏估计。这种估计提出的背景与岭估计不同,它主要基于多元统计中的一个重要概念——主成分。因此,我们首先引进主成分的概念。

7.3.1 主成分

假设 x 为 $p \times 1$ 随机向量,$Ex = \mu$,$\mathrm{Cov}(x) = \Sigma > 0$,这里 μ、Σ 都是已知的。记 $\lambda_1 \geqslant \lambda_2 \geqslant \cdots \geqslant \lambda_p$ 是 Σ 的特征根,$l_1, l_2 \cdots, l_p$ 为对应的标准化的正交特征向量,即 $L = (l_1 \quad l_2 \quad \cdots \quad l_p)$ 为正交阵。且使

$$L'\Sigma L = \Lambda = \mathrm{diag}(\lambda_1, \lambda_2, \cdots, \lambda_p)$$

称

$$z = (z_1 \quad z_2 \quad \cdots \quad z_p)' = L'(x - \mu) \tag{7.31}$$

为随机向量 x 的主成分,称 $z_i = l_i'(x - \mu)$ 为 x 的第 i 个主成分,$i = 1, 2, \cdots, p$。主成分有很多优良的性质。在此,我们给出一些与本节内容有联系的性质。

(1) $\mathrm{Cov}(z) = \Lambda$,即任意两个主成分都不相关,且第 i 个主成分的方差为 λ_i。

(2) $\sum_{i=1}^{p} \mathrm{Var}(z_i) = \sum_{i=1}^{p} \mathrm{Var}(x_i) = \mathrm{tr}(\Sigma)$。 即主成分的方差之和与原随机向量的方差之和相等。

(3) $\sup\limits_{a'a=1} \mathrm{Var}(a'x) = \mathrm{Var}(z_1) = \lambda_1 \tag{7.32}$

$$\sup_{\substack{l'_j a = 0,\, j = 1,\, \cdots,\, i-1 \\ a'a = 1}} \mathrm{Var}(a'x) = \mathrm{Var}(z_i) = \lambda_i, \; i = 2, \cdots, p \qquad (7.33)$$

这个性质说明,对于任意的单位向量 a,在随机变量 $a'x$ 中,第一主成分 $z_1 = l'_1(x - \mu)$ 的方差最大。而在与第一主成分不相关的随机变量 $a'x$ 中,第二主成分 $z_2 = l'_2(x - \mu)$ 的方差最大。一般情况下,在与前 $i-1$ 个主成分不相关的随机变量 $a'x$ 中,第 i 个主成分 $z_i = l'_i(x - \mu)$ 的方差最大。

性质的证明如下。性质(1)、(2)是易证的,此处略去。这里只证明性质(3)。因为 $\mathrm{Var}(a'x) = a'\Sigma a$,所以,此问题归结为求 $a'\Sigma a / a'a$ 的最大值。因为 $l_1, l_2 \cdots, l_p$ 为 R^p 的一组标准正交基,对于任何一向量 $a \in R^p$,存在向量 $t \in R^p$,使得 $a = L \cdot t$,且有

$$\sup_{a \neq 0} \frac{a'\Sigma a}{a'a} = \sup_{t \neq 0} \frac{t'L'\Sigma Lt}{t't} = \sup_{t \neq 0} \frac{t'\Lambda t}{t't} = \sup_{t \neq 0} \frac{\sum \lambda_i t_i^2}{\sum t_i^2}$$

$$= \sup_{w} \sum \lambda_i w_i = \lambda_i$$

其中,$w_i = t_i^2 \big/ \sum t_i^2$,所以,$w_i \geqslant 0$,$\sum w_i = 1$。上式的最大值在 $w_1 = 1$,$w_i = 0$,$i \geqslant 2$,即 $t' = (1, 0, \cdots, 0)$ 达到,也就是说在 $a = l_1$ 达到。则(7.32)得证。

为了证明(7.33),我们只需注意约束条件 $l'_j a = 0$,$j = 1, \cdots, i-1$ 等价于 $a \in \mu(l_1, \cdots, l_p)$,所以,用子空间 $\mu(l_1, \cdots, l_p)$ 代替 R^p,使用类似的方法可以证得(7.33)。

因为各个主成分互不相关,第 i 个主成分 $z_i = l'_i(x - \mu)$ 对总方差 $\mathrm{tr}(\Sigma)$ 的贡献为 λ_i,因此,λ_i 越大,z_i 对总方差的贡献就越大。如果 $\lambda_{r+1}, \cdots, \lambda_p$ 都等于零,则主成分 $z_{r+1}, \cdots, z_p$ 的方差也都等于零,再加上它们的均值都是零,所以,这些主成分都等于零(即以概率为 1 取零),则这些主成分可以去掉。这样,原来的 x 是 p 维随机向量,现在若考虑主成分的话,只需处理 r 维向量,降低了问题的维数。有时候,后面的 $p-r$ 个主成分的方差并不是严格地等于零,只是近似地等于零,这时候,它们在总方差所占的比例很小,可以把它们去掉。

在实际应用上,μ 和 Σ 往往是未知的,如果 $x_1, \cdots, x_n$ 是一组样本,我们就分别利用 μ 和 Σ 的估计 $\hat{\mu} = \bar{x} = \dfrac{1}{n} \sum_i x_i$ 和 $\hat{\Sigma} = \dfrac{1}{n} \sum_{i,j} (x_i - \bar{x})(x_j - \bar{x})$ 来代替未知参数。记 $\hat{\lambda}_1 \geqslant \hat{\lambda}_2 \geqslant \cdots \geqslant \hat{\lambda}_p$ 和 $\hat{L} = (\hat{l}_1 \quad \hat{l}_2 \quad \cdots \quad \hat{l}_p)$ 分别为 $\hat{\Sigma}$ 的特征根和标准正交化特征向量,类似地,我们可以定义

$$z_i = \hat{L}'(x_i - \overline{x}), \ i = 1, \cdots, n \tag{7.34}$$

为样本主成分,而

$$z = (z_1 \quad z_2 \quad \cdots \quad z_p)' = \begin{pmatrix} (x_1 - \overline{x}) \\ \vdots \\ (x_2 - \overline{x}) \end{pmatrix} \hat{L}' \tag{7.35}$$

为样本主成分组成的矩阵。和总体主成分一样,$\hat{\lambda}_1, \cdots, \hat{\lambda}_p$ 度量了各样本主成分对总方差的贡献大小。如果后面的几个 $\hat{\lambda}_i$ 比较接近于零或它们在总方差中所占的比例很小,它们对应的样本主成分也就可以略去。

7.3.2 回归系数的主成分估计

我们考虑线性回归模型

$$Y = X\beta + \varepsilon, \ E(\varepsilon) = 0, \ D(\varepsilon) = \sigma^2 I$$

其中,I 是单位矩阵。我们假设 X 已经中心化了,设相关系数矩阵 $R = X'X$ 的特征根为 $\lambda_1 \geqslant \lambda_2 \geqslant \cdots \geqslant \lambda_p > 0$,$l_1, l_2 \cdots, l_p$ 为对应的标准化的正交特征向量,$L = (l_1 \quad l_2 \quad \cdots \quad l_p)$ 为相应的正交阵。则上述模型的典则形式为:

$$Y = Z\alpha + \varepsilon$$

其中,$Z = XL$,$\alpha = L'\beta$。如果把原来的 p 个回归自变量 $x = (x_1, \cdots, x_p)'$ 看作随机向量,设计矩阵 X 的 n 个行向量作为 x 的 n 个随机样本,$X'X/n$ 就是 x 的协方差阵 Σ 的一个估计。而 $Z = (z_1, \cdots, z_p)$ 就是样本主成分组成的设计矩阵。由上面所述,模型的典则形式就是以原来的 p 个回归自变量 $x = (x_1, \cdots, x_p)'$ 的主成分 $z_1, \cdots, z_p$ 为新自变量的回归模型。根据前面的讨论,如果设计矩阵 X 呈"病态",则 $X'X$ 的特征根 $\lambda_1 \geqslant \lambda_2 \geqslant \cdots \geqslant \lambda_p > 0$ 有一部分很小,不妨设后 $p-r$ 个很小,即 $\lambda_{r+1}, \cdots, \lambda_p \approx 0$。这时,后 $p-r$ 个新自变量(主成分)$z_{r+1}, \cdots, z_p$ 在 n 次试验中取值变化很小。所以,新自变量 $z_{r+1}, \cdots, z_p$ 可以从模型中剔除。

为此,若 $\lambda_{r+1}, \cdots, \lambda_p \approx 0$,将 Λ、α、Z 和 L 进行相应地分块:

$$\Lambda = \begin{bmatrix} \Lambda_1 & 0 \\ 0 & \Lambda_2 \end{bmatrix}, \ \text{其中} \ \Lambda_1 \ \text{为} \ r \times r \ \text{矩阵}$$

$$\alpha = \begin{bmatrix} a_{(1)} \\ a_{(2)} \end{bmatrix}, \text{ 其中, } a_1 \text{ 为 } r \times 1 \text{ 向量}$$

$$Z = (Z_{(1)}, Z_{(2)}), \text{ 其中, } Z_{(1)} \text{ 为 } n \times r \text{ 矩阵}$$

$$L = (L_{(1)}, L_{(2)}), \text{ 其中, } L_{(1)} \text{ 为 } p \times r \text{ 矩阵}$$

可以把模型的典则形式变形为:

$$Y = Z_{(1)} \alpha_{(1)} + Z_{(2)} \alpha_{(2)} + \varepsilon \tag{7.36}$$

剔除 $Z_{(2)} \alpha_{(2)}$ 这一项, 即用 $\hat{\alpha}_{(2)}$ 估计 $\alpha_{(2)}$, 然后求得 $\alpha_{(1)}$ 的最小二乘估计:

$$\hat{\alpha}_{(1)} = \Lambda_1^{-1} Z'_{(1)} Y$$

利用关系式 $\alpha = L'\beta$, 得到 β 的估计:

$$\tilde{\beta} = L \begin{bmatrix} \hat{\alpha}_{(1)} \\ 0 \end{bmatrix} = L_{(1)} \hat{\alpha}_{(1)} = L_{(1)} \Lambda_1^{-1} Z'_{(1)} Y \tag{7.37}$$

称为是 β 的**主成分估计**(Principal components estimate)。

与岭估计类似, 主成分估计具有下列性质:

(1) $\tilde{\beta} = L_{(1)} L'_{(1)} \hat{\beta}$, 即主成分估计是最小二乘估计的一个线性变换。

证明: $\tilde{\beta} = L_{(1)} \Lambda_1^{-1} Z'_{(1)} Y = L_{(1)} \Lambda_1^{-1} L'_{(1)} X'Y = L_{(1)} \Lambda_1^{-1} L'_{(1)} X'X \hat{\beta}$
$= L_{(1)} \Lambda_1^{-1} L'_{(1)} L \Lambda L' \hat{\beta} = L_{(1)} L'_{(1)} \hat{\beta}$

(2) $E(\tilde{\beta}) = L_{(1)} L'_{(1)} \beta$, 只要 $r < p$, 主成分估计就是有偏估计。

(3) $\| \tilde{\beta} \| < \| \hat{\beta} \|$, 即主成分估计 $\tilde{\beta}$ 压缩估计。

(4) 当设计矩阵 X 呈病态时, 选择适当的 r, 可使

$$MSE(\tilde{\beta}) < MSE(\hat{\beta}) \tag{7.38}$$

证明: 由(7.36), 有:

$$MSE(\tilde{\beta}) = MSE \begin{bmatrix} \hat{\alpha}_{(1)} \\ 0 \end{bmatrix} = \sigma^2 \mathrm{tr}(\hat{\alpha}_{(1)}) + \| \alpha_{(2)} \|^2$$

$$= \sigma^2 \sum_{i=1}^{r} \lambda_i^{-1} + \sum_{i=r+1}^{p} \alpha_i^2 \tag{7.39}$$

$$= MSE(\hat{\beta}) + \left(\sum_{i=r+1}^{p} \alpha_i^2 - \sigma^2 \sum_{i=r+1}^{r} \lambda_i^{-1} \right)$$

由于设计矩阵 X 呈"病态",所以,有一部分特征根 λ_i 非常接近于零,不妨设后 $p-r$ 个接近于零,则 $\sum\limits_{i=r+1}^{p}\lambda_i^{-1}$ 将会很大,这样,(7.38) 的第二项为负。因此,(7.37) 成立。

对于主成分估计,有一个选择保留主成分个数的问题。应用上也要通过数据来确定,通常采用的方法有两种。其一是略去特征根接近于零的那些主成分;其二是选择 r,使得前 r 个特征根之和在 p 个特征根总和中所占比例达到预先给定的值。比如,选择 r,使得

$$\sum_{i=1}^{r}\lambda_i \Big/ \sum_{i=1}^{p}\lambda_i > 75\% \text{ 或 } 80\%,\text{等等}$$

下面通过实例说明主成分估计的方法和应用。

例 7.8 (续例 7.2) 在例 7.2 中,我们把所有可能子集回归列在表 7.10。

表 7.10

进入回归的变量	回归系数的最小二乘估计		
	x_1	x_2	x_3
1	0.146	—	—
2	—	0.691	—
3	—	—	0.214
1, 2	0.145	0.622	—
1, 3	−0.109	—	0.372
2, 3	—	0.596	0.212
1, 2, 3	−0.051	0.587	0.287

从此表可以看出,自变量 x_3 进入回归方程对于 x_1 的回归系数影响很大,这表明含有 x_1 和 x_3 的复共线性关系是存在的,将原始数据中心标准化,求得 $X'X$ 为:

$$X'X = \begin{pmatrix} 1 & 0.026 & 0.997 \\ 0.026 & 1 & 0.036 \\ 0.997 & 0.036 & 1 \end{pmatrix}$$

它的三个特征根分别为 $\lambda_1=1.999$,$\lambda_2=0.998$,$\lambda_3=0.003$。最后一个特征根很小,由此可以看出复共线性关系存在。再看条件数 $\lambda_1/\lambda_3=666.333$,可见有中等程度的复共线性,$X'X$ 的三个特征向量分别为:

$$l'_1 = (0.706\ 3,\ 0.043\ 5,\ 0.706\ 5)$$
$$l'_2 = (-0.035\ 7,\ 0.999\ 0,\ -0.025\ 8)$$
$$l'_3 = (-0.707\ 0,\ -0.007\ 0,\ 0.707\ 2)$$

三个主成分分别为:

$$z_1 = 0.706\ 3x_1 + 0.043\ 5x_2 + 0.706\ 5x_3$$
$$z_2 = -0.035\ 7x_1 + 0.999\ 0x_2 - 0.025\ 8x_3$$
$$z_3 = -0.707\ 0x_1 - 0.007\ 0x_2 + 0.707\ 2x_3$$

因为 $\lambda_3 = 0.003 \approx 0$,于是,$z_3 \approx 0$ 就是一个复共线性关系,即:

$$-0.707\ 0x_1 - 0.007\ 0x_2 + 0.707\ 2x_3 \approx 0$$

为一复共线性关系,注意到 x_2 的系数是 $-0.007\ 0 \approx 0$,而 x_1 和 x_3 的系数绝对值近似相等,于是,复共线性关系为 $x_1 \approx x_3$,这与 x_1 与 x_3 的相关系数 $r = 0.997$ 是一致的。

保留前两个主成分,算出主成分回归,还原到原来变量,得到主成分回归方程:

$$\hat{y} = -9.105\ 7 + 0.072\ 7x_1 + 0.609\ 1x_2 + 0.106\ 2x_3$$

这与岭估计大体相近。

§7.4 广义岭估计

Hoerl 和 Kennard 在 1970 年还提出了岭估计的一种推广形式,称为**广义岭估计**(Generalized ridge estimate)。

7.4.1 定义及性质

对于线性回归模型的典则形式(7.8),相应的岭估计是:

$$\hat{\alpha}(k) = (\Lambda + k \cdot I)^{-1}Z'Y$$

如果以对角元不必都相等的对角阵 $K = \text{diag}(k_1, \cdots, k_p)$,$k_i \geqslant 0$ 代替 $k \cdot I$,可以让均方误差能够进一步下降。基于这种思想,我们定义

$$\hat{\alpha}(K) = (\Lambda + K)^{-1}Z'Y \tag{7.40}$$

代回到原来回归系数 β,得到:

194

$$\hat{\beta}(K) = L \cdot \hat{\alpha}(K) = L(\Lambda + K)^{-1}L'X'Y$$
$$= (X'X + LKL')^{-1}X'Y \tag{7.41}$$

称(7.40)和(7.41)分别为**典则回归系数**和**原回归系数的广义岭估计**。显然,当 $K = k \cdot I$ 时,(7.41)式就是通常的岭估计,即岭估计是广义岭估计的特殊情况。

下面给出广义岭估计的基本性质。

(1) $\hat{\beta}(K) = B_k\hat{\beta}$,其中,$B_k = (X'X + LKL')^{-1}(X'X)^{-1}$,即广义岭估计也是最小二乘估计的一个线性变换。

(2) $E\hat{\beta}(K) = B_k\beta$。即只要 $B_k \neq I$,等价地 $K \neq 0$,广义岭估计就是有偏估计。

(3) 对于任意的 $K = \mathrm{diag}(k_1, \cdots, k_p)$,$k_i \geqslant 0$,$\parallel \hat{\beta} \parallel > 0$,总有 $\parallel \hat{\beta}(K) \parallel < \parallel \hat{\beta} \parallel$,即广义岭估计也是最小二乘估计的向原点的一种压缩。

(4) 存在 $K = \mathrm{diag}(k_1, \cdots, k_p) > 0$,使得

$$MSE(\hat{\beta}(K)) < MSE(\hat{\beta}) \tag{7.42}$$

注:可以证明使(7.42)式达到极小值的 $K = \mathrm{diag}(k_1, \cdots, k_p)$ 满足

$$k_i^* = \frac{\sigma^2}{\alpha_i^2}, \quad i = 1, \cdots, p \tag{7.43}$$

性质(1)—(4)的证明较为简单,并且类似于前面性质的证明,此处略去。

7.4.2 广义岭参数 K 的选择

与通常的岭估计一样,从数据选择参数 K 是十分重要的问题,目前已经提出了多种方法。我们介绍下列方法。

1) Hemmerle-Brantle 方法

$$\hat{k}_i = \frac{\hat{\sigma}^2}{\hat{\alpha}_i^2 - \hat{\sigma}^2/\lambda_i}, \quad i = 1, \cdots, p \tag{7.44}$$

当 $\hat{\alpha}_i^2 - \hat{\sigma}^2/\lambda_i \leqslant 0$ 时,取 $\hat{k}_i = \infty$。

(7.44)式可以从两种不同的考虑导出。

一是由(7.43)式,用 σ^2 和 α_i^2 的无偏估计 $\hat{\sigma}^2$ 和

$$\tilde{\alpha}_i^2 = \hat{\alpha}_i^2 - \hat{\sigma}^2/\lambda_i, \quad i = 1, \cdots, p$$

代替 σ^2 和 α_i^2 得到的。

另一种导出方法是，Hemmerle 和 Brantle 证明了(7.44)式使 $MSE(\hat{\alpha}(K))$ 的一个无偏估计达到最小。

2) Hemmerle 法

由(7.40)式

$$\hat{\alpha}(K) = (\Lambda + K)^{-1} Z'Y = (\Lambda + K)^{-1} \Lambda \hat{\alpha} = D\hat{\alpha}$$

则

$$\hat{\alpha}_i(k_i) = d_i \hat{\alpha}_i, \quad d_i = \lambda_i / (\lambda_i + k_i)$$

其中，$\hat{\alpha}(K) = (\hat{\alpha}_1(k_1), \cdots, \hat{\alpha}_p(k_p))'$。所以，选择 k_i 等价于选择 d_i。Hemmerle 法就是选择 d_i，取

$$d_i = \begin{cases} \dfrac{1}{2} + \sqrt{\dfrac{1}{4} - \hat{\tau}_i^{-1}}, & \hat{\tau}_i \geqslant 4 \\ 0, & \hat{\tau}_i < 4 \end{cases} \tag{7.45}$$

其中，$\hat{\tau}_i = \lambda_i \hat{\alpha}_i / \hat{\alpha}^2$，$i = 1, \cdots, p$。

§7.5 Stein 估计

前面岭估计等有偏估计都是对最小二乘估计 $\hat{\beta}$ 向原点作压缩。一般说来，它们是对 $\hat{\beta}$ 各分量的不均匀压缩。本节将讨论一种均匀压缩估计，是 1955 年由 Stein 提出的，这是最简单、提出最早的一种有偏估计。

7.5.1 定义及性质

对于线性回归模型(7.1)，$\hat{\beta}$ 为回归系数 β 的最小二乘估计。我们称

$$\hat{\beta}_s(c) = c\hat{\beta} \tag{7.46}$$

为 Stein 估计，其中，$0 \leqslant c \leqslant 1$，称为压缩系数。当 c 在 $[0, 1]$ 区间变化时，就生成了一个估计类。

Stein 估计具有如下性质：

(1) 当 $c \neq 0$ 时，$\hat{\beta}_s(c)$ 显然是 β 的有偏、压缩估计。

(2) 存在 $0 < c < 1$，使 $MSE(\hat{\beta}_s(c)) < MSE(\hat{\beta})$。

事实上,$\hat{\beta}_s(c)$ 的均方误差

$$MSE(\hat{\beta}_s(c)) = \mathrm{trCov}(\hat{\beta}_s(c)) + \| E\hat{\beta}_s(c) - \beta \|^2$$

$$= c^2\sigma^2\mathrm{tr}\,(X'X)^{-1} + (c-1)^2 \| \beta \|^2$$

$$= c^2\sigma^2 \sum_{i=1}^{p}\lambda_i^{-1} + (c-1)^2 \| \beta \|^2$$

$$\triangleq g(c)$$

$g(c)$ 关于 c 求导,解得 c 的最优值是:

$$c^* = \| \beta \|^2 \Big/ \Big[\sigma^2\sum_{i=1}^{p}\lambda_i^{-1} + \| \beta \|^2\Big] \tag{7.47}$$

在 c^* 处,$g(c) = MSE(\hat{\beta}_s(c))$ 达到最小,且 $c^* \leqslant c < 1$ 时,$MSE(\hat{\beta}_s(c)) < MSE(\hat{\beta})$。

7.5.2 压缩系数的选择

压缩系数 c 的最优值依赖于未知参数 β 和 σ^2,因此,和岭估计一样,在应用上,c 必须通过数据来选择。我们给出下列两种方法。

1) Stein-Jemes 法

假设误差 $\varepsilon \sim N(0, \sigma^2 I)$,取

$$c = 1 - \frac{d\hat{\sigma}^2}{\hat{\beta}'X'X\hat{\beta}} \tag{7.48}$$

其中,d 满足

$$0 < d < \frac{2(n-p-1)}{n-p+1}\Big(\lambda_p\sum_{i=1}^{p}\lambda_i^{-1} - 2\Big)$$

则对于一切的 β 和 σ^2,Stein 估计比最小二乘估计有较小的均方误差。其中,$\lambda_1 \geqslant \lambda_2 \geqslant \cdots \geqslant \lambda_p$ 为 $X'X$ 的特征根。

2) 应用公式

$$c = \begin{cases} \dfrac{1}{2} + \sqrt{\dfrac{1}{4} - \hat{\tau}^{-1}}, & \text{当}\ \hat{\tau} \geqslant 4 \\ 0, & \text{当}\ \hat{\tau} < 4 \end{cases} \tag{7.49}$$

这里,$\hat{\tau} = \| \hat{\beta} \|^2 \big/ \big(\hat{\sigma}^2\sum_{i=1}^{p}\lambda_i^{-1}\big)$。公式(7.49)的背景是,对于(7.47)应用迭代法,产

生一个序列 $\{c_m\}$，当 $m \to \infty$ 时，$\{c_m\}$ 的极限就是(7.49)。

小　结

本章讨论了多元线性回归模型的有偏估计。当 x_1，x_2，$\cdots$，x_p 间存在多重共线性关系时，也就是 $|X'X| \approx 0$，最小二乘估计的总的均方误差会很大，这会导致最小二乘估计方法的不精确。Hoerl 和 Kennard(1970 年)提出了以 $k > 0$ 为参数的岭估计，这会使所提出的估计量的均方误差变小。本章重点介绍了较常用的岭估计和主成分估计，也介绍其他的估计方法。当处理含自变量较多的大型回归问题时，由于人们对于自变量之间的关系缺乏认识，很可能把一些有多重共线性的自变量引入回归方程，这种情况往往是无法克服的。这时需要寻找新的估计方法。我们需要对最小二乘估计作改进，改进方法可以从两方面着手，一方面，从减小 $MSE(\hat{\beta})$ 着手，岭估计就是这种方法；另一方面，从消除自变量间的多重共线性入手，主成分估计就是其中的一个方法。此外，还有广义岭估计和均匀压缩估计(Stein 估计)等方法。

习　题　七

1. 为研究某地某消费品销售量 y 与居民可支配收入 x_1、该消费品价格指数 x_2、其他消费品的平均价格指数 x_3 的关系，收集了 10 组数据，并且求得各变量的均值与偏差平方和的算术根如下：

	x_1	x_2	x_3	y
$\bar{x}$	129.37	101.7	102	14
σ	109.247 6	24.374 2	19.235 4	12.903 5

(1) 求得岭迹的部分数据及相应的回归方程的残差平方和如下：

k	d_1	d_2	d_3	SSE
0	0.877 2	$-0.355\ 5$	0.474 6	0.337 7
0.01	0.718 7	$-0.081\ 6$	0.356 2	0.635 0
0.02	0.526 2	0.028 9	0.335 8	0.980 8

(续表)

k	d_1	d_2	d_3	SSE
0.03	0.566 7	0.091 1	0.328 8	1.253 5
0.04	0.526 7	0.131 0	0.325 5	1.466 4
0.05	0.497 6	0.158 8	0.323 6	1.637 7
⋮				

要求：若允许 $SSE(k) < 3 \cdot SSE(0)$，试问 k 最大取什么值？对应的 y 关于 x_1、x_2、x_3 的岭回归方程是什么？

(2) 求得 x_1、x_2、x_3 的相关矩阵的特征根依次为：

$$2.973\ 2,\ 0.020\ 1,\ 0.006\ 7$$

在建立主成分回归方程时，为使累计贡献率不低于 90%，至少取几个主成分。现还求得最大特征根对应的特征向量是：

$$\begin{bmatrix} 0.576\ 3 \\ 0.577\ 1 \\ 0.578\ 6 \end{bmatrix}$$

各样本第一主成分 z_1 及 y 的标准化数据 x_1 如下：

i	z_{i1}	x_1	i	z_{i1}	x_1
1	−0.716	−0.434	6	−0.038	0.015
2	−0.605	−0.341	7	0.238	0.139
3	−0.441	−0.279	8	0.626	0.302
4	−0.460	−0.201	9	0.751	0.411
5	−0.162	−0.139	10	0.807	0.527

要求：写出相应的 y 关于 x_1、x_2、x_3 的主成分回归方程。

第八章

非线性回归模型

从前面几章的讨论我们可以看到，最小二乘估计拥有许多优良的特性，而线性回归模型使用简便，在很多领域都得到了有效的应用。可是，线性回归模型并不是万能的，它无法涵盖全部应用领域和解决所有的问题。例如，我们考察某种产品的百户家庭拥有量这一问题。在产品试制成功投入批量生产开始销售的初始阶段，市场接受新产品需要一个过程，这时销售量不会很大，百户家庭拥有量也增长缓慢。但随着用户对新产品的逐渐认同，销售量也将快速增加，百户家庭拥有量也将随之增长迅速。但是当达到一定拥有量以后，百户家庭拥有量的增加量就会逐渐减少，最后百户家庭拥有量就趋于一个饱和值。由此可见，这里的百户家庭拥有量的变化并不是线性的，而应该是先平坦、后陡峭、再平坦如此变化的一条 S 形曲线。这种 S 形曲线称为增长曲线，其通常可由下列函数表示：

$$y = f(x, \theta) = \alpha \cdot e^{-\exp(\beta - \gamma x)} \tag{8.1}$$

或

$$y = f(x, \theta) = \alpha/(1 + e^{\beta - \gamma x}) \tag{8.2}$$

相应的模型称为增长曲线模型。在(8.1)式和(8.2)式中，因变量与自变量通过一个形式已知的非线性函数相联系，而且此函数也是其中参数的非线性函数。增长曲线模型是非线性回归模型的一种。通常，非线性回归模型的一般形式可表示为：

$$y_i = f(X_i, \theta) + \varepsilon_i, \ i = 1, 2, \cdots, n \tag{8.3}$$

其中，X_i 是自变量，它是 $p \times 1$ 向量；θ 是 $q \times 1$ 维参数向量，f 是 θ 的非线性函数，通常还假设 $E(\varepsilon_i) = 0$, $\text{Var}(\varepsilon_i) = \sigma_i^2$, $i = 1, 2, \cdots, n$。

由于 $E(y_i) = E[f(X_i, \theta) + \varepsilon_i] = E[f(X_i, \theta)] + E(\varepsilon_i) = f(X_i, \theta)$，$\text{Var}(y_i) = \text{Var}[f(X_i, \theta) + \varepsilon_i] = \text{Var}(\varepsilon_i) = \sigma_i^2$，因此，模型(8.3)也可表示成：

$$\begin{cases} E(y_i) = f(X_i, \theta) \\ \text{Var}(y_i) = \sigma_i^2 \end{cases}, \ i = 1, 2, \cdots, n, \tag{8.4}$$

其中,函数 f 是参数向量 θ 的非线性函数。

特别地,当 f 为线性函数时,模型(8.4)即为前面讨论的线性回归模型。关于非线性回归模型,本章主要介绍 Logistic 回归模型和 Poisson 回归模型,最后还简要介绍一些广义线性模型的知识。

§8.1 Logistic 回归

在许多社会经济问题中,所研究的现象往往只有两个可能结果,如投资成功或失败,企业生存或倒闭等。又如,在是否参加赔偿责任保险的研究中,根据户主的年龄、流动资金额和户主的职业,因变量 y 被规定有两种可能的结果:户主有赔偿责任保险单,户主没有赔偿责任保险单。这些问题都有一个共同的特点,就是因变量 y 均只有两种可能取值。也就是说,y 的分布是贝努力分布(或二点分布),通常用 1 和 0 分别代表 y 的两种可能结果。例如,用 1 代表投资成功,0 代表投资失败。我们关心的是,在两个可能结果中某个结果的出现(如投资成功)与某些变量 x_j,$j=1,2,\cdots,p$ 之间存在的关系。

如果像前几章介绍的那样考虑线性回归模型

$$y=X'\beta+\varepsilon \tag{8.5}$$

来研究 0-1 型因变量 y 与自变量 x_j,$j=1,2,\cdots,p$ 间的关系,其中,$X'=(1,x_1,x_2,\cdots,x_p)$,$\beta=(\beta_0,\beta_1,\beta_2,\cdots,\beta_p)'$,将至少会遇到如下两个方面的困难。第一,因变量 y 的取值最大是 1 最小是 0,而(8.5)式右端的取值可能会超出 $[0,1]$ 区间的范围,甚至可能在整个实数轴 $(-\infty,+\infty)$ 上取值。第二,因变量 y 本身只取 0,1 两个离散值,而(8.5)式右端的取值可在一个范围内连续变化。

针对第一个问题,我们可寻找一个函数,使得经此函数变换后的取值范围在 $[0,1]$ 区间内。符合这样条件的函数有许多。例如,所有连续型随机变量的分布函数都符合要求,其中,最常用的是标准正态分布的分布函数。还有一个符合要求的函数是:

$$f(z)=\frac{e^z}{1+e^z}=\frac{1}{1+e^{-z}} \tag{8.6}$$

我们称它为 **Logistic 函数**,其曲线形状如图 8.1 所示。Logistic 函数自变量的取值

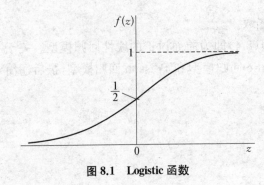

图 8.1 Logistic 函数

范围是$(-\infty, +\infty)$,而函数值的取值范围是$(0, 1)$,当自变量从$-\infty$变化到$+\infty$时,其函数值相应地从 0 变化到 1。

对于第二个问题,由于 y 是 0-1 型贝努利随机变量,其概率分布为:

$$P(y=1) = \pi$$
$$P(y=0) = 1 - \pi$$

根据离散型随机变量期望值的定义,可得:

$$E(y) = 1 \times P(y=1) + 0 \times P(y=0) = P(y=1) = \pi$$

π 是随机变量 y 取 1 的概率,其值可在 $[0, 1]$ 区间内连续变化。因此,在进行了 n 次观测后,用下列模型来研究 0-1 型因变量 y 与自变量 x_j, $j = 1, 2, \cdots, p$ 间的关系是非常合理的。

$$E(y_i) = \frac{1}{1 + \exp\left[-\left(\beta_0 + \sum_{j=1}^{p} \beta_j x_{ij}\right)\right]}, \quad i = 1, 2, \cdots, n \tag{8.7}$$

模型(8.7)称为 Logistic 回归模型,它是非线性模型(8.4)的一个特例,其中,

$$f(X_i, \theta) = f(X'_i\beta) = \frac{1}{1 + \exp(-X'_i\beta)} \tag{8.8}$$

正是 Logistic 函数。

由于 $E(y_i) = \pi_i = P(y_i = 1)$,故 Logistic 回归模型也可表示成:

$$P(y_i = 1) = \frac{1}{1 + \exp(-X'_i\beta)}, \quad i = 1, 2, \cdots, n \tag{8.9}$$

其中,$X'_i = (1, x_{i1}, x_{i2}, \cdots, x_{ip})$, $i = 1, 2, \cdots, n$, $\beta = (\beta_0, \beta_1, \beta_2, \cdots, \beta_p)'$ 为未知参数向量。模型(8.9)很好地描述了事件 $y_i = 1$(如第 i 次投资成功)发生的概率与变量 x_j, $j = 1, 2, \cdots, p$ 间的关系。

8.1.1 Logistic 回归模型的参数估计

对模型(8.9)的两端同时作变换

$$g(x) = \ln\left(\frac{x}{1-x}\right), \ 0 < x < 1 \tag{8.10}$$

可得：

$$\ln\left[\frac{\pi_i}{1-\pi_i}\right] = \ln\left[\frac{P(y_i = 1)}{P(y_i = 0)}\right] = X_i'\beta, \ i = 1, 2, \cdots, n \tag{8.11}$$

变换(8.10)称为**逻辑(logit)变换**，Logistic 模型经逻辑变换后的模型(8.11)其右端已变成是参数 $\beta = (\beta_0, \beta_1, \beta_2, \cdots, \beta_p)'$ 的线性函数。因此，如果已知事件 $y_i = 1$ 发生的概率 π_i，或预先能估计出 π_i 的值，就可应用前面几章介绍的线性回归模型的有关知识来估计 Logistic 模型中的参数 $\beta = (\beta_0, \beta_1, \beta_2, \cdots, \beta_p)'$。

1) 分组数据情形

在对因变量进行的 n 次观测 $y_j, \ j = 1, 2, \cdots, n$ 中，如果在相同的 $X_i' = (1, x_{i1}, x_{i2}, \cdots, x_{ip})$ 处进行了多次重复观测，则可用样本比例对 π_i 进行估计，这种结构的数据称为分组数据，分组个数记为 c。将 π_i 的估计值 $\hat{\pi}_i$ 代替(8.11)中的 π_i，并记

$$y_i^* = \ln\left[\frac{\hat{\pi}_i}{1-\hat{\pi}_i}\right], \ i = 1, 2, \cdots, c \tag{8.12}$$

则得：

$$y_i^* = \beta_0 + \sum_{j=1}^{p} \beta_j x_{ij}, \ i = 1, 2, \cdots, c \tag{8.13}$$

由前几章的知识知，参数 $\beta = (\beta_0, \beta_1, \beta_2, \cdots, \beta_p)'$ 的最小二乘估计为：

$$\hat{\beta} = (X'X)^{-1}X'Y^* \tag{8.14}$$

其中，$Y^* = (y_1^*, y_2^*, \cdots, y_c^*)'$，

$$X = \begin{bmatrix} 1 & x_{11} & \cdots & x_{1p} \\ 1 & x_{21} & \cdots & x_{2p} \\ \vdots & \vdots & \vdots & \vdots \\ 1 & x_{c1} & \cdots & x_{cp} \end{bmatrix}$$

下面用一个例子来说明分组数据 Logistic 回归模型的参数估计。

例 8.1 在一次住房展销会上，与房地产商签订初步购房意向书的共有 $n = 325$ 名顾客，在随后的 3 个月时间内，只有一部分顾客确实购买了房屋。购买了房

屋的顾客记为 1,没有购买房屋的顾客记为 0。以顾客的家庭年收入为自变量 x,家庭年收入按照高低不同分成 9 组,数据列在表 8.1 中。表 8.1 还列出在每个不同的家庭年收入组中签订意向书的人数 n_i 和相应的实际购房人数 m_i。 房地产商希望能建立签订意向的顾客最终真正买房的概率与家庭年收入间的关系式,以便能分析家庭年收入的不同对最终购买住房的影响。

解: 显然,这是因变量 0-1 型的贝努利随机变量,因此,可通过 Logistic 回归来建立签订意向的顾客最终真正买房的概率与家庭年收入之间的关系。从表 8.1 中可见,对应同一个家庭年收入组有多个重复观测值,因此,可用样本比例来估计第 i 个家庭年收入组中客户最终购买住房的概率 π_i,其估计值记为 $\hat{\pi}_i$。 然后,对 $\hat{\pi}_i$ 进行逻辑变换。$\hat{\pi}_i$ 的值及其经逻辑变换后的值 y_i^* 都列在表 8.1 中。

本例中,$p=1$,$c=9$,由(8.14)式计算可得 β_0、β_1 的最小二乘估计分别为:

$$\hat{\beta}_0 = -0.886, \quad \hat{\beta}_1 = 0.156$$

相应的线性回归方程为:

$$\hat{y}^* = -0.886 + 0.156x \tag{8.15}$$

决定系数 $r^2 = 0.9243$,显著性检验 p 值 ≈ 0,线性回归方程高度显著。最终所得的 Logistic 回归方程为:

$$\hat{\pi} = \frac{1}{1 + \exp(0.886 - 0.156x)} \tag{8.16}$$

表 8.1　签订购房意向和最终买房的客户数据

序号	年家庭收入(万元)x	签订意向书人数 n_i	实际购房人数 m_i	实际购房比例 $\hat{\pi}_i = m_i/n_i$	逻辑变换 $y_i^* = \ln\left(\dfrac{\hat{\pi}_i}{1-\hat{\pi}_i}\right)$
1	1.5	25	8	0.320 000	$-0.753\ 77$
2	2.5	32	13	0.406 250	$-0.379\ 49$
3	3.5	58	26	0.448 276	$-0.207\ 64$
4	4.5	52	22	0.423 077	$-0.310\ 15$
5	5.5	43	20	0.465 116	$-0.139\ 76$
6	6.5	39	22	0.564 103	$-0.257\ 829$
7	7.5	28	16	0.571 429	$-0.287\ 682$
8	8.5	21	12	0.571 429	$-0.287\ 682$
9	9.5	15	10	0.666 667	$-0.693\ 147$

由(8.16)式可知,x 越大,即家庭年收入越高,$\hat{\pi}$ 就越大,即签订意向后真正买房的概率就越大。对于一个家庭年收入为 9 万元的客户,将 $x=x_0=9$ 代入回归方程(8.16)中,即可得其签订意向后真正买房的概率

$$\hat{\pi}_0 = \frac{1}{1 + \exp(0.886 - 0.156 x_0)} = 0.627$$

这也可以说,约有 62.7% 的家庭年收入为 9 万元的客户,其签订意向后会真正买房。

需要注意的是,(8.12)式要求 $\hat{\pi}_i$ 不能等于 0 也不能等于 1。如果有一组的 $\hat{\pi}_i = 0$ 或 $\hat{\pi}_i = 1$,或者没有重复观测(非分组数据),即每个组只有一个观测值,则上述方法都将不再适用。另外,即使每组的 $\hat{\pi}_i$ 不能等于 0 也不能等于 1,但组数 c 很小;或者每组的样本量很小不能保证 $\hat{\pi}_i$ 的估计精度,这些情况都会影响最终所得的 Logistic 回归方程的精度。也就是说,分组数据的 Logistic 回归只适用于某些大样本的分组数据,对小样本的未分组数据并不适用。对于这些情况可采用下面介绍的极大似然估计方法对 Logistic 回归模型中的参数进行估计。

2) 非分组数据情形

设 Y 是 0-1 型随机变量,x_1, x_2, $\cdots$, x_p 是对 Y 的取值有影响的确定性变量。在 $(x_{i1}, x_{i2}, \cdots x_{ip})$,$i=1, 2, \cdots, n$ 处分别对 Y 进行了 n 次独立观测 Y_i,$i=1, 2, \cdots, n$,记第 i 次的观测值为 y_i。显然,Y_i,$i=1, 2, \cdots, n$ 是相互独立的贝努利随机变量,其概率分布为:

$$P(Y_i = y_i) = \pi_i^{y_i} (1 - \pi_i)^{1-y_i}, \quad y_i = 0 \text{ 或 } 1。$$

于是,y_1, y_2, $\cdots$, y_n 的似然函数为:

$$L(Y, \pi) = \prod_{i=1}^{n} P(Y_i = y_i) = \prod_{i=1}^{n} \pi_i^{y_i} (1 - \pi_i)^{1-y_i} \tag{8.17}$$

对数似然函数为:

$$\ln L(Y, \pi) = \sum_{i=1}^{n} \left[y_i \ln \pi_i + (1 - y_i) \ln(1 - \pi_i) \right]$$

$$= \sum_{i=1}^{n} \left[y_i \ln \frac{\pi_i}{1 - \pi_i} + \ln(1 - \pi_i) \right] \tag{8.18}$$

Logistic 模型(8.9)描述了 π_i 与 x_{i1}, x_{i2}, $\cdots$, x_{ip} 之间有如下关系:

$$\pi_i = \frac{1}{1 + \exp\left[-\left(\beta_0 + \sum_{j=1}^{p}\beta_j x_{ij}\right)\right]}, \quad i = 1, 2, \cdots, n \quad (8.19)$$

其中，β_j，$j = 0, 1, \cdots, p$ 是未知的待估参数。将(8.19)式代入(8.18)中，得：

$$\ln L(Y, \beta) = \sum_{i=1}^{n}\left[y_i\left(\beta_0 + \sum_{j=1}^{p}\beta_j x_{ij}\right) - \ln\left(1 + \exp\left(\beta_0 + \sum_{j=1}^{p}\beta_j x_{ij}\right)\right)\right] \quad (8.20)$$

使得 $\ln L(Y, \beta)$ 达到最大值的 $\hat{\beta}_0$，$\hat{\beta}_1$，$\cdots$，$\hat{\beta}_p$ 就是 β_0，β_1，$\cdots$，β_p 的极大似然估计。但是(8.20)式是一个较复杂的 β_j，$j = 0, 1, \cdots, p$ 的非线性函数，要求其最大值点并不是容易的事。幸运的是，目前已有很多统计软件都提供了相应的计算功能。例如，用 SAS 的 Logistic 过程就可计算出上述 β_0，β_1，$\cdots$，β_p 的极大似然估计。

8.1.2 Logistic 回归模型的应用

在流行病学中，经常需要研究某一疾病发生与不发生的可能性大小，如一个人得流行性感冒相对于不得流行性感冒的可能性是多少，对此通常用赔率来度量。赔率的具体定义如下：

定义 8.1 一个随机事件 A 发生的概率与其不发生的概率之比值称为事件 A 的赔率，记为 odds(A)，即：

$$\text{odds}(A) = P(A)/P(\overline{A}) = P(A)/(1 - P(A))$$

如果一个事件 A 发生的概率 $P(A) = 0.75$，则其不发生的概率 $P(\overline{A}) = 1 - P(A) = 0.25$，所以，事件 A 的赔率 odds(A) $= 0.75/0.25 = 3$。这也就是说，事件 A 发生与不发生的可能性是 3 比 1。粗略地讲，即在 4 次观察中有 3 次事件 A 发生而有一次 A 不发生。例如，事件 A 表示"投资成功"，odds(A) $= 3$ 就表示投资成功的可能性是投资不成功的 3 倍。又如，事件 B 表示"客户理赔事件"，且已知 $P(B) = 0.25$，则 $P(\overline{B}) = 0.75$，从而事件 B 的赔率 odds(B) $= 0.25/0.75 = 1/3$，这表明发生客户理赔事件的风险是不发生的三分之一。用赔率可很好地度量一些经济现象发生与否的可能性大小。

仍以上述"客户理赔事件"为例，有时候，我们还需要研究某一群客户相对于另一群客户发生客户理赔事件的风险大小，如职业为司机的客户群相对于职业是教师的客户群发生客户理赔事件的风险大小。这需要用到赔率比的概念。

定义 8.2 随机事件 A 的赔率与随机事件 B 的赔率之比值称为事件 A 对事件 B 的赔率比，记为 OR(A, B)，即 OR(A, B) = odds(A)/odds(B)。

若记 A 为职业为司机的客户发生理赔事件，记 B 为职业为教师的客户发生理赔事件，又已知 odds(A) = 1/20，odds(B) = 1/30，则事件 A 对事件 B 的赔率比 OR(A, B) = odds(A)/odds(B) = 1.5。这表明职业为司机的客户发生理赔的赔率是职业为教师的客户的 1.5 倍。

应用 Logistic 回归可方便地估计一些事件的赔率及多个事件的赔率比。下面仍以例 8.1 为例来说明 Logistic 回归在这方面的应用。

例 8.1 (续) 房地产商希望能估计出一个家庭年收入为 9 万元的客户其签订意向后最终买房与不买房的可能性大小之比值，以及一个家庭年收入为 9 万元的客户其签订意向后最终买房的赔率是年收入为 8 万元客户的多少倍。

解：由例 8.1 中所得的模型(8.15)得：

$$\ln\left(\frac{\hat{\pi}}{1-\hat{\pi}}\right) = -0.886 + 0.156x$$

因此，

$$\frac{\hat{\pi}}{1-\hat{\pi}} = \exp(-0.886 + 0.156x) \tag{8.21}$$

将 $x = x_0 = 9$ 代入上式，得一个家庭年收入为 9 万元的客户其签订意向后最终买房与不买房的可能性大小之比值为：

$$\text{odds(年收入 9 万)} = \frac{\hat{\pi}_0}{1-\hat{\pi}_0} = \exp(-0.886 + 0.156x_0)$$

$$= \exp(-0.886 + 0.156 \times 9) = 1.6787$$

这说明一个家庭年收入为 9 万元的客户其签订意向后最终买房的可能性是不买房的约 1.68 倍。

另外，由(8.21)式还可得：

$$\text{OR(年收入 9 万, 年收入 8 万)} = \frac{\exp(-0.886 + 0.156 \times 9)}{\exp(-0.886 + 0.156 \times 8)}$$

$$= \exp(0.156 \times (9-8)) = 1.1688$$

所以，一个家庭年收入为 9 万元的客户其签订意向后最终买房的赔率是年收

入为 8 万元客户的约 1.17 倍。

一般地，如果 Logistic 模型 (8.7) 的参数估计为 $\hat{\beta}_0$，$\hat{\beta}_1$，$\hat{\beta}_2$，$\cdots$，$\hat{\beta}_p$，则在 $x_1 = x_{01}$，$x_2 = x_{02}$，$\cdots$，$x_p = x_{0p}$，条件下事件赔率的估计值为：

$$\frac{\hat{\pi}_0}{1 - \hat{\pi}_0} = \exp(\hat{\beta}_0 + \sum_{j=1}^{p} \hat{\beta}_j x_{0j}) \tag{8.22}$$

如果记 $X_A = (1, x_{A1}, x_{A2}, \cdots, x_{Ap})'$，$X_B = (1, x_{B1}, x_{B2}, \cdots, x_{Bp})'$，并将相应条件下的事件仍分别记为 X_A 和 X_B，则事件 X_A 对 X_B 赔率比的估计可由下式获得：

$$OR(X_A, X_B) = \exp(\sum_{j=1}^{p} \hat{\beta}_j (x_{Aj} - x_{Bj})) \tag{8.23}$$

§8.2 Poisson 回归

上一节介绍的 Logistic 回归可用于因变量 y 是服从 0-1 分布或二项分布的离散型分布的建模。然而，在实际问题中还会经常遇到另一种离散型分布，即因变量 y 是服从 Poisson 分布的情况。例如，某一地区(如上海市)在某段时间(如 1 年)内发生的重大交通事故数通常是 Poisson 分布的随机变量。又如，一段时间内某一险种的重大理赔事件数、一段时间内破产企业个数等也通常是服从 Poisson 分布的。经验和理论都证明，像这种稀罕事件的发生个数都可以将其作为 Poisson 分布的随机变量来处理。对于这种 Poisson 分布类型的数据，通常可用 Poisson 回归模型进行分析。

8.2.1　Poisson 回归模型

设随机变量 y_i，$i = 1, 2, \cdots, n$ 相互独立，分别服从参数为 $\mu_i = E(y_i)$ 的 Poisson 分布。通常用如下模型来研究 Poisson 型分布的因变量 y 与自(协)变量 x_j，$j = 1, 2, \cdots, p$ 间的关系：

$$\mu_i = \exp(X_i'\beta), \ i = 1, 2, \cdots, n \tag{8.24}$$

其中，$X_i' = (1, x_{i1}, x_{i2}, \cdots, x_{ip})$，$i = 1, 2, \cdots, n$，$\beta = (\beta_0, \beta_1, \beta_2, \cdots, \beta_p)'$ 为未知参数向量。模型 (8.24) 称为 Poisson 回归模型。

如果在 (8.24) 两边同时取自然对数，则 (8.24) 的右边就成了参数 β_0，β_1，

β_2, …, β_p 的线性函数。因此,Poisson 回归模型也可表示成:

$$\ln[E(y_i)] = \beta_0 + \sum_{j=1}^{p} \beta_j x_{ij},\ i = 1,\ 2,\ \cdots,\ n \tag{8.25}$$

8.2.2 Poisson 回归模型的参数估计

如果(8.25)左端的 $\ln[E(y_i)]$, $i=1$, 2, …, n 能被估计出,则可用前面几章介绍的最小二乘估计法对 β_0, β_1, β_2, …, β_p 进行估计。在实际中,通常采用极大似然估计法来估计 Poisson 回归模型中的参数。

由于 y_i, $i=1$, 2, …, n 相互独立且分别服从参数为 $\mu_i = E(y_i)$ 的 Poisson 分布,故关于 μ_i, $i=1$, 2, …, n 的似然函数为:

$$L(Y;\ \mu) = \prod_{i=1}^{n} \frac{\mu_i^{y_i}}{y_i!} e^{-\mu_i} = \frac{\prod_{i=1}^{n} \mu_i^{y_i}}{\prod_{i=1}^{n} y_i!} e^{-\sum_{i=1}^{n} \mu_i} \tag{8.26}$$

其中,$\mu = (\mu_1,\ \mu_2,\ \cdots,\ \mu_n)'$,$Y = (y_1,\ y_2,\ \cdots,\ y_n)'$。关于 μ_i, $i=1$, 2, …, n 的对数似然函数为:

$$\ln L(Y;\ \mu) = \sum_{i=1}^{n} y_i \ln(\mu_i) - \sum_{i=1}^{n} \mu_i - \sum_{i=1}^{n} \ln(y_i!) \tag{8.27}$$

由(8.24),将 $\mu_i = \exp(X_i'\beta)$, $i=1$, 2, …, n 代入上式,得关于参数 β_0, β_1, β_2, …, β_p 的对数似然函数为:

$$\ln L(Y;\ \beta) = \sum_{i=1}^{n} y_i X_i'\beta - \sum_{i=1}^{n} \exp(X_i'\beta) - \sum_{i=1}^{n} \ln(y_i!) \tag{8.28}$$

使得(8.28)中的 $\ln L(Y,\beta)$ 达到最大值的 $\hat{\beta}_0$, $\hat{\beta}_1$, …, $\hat{\beta}_p$ 就是 Poisson 模型中参数 β_0, β_1, …, β_p 的极大似然估计。然而,要直接求得 $\ln L(Y,\beta)$ 的最大值并非易事,通常可采用下节介绍的迭代加权最小二乘估计法来求 β_0, β_1, …, β_p 的估计。

§8.3 广义线性模型

在多元线性回归模型(3.8)中,作了 $Y \sim N_n(X\beta,\ \sigma^2 I_n)$ 的假设,其中,$Y =$

$(y_1, y_2, \cdots, y_n)'$ 是 $n \times 1$ 阶随机变量的观察向量, X 是 $n \times (p+1)$ 阶的常数矩阵, β 是 $(p+1) \times 1$ 阶的未知参数向量, I_n 是 $n \times n$ 阶的单位阵。事实上, 这一假设包含如下几个假定:

(1) $\mu_i = x_i'\beta = \beta_0 + \beta_1 x_{i1} + \cdots + \beta_p x_{ip}$, 其中, $\mu_i = E(y_i)$, $i = 1, 2, \cdots, n$;

(2) $\mathrm{Var}(y_i) = \sigma^2$, $i = 1, 2, \cdots, n$;

(3) $y_1, y_2, \cdots, y_n$ 均服从正态分布;

(4) $y_1, y_2, \cdots, y_n$ 相互独立。

在实际问题中, 有时并不都能满足上述假定。例如, 在上述考察投资成功与否的问题中, $y_1, y_2, \cdots, y_n$ 均服从贝努利分布而不是正态分布; 而且我们已经说明了, 将 y_i 的期望 μ_i 表示成 $x_{i1}, x_{i2}, \cdots, x_{ip}$ 的线性函数是不合适的。另外, y_i 的方差 $\mathrm{Var}(y_i) = \mu_i(1 - \mu_i)$ 是期望的函数, 当 μ_i, $i = 1, 2, \cdots, n$ 不全相等时, 就不能保证方差 $\mathrm{Var}(y_i)$, $i = 1, 2, \cdots, n$ 都相等。还有, 在质量管理中, 当涉及参数设计时, 我们需要找出波动最小的条件, 而波动通常是用方差、标准差等去衡量的, 因此, 这时的因变量常常是指标方差或标准差; 而指标方差、标准差等并不服从正态分布。在对均值作灵敏度分析时, 等方差性也不满足。

由此可见, 多元线性回归模型(3.8)已经不能胜任解决这些问题, 所以, 非常有必要对其进行推广。为此, Nelder 和 Wedderburn(1972)提出了广义线性模型(Generalized Linear Model, GLM)。广义线性模型对多元线性模型(3.8)主要在如下几个方面进行了推广:

(1) 原来要求 $\mu_i = x_i'\beta$, 现在只要求它的一个函数为 β 的线性函数, 即 $g(\mu_i) = x_i'\beta_i$;

(2) 不再假定 $y_1, y_2, \cdots, y_n$ 具有等方差性, 只假定 y_i 的方差是其均值 $\mu_i = E(y_i)$ 的函数;

(3) 不再假定 $y_1, y_2, \cdots, y_n$ 具有正态分布, 而假定其分布是一类更广的单参数指数族分布。

通常, 广义线性模型可表示为:

$$\begin{cases} \eta_i = x_i'\beta = \beta_0 + \beta_1 x_{i1} + \cdots + \beta_p x_{ip} \\ \mathrm{Var}(y_i) = a(\varphi)V(\mu_i) \end{cases}, \quad i = 1, 2, \cdots, n \qquad (8.29)$$

其中, $\eta_i = g(\mu_i)$, $\mu_i = E(y_i)$; $g(\cdot)$ 是一个严增可微的函数, 称为**联系函数**(Link 函数); $V(\cdot)$ 称为**方差函数**; $y_1, y_2, \cdots, y_n$ 相互独立。

由于模型(8.29)在多个方面对多元线性模型(3.8)进行了推广, 并且其将 y 的均值通过一个联系函数表示成参数的线性函数,故称其为**广义线性模型**。广义线性模型(8.29)包含许多常见的模型。当联系函数 $g(\mu)=\mu$,方差函数 $V(\mu)=1$,$a(\varphi)=\sigma^2$,y_1,y_2,…,y_n 的分布为正态时,广义线性模型(8.29)即为多元线性模型(3.8)。当联系函数 $g(\mu)=\ln\left(\dfrac{\mu}{1-\mu}\right)$ 为逻辑(logit)变换函数,方差函数 $V(\mu)=\mu(1-\mu)$,$a(\varphi)=1$,y_1,y_2,…,y_n 的分布为贝努利分布时,模型(8.29)即为 Logistic 回归模型。可见,本章第一节介绍的 Logistic 回归模型正是广义线性模型的一个特例,因此,Logistic 回归模型的参数也可用广义线性模型通用的参数估计方法来进行估计。

8.3.1 常用的联系函数

1)单参数指数族

设随机变量 Y 的密度函数(当离散型随机变量时为概率函数)为:

$$f(y;\theta)=\exp\left\{\frac{y\theta-b(\theta)}{a(\varphi)}+c(y,\varphi)\right\} \tag{8.30}$$

其中,θ 称为自然参数,φ 称为散度参数,通常假定 φ 为已知。称具有密度函数(8.30)的分布为单参数指数族分布。

如果 Y 服从标准差 σ 已知的正态分布,其均值为 μ,则其密度函数可以表示为:

$$f(y;\mu)=\frac{1}{\sqrt{2\pi}\sigma}\exp\left\{-\frac{(y-\mu)^2}{2\sigma^2}\right\}=\exp\left\{\frac{y\mu-\mu^2/2}{\sigma^2}-\frac{y^2}{2\sigma^2}-\frac{1}{2}\ln(2\pi\sigma^2)\right\}$$

令 $\theta=\mu$,$b(\theta)=\mu^2/2$,$a(\varphi)=\sigma^2$,$c(y,\varphi)=-\dfrac{y^2}{2\sigma^2}-\dfrac{1}{2}\ln(2\pi\sigma^2)$,则便有了(8.30)的形式,这里的自然参数为 $\theta=\mu$。标准差 σ(或方差)已知的正态分布属于单参数指数族分布。

如果 Y 服从二项分布 $b(n,p)$,其概率函数可以表示为:

$$p(y)=P(Y=y)=\begin{bmatrix}n\\y\end{bmatrix}p^y(1-p)^{n-y}=\begin{bmatrix}n\\y\end{bmatrix}\left(\frac{p}{1-p}\right)^y(1-p)^n$$

$$=\exp\left\{y\ln\left(\frac{p}{1-p}\right)+n\ln(1-p)+\ln\begin{bmatrix}n\\y\end{bmatrix}\right\}$$

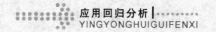

令 $\theta = \ln\left(\dfrac{p}{1-p}\right)$，$b(\theta) = -n\ln(1-p) = n\ln\dfrac{1}{1-p} = n\ln(1+e^{\theta})$，$a(\varphi) = 1$，

$c(y,\varphi) = \ln\begin{pmatrix} n \\ y \end{pmatrix}$，则便有了(8.30)的形式，这里的自然参数为 $\theta = \ln\dfrac{p}{1-p} =$

$\ln\dfrac{np}{n-np} = \ln\dfrac{\mu}{n-\mu}$，其中，$\mu = E(Y) = np$。二项分布也属于单参数指数族分布。

除了二项分布、方差已知的正态分布以外，还有许多常见的分布(如泊松分布、尺度参数已知的 Γ 分布等)都属于单参数指数族分布。

2) 单参数指数族的均值与方差

单参数指数族分布的均值和方差与自然参数 θ 之间都存在着内在的关系，具体的联系由下面定理给出。

定理 8.1 已知随机变量 Y 的分布属于单参数指数族分布，其概率密度(或概率函数)如(8.30)所示。如果 $b(\theta)$ 存在一阶、二阶导数，则有：

(1) $E(Y) = b'(\theta)$；

(2) $\mathrm{Var}(Y) = a(\varphi)b''(\theta)$。

证明： 设 Y 的概率密度函数为(2.21)所示，由 $\displaystyle\int_{-\infty}^{\infty} f(y;\theta)\mathrm{d}y = 1$ 可得：

$$\int_{-\infty}^{\infty} \frac{\mathrm{d}f}{\mathrm{d}\theta}\mathrm{d}y = \frac{\mathrm{d}}{\mathrm{d}\theta}\int_{-\infty}^{\infty} f\mathrm{d}y = 0,$$

$$\int_{-\infty}^{\infty} \frac{\mathrm{d}^2 f}{\mathrm{d}\theta^2}\mathrm{d}y = \frac{\mathrm{d}^2}{\mathrm{d}\theta^2}\int_{-\infty}^{\infty} f\mathrm{d}y = 0。$$

又记

$$l = \ln f(y;\theta) = \frac{y\theta - b(\theta)}{a(\varphi)} + c(y,\varphi)$$

注意到 $\dfrac{\mathrm{d}l}{\mathrm{d}\theta} = \dfrac{1}{f}\dfrac{\mathrm{d}f}{\mathrm{d}\theta} = \dfrac{y - b'(\theta)}{a(\varphi)}$，则：

$$E\left(\frac{\mathrm{d}l}{\mathrm{d}\theta}\right) = \int_{-\infty}^{\infty} \frac{1}{f}\frac{\mathrm{d}f}{\mathrm{d}\theta} f\mathrm{d}y = \int_{-\infty}^{\infty} \frac{\mathrm{d}f}{\mathrm{d}\theta}\mathrm{d}y = 0$$

这表明 $E(Y) = b'(\theta)$。

又由于 $\dfrac{d^2 l}{d\theta^2} = \dfrac{1}{f} \dfrac{d^2 f}{d\theta^2} - \dfrac{1}{f^2} \left(\dfrac{df}{d\theta} \right)^2$，另一方面 $\dfrac{d^2 l}{d\theta^2} = -\dfrac{b''(\theta)}{a(\varphi)}$，则

$$E \left(\frac{d^2 l}{d\theta^2} \right) = \int_{-\infty}^{\infty} \frac{d^2 l}{d\theta^2} f \, dy = \int_{-\infty}^{\infty} \frac{1}{f} \frac{d^2 f}{d\theta^2} f \, dy - \int_{-\infty}^{\infty} \frac{1}{f^2} \left(\frac{df}{d\theta} \right)^2 f \, dy = -E \left(\frac{1}{f} \frac{df}{d\theta} \right)^2$$

$$= -E (y - b'(\theta))^2 / a^2(\varphi) = -\mathrm{Var}(Y) / a^2(\varphi)$$

这表明 $\mathrm{Var}(Y)/a^2(\varphi) = b''(\theta)/a(\varphi)$，故 $\mathrm{Var}(Y) = a(\varphi) b''(\theta)$，证毕。

如果 Y 服从标准差 σ 已知的正态分布，则 $\theta = \mu$，$b(\theta) = \mu^2/2$，$a(\varphi) = \sigma^2$，故 $b'(\theta) = \mu$，$b''(\theta) = 1$，由定理 8.1 可知，$E(Y) = \mu$，$\mathrm{Var}(Y) = \sigma^2$。此结论与用期望和方差的定义计算而得的结果是一致的。

如果 Y 服从二项分布 $b(n, p)$，则 $\theta = \ln \left(\dfrac{p}{1-p} \right)$，$b(\theta) = n\ln(1 + e^\theta)$，$a(\varphi) = 1$。由于 $p = \dfrac{e^\theta}{1 + e^\theta}$，故 $b'(\theta) = \dfrac{n e^\theta}{1 + e^\theta} = np$，$b''(\theta) = \dfrac{n}{(1 + e^\theta)^2} [e^\theta(1 + e^\theta) - e^\theta e^\theta] = \dfrac{n e^\theta}{(1 + e^\theta)^2} = np(1 - p)$。由定理 8.1 得，$E(Y) = np$，$\mathrm{Var}(Y) = np(1 - p)$。可见，由定理 8.1 所得的与通常结论是一致的。

3）常用的联系函数

定理 8.1 告诉我们，对单参数指数族分布，其均值与自然参数 θ 之间存在着这样的关系，即 $\mu = E(Y) = b'(\theta)$，可见，θ 是 μ 的函数。在一定条件下可解得：

$$\theta = g(\mu) \tag{8.31}$$

关于方差，由于 $\mathrm{Var}(Y) = a(\varphi) b''(\theta)$，故 $\mathrm{Var}(Y)/a(\varphi) = b''(\theta) = \dfrac{d\mu}{d\theta}$。因 θ 是 μ 的函数，故 $\dfrac{d\mu}{d\theta}$ 也是 μ 的函数，记

$$\frac{d\mu}{d\theta} = V(\mu) \tag{8.32}$$

所以，$\mathrm{Var}(Y) = a(\varphi) V(\mu)$。

由 (8.31) 式定义的联系函数 g 称为**典则联系函数**。据此，可获得一些常见分布的典则联系函数，其列在表 (8.2) 中。

采用典则联系函数的优点是：在参数 φ 值固定的情况下，线性统计量

$$\left(\sum_{j=1}^{n} x_{ij}y_i,\ j=1,\ 2,\ \cdots,\ p\right)$$

是充分完备统计量。

典则联系函数是最常用的联系函数，但联系函数也可以有其他不同的取法。例如，对 0-1 分布 $b(1,\ p)$，除了典则联系函数 $g(p)=\ln[p/(1-p)]$，即逻辑函数以外，还可取

$$g(p)=\Phi^{-1}(p) \tag{8.33}$$

其中，$\Phi(\cdot)$ 是 $N(0,\ 1)$ 的分布函数；或者取

$$g(p)=\ln(-\ln(1-p)) \tag{8.34}$$

作为联系函数。

表 8.2　常见分布的典则联系函数

分布类型	$b'(\theta)$	典则联系函数 $g(\mu)$	$a(\varphi)$	方差函数 $V(\mu)$
正态分布 $N(\mu,\ \sigma^2)$	θ	$g(\mu)=\mu$	σ^2	1
泊松分布 $P(\mu)$	e^θ	$g(\mu)=\ln(\mu)$	1	μ
0-1 分布 $b(1,\ p)$	$\dfrac{e^\theta}{1+e^\theta}$	$g(\mu)=\ln\dfrac{\mu}{1-\mu}$	1	$\mu(1-\mu)$
二项分布 $b(n,\ p)$	$\dfrac{ne^\theta}{1+e^\theta}$	$g(\mu)=\ln\dfrac{\mu}{n-\mu}=\ln\dfrac{p}{1-p}$	$\dfrac{1}{n}$	$\mu(n-\mu)$
伽马分布 $Ga(\alpha,\ \beta)$	$\dfrac{1}{\theta}$	$g(\mu)=\dfrac{1}{\mu}$	$\dfrac{1}{\alpha}$	μ^2

（8.33）也称为概率单位（Probit）变换，而（8.34）称为重对数（Log-Log）变换。使用这两个变换获得的模型分别称为 Probit 模型和 Log-Log 线性模型。

8.3.2　广义线性模型的参数估计

1）极大似然估计

设 $y_1,\ y_2,\ \cdots,\ y_n$ 为来自单参数指数族分布的独立样本，则其似然函数为：

$$L = \prod_{i=1}^{n} p(y_i; \theta_i) = \exp\left\{ \sum_{i=1}^{n} \left[\frac{y_i \theta_i - b(\theta_i)}{a(\varphi)} + c(y_i, \varphi) \right] \right\}$$

其对数似然函数为：

$$l = \ln(L) = \sum_{i=1}^{n} \left[\frac{y_i \theta_i - b(\theta_i)}{a(\varphi)} + c(y_i, \varphi) \right]$$

注意到 l 是 θ 的函数，θ 通过 $\mu = b'(\theta)$ 与 μ 发生联系又是 μ 的函数，μ 通过 $g(\mu_i) = \eta_i = X'_i \beta$ 与 β 发生关系，是 β 的函数。从而

$$\frac{\partial l}{\partial \beta_j} = \sum_{i=1}^{n} \frac{\partial l}{\partial \theta_i} \frac{\partial \theta_i}{\partial \mu_i} \frac{\partial \mu_i}{\partial \eta_i} \frac{\partial \eta_i}{\partial \beta_j}, \quad j = 0, 1, \cdots, p$$

因此，似然方程组为：

$$\frac{\partial l}{\partial \beta_j} = \sum_{i=1}^{n} \frac{\partial l}{\partial \theta_i} \frac{\partial \theta_i}{\partial \mu_i} \frac{\partial \mu_i}{\partial \eta_i} \frac{\partial \eta_i}{\partial \beta_j} = 0, \quad j = 0, 1, \cdots, p \qquad (8.35)$$

其中，

$$\frac{\partial l}{\partial \theta_i} = \frac{y_i - b'(\theta_i)}{a(\varphi)} = \frac{y_i - \mu_i}{a(\varphi)}$$

$$\frac{\partial \theta_i}{\partial \mu_i} = \left(\frac{\partial \mu_i}{\partial \theta_i} \right)^{-1} = [b''(\theta_i)]^{-1} = [V(\mu_i)]^{-1}$$

$$\frac{\partial \eta_i}{\partial \beta_j} = x_{ij}$$

$$\frac{\partial \mu_i}{\partial \eta_i} \text{ 由联系函数 } g \text{ 的形式而定。}$$

解上述似然方程组(8.35)，即可得到参数 β_j，$j = 0, 1, \cdots, p$ 的极大似然估计 $\hat{\beta}_j$，$j = 0, 1, \cdots, p$。但是，实际中的似然方程组(8.35)往往很复杂，要求得其解并非易事，通常采用如下介绍的迭代加权最小二乘估计法进行参数估计。

2) 迭代加权最小二乘估计

将联系函数 $g(y)$ 在 $y = \mu$ 处泰勒展开，忽略二次和更高次项，得：

$$g(y) \approx g(\mu) + g'(\mu)(y - \mu) = \eta + (y - \mu) \frac{\mathrm{d}\eta}{\mathrm{d}\mu} \triangleq z$$

然后两边求方差（这里不妨设 $a(\varphi)=1$，否则，方差相差一个常数，与估计无关），则有：

$$\mathrm{Var}(g(y)) \approx [g'(\mu)]^2 \mathrm{Var}(y) = \left(\frac{\mathrm{d}\eta}{\mathrm{d}\mu}\right)^2 V(\mu) \triangleq w^{-1}$$

记模型为：

$$\begin{cases} g(y_i) = \sum_j \beta_j x_{ij} + \varepsilon_i, \ i=1, 2, \cdots, n \\ E(\varepsilon_i)=0, \ \mathrm{Var}(\varepsilon_i)=w_i^{-1}, \ \mathrm{Cov}(\varepsilon_i, \varepsilon_j)=0, \ i \neq j \end{cases} \tag{8.36}$$

令

$$Y = \begin{pmatrix} g(y_1) \\ g(y_2) \\ \vdots \\ g(y_n) \end{pmatrix} = \begin{pmatrix} z_1 \\ z_2 \\ \vdots \\ z_n \end{pmatrix}$$

$$\beta = \begin{pmatrix} \beta_0 \\ \beta_1 \\ \vdots \\ \beta_p \end{pmatrix}$$

$$X = \begin{pmatrix} x_{10} & x_{11} & \cdots & x_{1p} \\ x_{20} & x_{21} & \cdots & x_{2p} \\ \vdots & \vdots & \ddots & \vdots \\ x_{n0} & x_{n1} & \cdots & x_{np} \end{pmatrix}$$

$$G = \begin{pmatrix} w_1^{-1} & 0 & \cdots & 0 \\ 0 & w_2^{-1} & \cdots & 0 \\ \vdots & \vdots & \ddots & \vdots \\ 0 & 0 & \cdots & w_n^{-1} \end{pmatrix}$$

则 $\beta=(\beta_0, \beta_1, \cdots, \beta_p)'$ 的加权最小二乘估计为：

$$\hat{\beta} = (X'G^{-1}X)^{-1}X'G^{-1}Y \tag{8.37}$$

由于模型(8.36)只是原模型的近似描述，故简单用(8.37)式计算而得的 β 的估计有较大的偏差,所以,实际中通常采用迭代法来解得 β 的估计。此方法称为迭代加权最小二乘估计。下面给出迭代加权最小二乘估计的具体计算步骤:

(1) 给出 β 的初值,记为 $\beta^{(0)}$,可用最小二乘估计作为 β 的初值;设 $k=0$,记第 k 次迭代的 β 估计值为 $\beta^{(k)}$。

(2) 令 $\eta_i^{(k)} = \sum_{j=0}^p \beta_j^{(k)} x_{ij} \overset{记}{=} g(\mu_i^{(k)})$, $i=1,2,\cdots,n$,这里 $x_{i0}=1$, $i=1,2,\cdots,n$。

(3) 分别计算

$$\mu_i^{(k)} = g^{-1}(\eta_i^{(k)})$$

$$\frac{\mathrm{d}\eta_i}{\mathrm{d}\mu_i}\bigg|_{\mu_i=\mu_i^{(k)}} = \left(\frac{\mathrm{d}\eta_i}{\mathrm{d}\mu_i}\right)^{(k)}$$

$$z_i^{(k)} = \eta_i^{(k)} + (y_i - \mu_i^{(k)})\left(\frac{\mathrm{d}\eta_i}{\mathrm{d}\mu_i}\right)^{(k)}$$

$$w_i^{(k)} = V(\mu_i^{(k)})\left[\left(\frac{\mathrm{d}\eta_i}{\mathrm{d}\mu_i}\right)^{(k)}\right]^2$$

(4) 令

$$Y^{(k)} = \begin{pmatrix} z_1^{(k)} \\ z_2^{(k)} \\ \vdots \\ z_n^{(k)} \end{pmatrix}, \quad X = \begin{pmatrix} x_{10} & x_{11} & \cdots & x_{1p} \\ x_{20} & x_{21} & \cdots & x_{2p} \\ \vdots & \vdots & \ddots & \vdots \\ x_{n0} & x_{n1} & \cdots & x_{np} \end{pmatrix},$$

$$G^{(k)} = \begin{pmatrix} w_1^{(k)} & 0 & \cdots & 0 \\ 0 & w_2^{(k)} & \cdots & 0 \\ \vdots & \vdots & \ddots & \vdots \\ 0 & 0 & \cdots & w_n^{(k)} \end{pmatrix},$$

应用(8.37)式,则第 $k+1$ 次迭代 β 的加权最小二乘估计值为:

$$\beta^{(k+1)} = [X'(G^{(k)})^{-1}X]^{-1}X'(G^{(k)})^{-1}Y^{(k)}$$

(5) 如果存在某个正整数 k 使得对预先给定的 $\delta>0$,满足

$$\max_j\{|\beta_j^{(k+1)} - \beta_j^{(k)}|\} < \delta$$

则停止迭代,并取 $\hat{\beta}=\beta^{(k+1)}$ 为 β 的最终估计。否则,设 $k=k+1$,返回到(2)重复上

述过程。

可以证明,在一定条件下,上述的迭代加权最小二乘估计是收敛的,且其收敛值即为 β 的极大似然估计。

与线性模型相比,广义线性模型可适用于更广泛的问题。广义线性模型把离散数据的分析与连续数据的分析纳入到同样的结构中,为回归模型提供了一个重要的统一研究方法。本节我们只简单地介绍了广义线性模型及其参数估计等问题,有关模型的诊断和假设检验等其他问题可参考 McCullagh 和 Nelder 的专著。

小　结

本章讨论了 Logistic 回归模型、Poisson 回归模型和广义线性模型等非线性回归模型,给出了相应模型的参数的极大似然估计方法,介绍了 Logistic 回归模型在估计赔率和赔率比方面的应用,最后还给出了广义线性模型迭代加权最小二乘估计的详细计算步骤。

习　题　八

1. 在对某一新药的研究中,记录了不同剂量(x)下有副作用人的比例(p),具体列在下表中。

x(剂量)	0.9	1.1	1.8	2.3	3.0	3.3	4.0
p	0.37	0.31	0.44	0.60	0.67	0.81	0.79

要求:

(1) 作 x(剂量)与 p(有副作用的人数的比例)的散点图,并判断建立 p 关于 x 的一元线性回归方程是否合适?

(2) 建立 p 关于 x 的 Logistic 回归方程。

(3) 估计有一半人有副作用的剂量水平 ED_{50}。

2. 生物学家希望了解种子的发芽数是否受水分及是否加盖的影响,为此,在加盖与不加盖两种情况下对不同水分分别观察 100 粒种子是否发芽,记录发芽数,相应数据列在下表中。

x_1(水分)	x_2(加盖)	y(发芽)	频数	x_1(水分)	x_2(加盖)	y(发芽)	频数
1	0(不加盖)	1(发芽)	24	1	1(加盖)	1	43
1	0	0(不发芽)	76	1	1	0	57
3	0	1	46	3	1	1	75
3	0	0	54	3	1	0	25
5	0	1	67	5	1	1	76
5	0	0	33	5	1	0	24
7	0	1	78	7	1	1	52
7	0	0	22	7	1	0	48
9	0	1	73	9	1	1	37
9	0	0	27	9	1	0	63

要求:

(1) 建立关于 x_1、x_2 和 x_1x_2 的 Logistic 回归方程。

(2) 分别求加盖与不加盖的情况下发芽率为 50% 的水分。

(3) 在水分值为 6 的条件下,分别估计加盖与不加盖的情况下发芽与不发芽的概率之比值(发芽的赔率),估计加盖对不加盖发芽的赔率比。

第九章

使用 SAS 统计软件进行回归分析

SAS 统计软件功能强大,在制造、服务和金融等几乎各个行业都有用户在使用,其应用非常广泛。通常,需要通过编程才能使得其强大的功能得到充分的发挥,但这却增加了其学习难度和使用门槛。从 6.x 版本之后,SAS 统计软件增加了友好的图形用户界面,用户不需编程只通过菜单和按钮的操作就能完成许多功能。本章以 SAS for Windows 8.x 版本为例,介绍 SAS 统计软件中一些基本的可视化模块的使用、数据的输入、输出以及通过菜单进行回归分析的方法。

§9.1 SAS 软件系统简介

SAS 是 Statistical Analysis System 的缩写,1966 年,美国 North Carolina 州立大学开始研制 SAS 统计软件,1976 年正式推出,同时成立了 SAS Institute Inc. (SAS 软件研究所)。目前,SAS 软件研究所是全球最大的独立软件开发商之一,其在 60 多个国家有分公司或分支机构。其产品遍布 120 个国家和地区,直接用户超过 300 多万人。在全球(财富)500 强企业中,约有 90％的企业在使用 SAS;在全球(财富)100 强企业中,约有 98％的企业在使用 SAS。在欧美职业市场上流行着一句话:"If you have a SAS certification, you will never lose your job."

SAS 是由众多功能模块组成的模块化大型集成系统。其中,SAS/BASE 模块是 SAS 软件系统的基础和核心,用户可根据自己的要求选择所需的功能模块与 SAS/BASE 模块一起构成一个用户化的 SAS 系统。

9.1.1　SAS for Windows 的启动

要使用 SAS 系统的功能,必须首先启动 SAS 软件系统。启动 SAS for Windows 的方法通常有如下两种:

220

方法 1：鼠标左键单击"开始"→"所有程序"→"The SAS System"→"The SAS System for Windows V8"，见图 9.1。

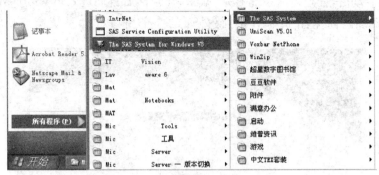

图 9.1

方法 2：鼠标左键双击桌面上的 SAS 快捷方式图标： 若无 SAS 桌

面快捷方式图标，可按如下方式建立：在"开始"→"所有程序"→"The SAS System"→"The SAS System for Windows V8"菜单栏上单击右键，则弹出快捷菜单，然后选择"发送到"→"桌面快捷方式"即可，见图 9.2。

图 9.2

9.1.2　SAS for Windows 系统窗口的组成及其功能

SAS 启动后,首先显示系统图标(见图 9.3),然后自动进入 SAS for Windows 系统,其系统画面见图 9.4,其中,最外面的一个窗口称为系统窗口。SAS for

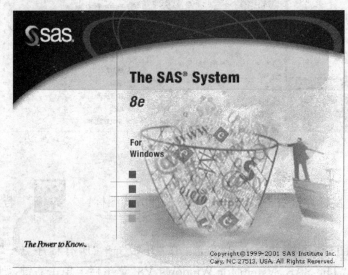

图 9.3

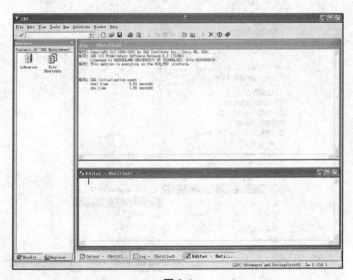

图 9.4

Windows 系统窗口是一个标准的 Windows 应用程序窗口,它由标题栏、主菜单栏、工具栏以及在其内部的若干个窗口组成。

· 标题栏:SAS 系统窗口中的最上面一栏,用于显示软件名称。当系统窗口中的子窗口最大化时,也用于显示其中打开的文件名。

· 主菜单栏:位于标题栏下方的一栏,用于显示各主菜单项。其内容会随着 SAS 所处的不同状态而变化,当在进入 SAS 系统后的初始状态时,SAS 主菜单栏的各项内容分别为 File,Edit,View,Tools,Run,Solutions,Window,Help。

· 工具栏:在图 9.4 中,其位于主菜单栏下方,用于显示常用功能图标,单击相应图标即可执行相应功能。

· 命令框:在图 9.4 中,位于工具栏的最左面,可在此框中键入 SAS 命令,以便快速地执行相应功能。

进入 SAS 系统后,系统将自动打开如下 5 个窗口:

· 日志窗:位于系统窗口内的右上部,其窗口标题为"Log"(见图 9.4)。日志窗主要用于显示此 SAS 系统所运行的操作系统类型、软件的许可证等信息,以及显示 SAS 程序编译、运行时的错误信息和每次递交的 SAS 程序运行的 CPU 时间及实际时间等。

· 程序编辑窗:位于系统窗口内的右下部,其窗口标题为"Editor"(见图 9.4)。在此窗口内可打开显示存放在文件中的 SAS 程序,编辑修改和创建新的 SAS 程序。

· 输出窗:在系统刚启动后,其位于系统窗口内的日志窗和程序编辑窗后面,为不可见。可通过单击系统窗口下方的"Output"按钮(见图 9.4),或选择菜单"Window"→"Output",将输出窗口拉到最前面显示出来。其窗口标题为"Output"(见图 9.5)。输出窗用于显示 SAS 程序所输出的结果。

· 资源浏览器窗:在系统刚启动后,其位于系统窗口内的左面,其窗口标题为"Explorer"(见图 9.4)。用于显示和管理 SAS 数据库,浏览各个 SAS 数据库中的 SAS 数据集,并可对 SAS 数据集进行复制和删除等操作。

· 结果窗:在系统刚启动后,其位于系统窗口内资源浏览器窗的后面,为不可见。可通过单击左下方的"Results"标签,使其位于资源浏览器窗的前面成为可见。其窗口标题为"Results"(见图 9.6)。结果窗用于显示每次程序输出的标题,用鼠标左键双击标题,在输出窗中就显示相应的程序输出内容。这样,在程序具有大量输出而需查看某一输出结果时,可节约查找时间。

上述 5 个窗口均可通过单击其标题栏上的"关闭"按钮将其关闭。其中,日志窗、程序编辑窗和输出窗三个窗口是标准的 Windows 窗口,可分别单击其标题栏

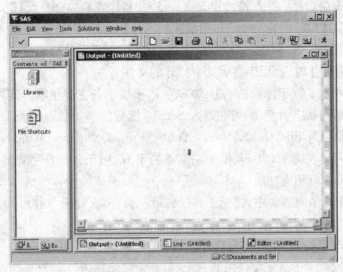

图 9.5

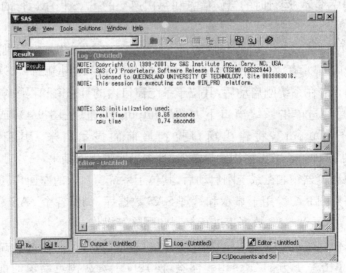

图 9.6

上的"最小化"、"最大化"和"关闭"按钮将其最小化、最大化和关闭,还可改变其窗口的大小,将它们叠加或并排放置。资源浏览器窗和结果窗可分别通过单击其下方的标签"Explorer"和"Results"切换显示。当想把某个被关闭的窗口重新打开时,可通过选择主菜单"Window"下的相应菜单项来实现。

9.1.3　SAS for Windows 的退出

使用完 SAS 系统后,应将 SAS 系统关闭并退出。退出 SAS for Windows 系统的常用方法有:

方法 1:鼠标左键单击 SAS 系统窗口右上角的关闭按钮。

方法 2:选择主菜单"File"→"Exit"。

方法 3:鼠标左键双击 SAS 系统窗口左上角的 SAS 图标。

SAS 系统在正式退出前,将显示一个对话框(见图 9.7),以询问用户是否确认退出 SAS 系统。当用户按了"确定"按钮后,SAS 系统将正式退出。若用户按了"取消"按钮,则 SAS 系统仍保持运行。

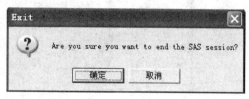

图 9.7

9.1.4　SAS/ASSIST 模块

SAS/ASSIST 模块是一个面向任务的菜单驱动模块,它通过提供菜单界面,使用户免去学习 SAS 语言的负担。而且,通过选项可以让 SAS 系统在执行特定功能的过程中自动产生相应的 SAS 程序,可帮助学习或加快编写 SAS 程序。因此,对初学 SAS 的人来说,SAS/ASSIST 模块是一个很重要的模块。

1) 进入 SAS/ASSIST

进入 SAS/ASSIST 模块的常用方法有如下几种:

(1)在命令框中键入 ASSIST,再按 Enter 键,或按其左边的 ✓ 按钮。

(2)选择主菜单 Solutions → ASSIST。

首先,系统将显示一个对话框,见图 9.8。

若选择"Cascading menus",再按"Continue"按钮,则显示如图 9.9 所示的按钮式菜单。其中的每个按钮对应一部分常用的 SAS 功能。当用鼠标左键单击某一按钮后,将会弹出一个下拉菜单,选择其中的某个菜单项,就可执行相应的功能。

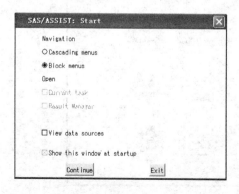

图 9.8

225

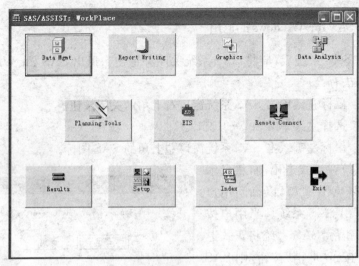

图 9.9

若选择"Block menus",再按"Continue"按钮,则显示如图 9.10 所示的按钮式菜单。同样,其中的每个按钮对应一部分常用的 SAS 功能。当用鼠标左键单击某一按钮后,又会显示下一级按钮式菜单。图 9.11 就是按了"DATA MGMT"按钮后显示的下一级"Data Management Menu"按钮式菜单。这时,若按"GOBACK"按钮,就可返回到上一级菜单。

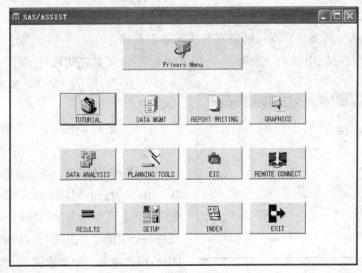

图 9.10

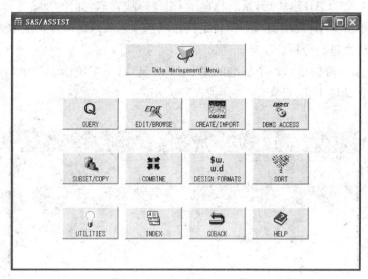

图 9.11

2）退出 SAS/ASSIST

若是选择"Cascading menus"进入 SAS/ASSIST 模块的，则在如图 9.9 所示的主菜单窗口中按"Exit"按钮或单击主菜单窗口标题栏右上角的关闭按钮，即可退出 SAS/ASSIST 模块。

若是选择"Block menus"进入 SAS/ASSIST 模块的，则在子菜单窗口中按"GOBACK"按钮直到返回主菜单窗口（见图 9.10），然后按"Exit"按钮或单击主菜单窗口标题栏右上角的关闭按钮，即可退出 SAS/ASSIST 模块。

9.1.5 SAS/LAB

SAS/LAB 模块是一个菜单驱动式数据分析模块。它通过菜单方式，用向导帮助用户一步一步地完成数据分析。

1）进入 SAS/LAB

进入 SAS/LAB 模块的方法通常有如下几种：

（1）在命令框中键入 LAB，再按 Enter 键，或按其左边的 ✓ 按钮。

（2）选择主菜单 Solutions → Analysis → Guided Data Analysis。

（3）先进入 SAS/ASSIST 模块，再单击 Data Analysis → Interactive → Guided Data Analysis。

进入 SAS/LAB 模块后，系统将显示 LAB 模块窗口，如图 9.12 所示。用户可通过逐步单击 LAB 模块窗口中的特定按钮或选项来装载所需分析的数据集，以及对相应的数据进行分析。

LAB 模块窗口也是一个标准的 Windows 窗口，可按照标准 Windows 窗口的操作方法将其最小化、最大化、关闭或改变大小。

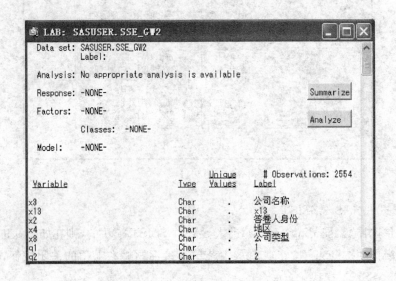

图 9.12

2) 退出 SAS/LAB

进入 SAS/LAB 模块后，在如图 9.12 所示的画面中用鼠标左键单击 LAB 模块窗口右上角的关闭按钮，或双击 LAB 模块窗口左上角的图标，将 LAB 模块窗口关闭即退出 SAS/LAB 模块。

9.1.6 SAS/ANALYST

SAS/ANALYST 模块也是一个菜单驱动式数据分析模块。它通过项目文件来管理用户分析所需的各个元素，用菜单方式帮助用户逐步完成数据的加工和整理、作图以及统计分析，并最终制作和打印出分析报告。

1) 进入 SAS/ANALYST

进入 SAS/ANALYST 模块的方法通常有如下几种：

(1) 在命令框中键入 ANALYST，再按 Enter 键，或按其左边的 ✓ 按钮。

（2）选择主菜单 Solutions → Analysis → Analyst。

进入 SAS/ANALYST 模块后，SAS 系统将在系统窗口内显示 ANALYST 模块窗口，如图 9.13 所示。这时，系统窗口的主菜单发生变化，增加了"Data"、"Reports"、"Graphs"、"Statistics"菜单项，而原有的菜单项"Run"和"Solutions"消失了，并且菜单项"File"、"Edit"、"View"和"Window"的下拉菜单中的内容也发生了变化。刚进入 SAS/ANALYST 模块时，ANALYST 窗口中的右边部分是一张电子表格，用户可在其中输入数据或打开已有的数据集，而其左边部分显示的是当前项目及其元素。用户可通过主菜单"Data"、"Reports"、"Graphs"、"Statistics"中的各功能项，对项目中各个数据集的数据进行加工、整理、作图和统计分析，并制作和打印报告。

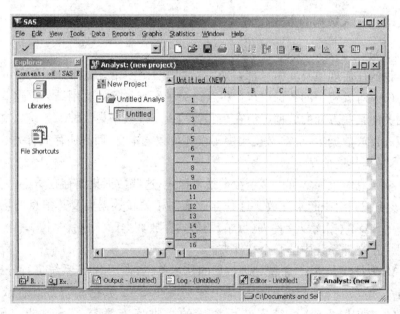

图 9.13

ANALYST 模块窗口也是一个标准的 Windows 窗口，可按照标准 Windows 窗口的操作方法将其最小化、最大化、关闭或改变大小。

2）退出 SAS/ANALYST

进入 SAS/ANALYST 模块后，在如图 9.13 所示的画面中用鼠标左键单击 ANALYST 窗口右上角的关闭按钮，或双击 ANALYST 窗口左上角的图标，将 ANALYST 窗口关闭即退出 SAS/ANALYST 模块。

§9.2　数据的输入、输出和整理

数据是统计分析的材料和对象,统计分析总是以数据的收集和整理为起点,又以各种数据的形式输出分析报告为终点。本节介绍 SAS 数据库和 SAS 数据集的概念;如何用菜单方式建立、选用 SAS 数据库和数据集,以及对数据集进行合并与拆分,将 SAS 数据集与 dBASE、Excel、Lotus 和文本文件等常见文件类型间相互转换的方法;还介绍使用 SAS/VIEWTABLE、SAS/LAB 和 SAS/ANALYST 等模块进行数据输入、输出和整理的方法。

9.2.1　输入数据的方式

1) SAS 数据库和 SAS 数据集

事物的任何现象及其信息都是通过数据表示出来的,统计分析的目的就是通过对与研究对象相关的数据进行分析获得关于研究对象的有用结果。这些与研究对象相关的某些方面的数据组织在一起就构成一个数据集。SAS 系统以文件的形式组织和存放数据集,SAS 数据集中不仅存放数据本身,而且还存放有关数据的类型、样本量等其他信息。

一个研究对象通常可由多个数据集来描述,这些数据集间存在着某些关系,因此,应该将它们组织起来存放。这种存放某些相关联数据集及其信息的场所称为数据库。SAS 数据库以文件夹(目录)的形式存放数据库。也就是说,一个 SAS 数据库对应于文件系统中的一个文件夹。

SAS 数据集是 SAS 系统处理数据的基本单位,在用 SAS 系统进行分析之前,必须首先建立或打开相应的数据集。任何一个 SAS 数据集都必须存放在一个 SAS 数据库中。SAS 系统安装后初始的数据库有 Maps、Sashelp、Sasuser、Work。其中,Work 是临时数据库,存放在 Work 数据库里面的数据集在退出 SAS 系统后将被自动清除。而存放在 Maps、Sashelp 和 Sasuser 数据库中的数据集将被永久保存,下次启动 SAS 系统后仍可打开这些数据集继续使用。

2) 输入数据的方式

将原始数据输入到 SAS 系统中,通常有手工输入和从其他数据文件导入两种方式。手工输入就是在 SAS 系统中直接用手工录入数据,建立 SAS 数据集。从其他数据文件导入就是将存放在其他类型文件中的数据导入 SAS 系统中,并转成

SAS 数据集的格式。

9.2.2　选用已有的 SAS 数据集

在用 SAS 系统进行分析之前，首先要为 SAS 系统提供以 SAS 数据集形式存放的数据。若数据存放在当前已存在的某个 SAS 数据集中，则必须将此数据集选择为 SAS 系统的当前工作数据集。选择数据集为当前工作数据集的方法有多种，下面分别介绍几种常用的方法。

1) 在 SAS/LAB 中选择所需的数据集

首先按照 9.1.5 节中介绍的方法进入 SAS/LAB 模块，显示 LAB 窗口（如图 9.12）。然后用鼠标左键单击 LAB 窗口中左上角的"Data set"，则会弹出一个对话框（LAB：All Available Data Sets），如图 9.14 所示。此对话框中列出了所有可用的数据集。其中，数据集名左边带有"＊"号的数据集为当前工作数据集。若此数据集就是所要选择的数据集，则单击下方的"Goback"按钮返回。若带有"＊"号的数据集不是所要选择的数据集，则拉动右边的滚动条找到所需的数据集，然后用鼠标左键单击此数据集名；稍候对话框自动消失，重新回到原来画面（如图 9.15），但当前工作数据集已是刚才所选的数据集"SASUSER.L3_2"，其名称显示在 LAB 窗口中左上角的"Data set："右边。

另外，进入 SAS/LAB 模块后，通过选择主菜单"File"→"New"，同样可以显示图 9.14 所示的对话框，接下来的操作与上面所述完全相同。

图 9.14

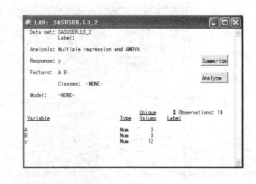

图 9.15

2) 在 SAS/ANALYST 中选择所需的数据集

按照 9.1.6 节中介绍的方法进入 SAS/ANALYST 模块，选择主菜单"File"，然后选择菜单项"Open By SAS Name ...",如图 9.16 所示。系统将弹出"Select A Member"对话框(图 9.17)。在"Select A Member"对话框左边的窗口中单击 SAS 数据库名以选择数据库,此时,"Select A Member"对话框右边的窗口中就会显示此数据库中的所有 SAS 数据集,然后单击所需要的数据集名,再按"OK"按钮,即完成数据集的选择。此后,"Select A Member"对话框将自动消失,ANALYST 窗口中的电子表格将显示所选数据集的内容(图 9.18)。

注意在窗口最下面"Member Type:"一栏中所选择的数据类型,若数据库中没

图 9.16

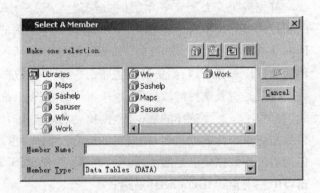

图 9.17

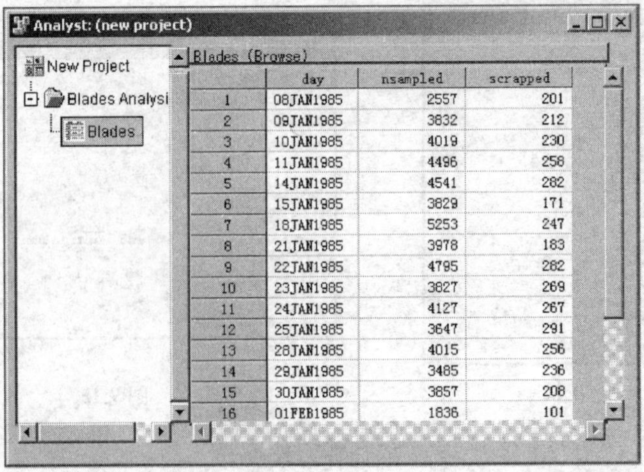

图 9.18

有所选的数据类型,在"Select A Member"对话框右边窗口中显示的将是空白。对于 SAS 数据集,其类型应选择"Data Tables (DATA)"。

3) 在 SAS/ASSIST 中选择所需的数据集

按照 9.1.4 节中介绍的方法进入 SAS/ASSIST 模块后,当选择某一功能进行数据分析时,系统将弹出一个对话框,以便用户指定所需分析的数据集以及其他信息。例如,在 ASSIST 的下级子菜单"Data Analysis"中选择"Elementary"→"Summary statistics ...",如图 9.19 所示。之后,系统将弹出"SAS/ASSIST:Summary Statistics"对话框(图 9.20);单击此对话框左上角的"Table:"按钮,又会

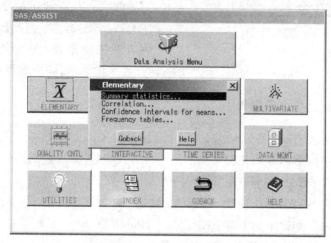

图 9.19

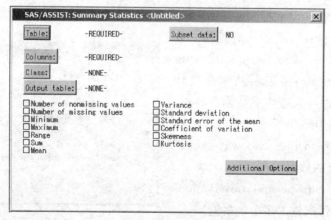

图 9.20

弹出"SAS/ASSIST:Select Table"对话框(图 9.21)。在"Select Table"对话框中第

图 9.21

一行"Table:"右侧的方括号内可直接输入所需的数据集全名,然后按"OK"按钮,完成数据集的选择。

在出现"SAS/ASSIST:Select Table"对话框后,也可单击"Select Table"话框中"Libraries"下方的数据库名,这时在"Libraries"左边的"Tables"下方将列出所选数据库中的所有数据集,拉动其右边的滚动条,找到所需的数据集,在其名称上单击左键,稍候,"Select Table"对话框自动消失,回到原来的画面,完成数据集的选择。

9.2.3 新建 SAS 数据集

在 SAS 系统中,可将原始数据通过键盘直接输入到系统内并存放在新建的 SAS 数据集中。下面介绍几种常见的用菜单方式新建 SAS 数据集的方法。

1) 在 SAS/LAB 中新建数据集

首先进入 SAS/LAB 模块,显示 LAB 窗口(如图 9.12)。然后选择主菜单"File"→"New",则弹出一个"LAB:All Available Data Sets"对话框,如图 9.14 所示。此对话框下部有如下几个按钮:"Create","Options","Goback"和"Help"。按"Create"按钮,出现"LAB:Create a New Data Set"对话框(图 9.22)。

在"LAB:Create a New Data Set"对话框中,上下有两个标题:"For data stored on paper:",表示从键盘输入数据;以及"For data stored on your computer system:",表示从保存在计算机中的文件导入或生成数据。其中,前者有三个选项:

"Enter data in a two-way table."(两因子变量的数据输入)

"Enter data several observations at a time."(每次输入多个观察值)

"Enter data one observation at a

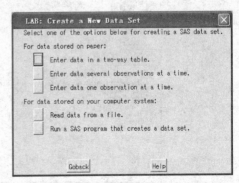

图 9.22

time."(每次输入一条观察值记录)

后者有两个选项：

"Read data from a file."(从某个文件中导入数据)

"Run a SAS program that creates a data set."(运行 SAS 程序建立数据集)

（1）若按"Enter data in a two-way table."左边的按钮，则弹出如图9.23所示的"LAB：Name for New Data Set"对话框。在此对话框第一行"Data set："右边的方括号中输入需要建立的数据集名，在第二行"Will be created："下方选择所存储的数据库。其中，选"Temporary"表示将新建的数据集存放在 Work 临时数据库中。若选"Permanent ..."，表示将新建的数据集存放在永久数据库中，同时又会弹出一个"Permanent Libraries"对话框（图9.24）提供用户选择所存放的数据库。用鼠标左键单击所列的数据库名选择所需的数据库，再按"OK"按钮确认。或者，用鼠标左键单击对话框右上方的"Assign a new library"按钮，指定一个新的数据库。

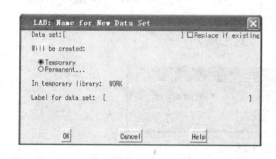

图 9.23

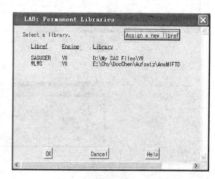

图 9.24

在输入新数据集名和指定存放的数据库后，画面又回到"LAB：Name for New Data Set"对话框（图9.23），在此对话框中按"OK"按钮，将出现"LAB：Enter Data in a Table"对话框（图9.25）。

在"LAB：Enter Data in a Table"对话框"Name for response variable："右边的方括号中输入相应变量名（缺省值为 response），在"Factor："的右边（或下方）输入列因子（或行因子）的名称，并通过单击"Char"或"Num"选择其变量类型。其中，"Char"表示字符

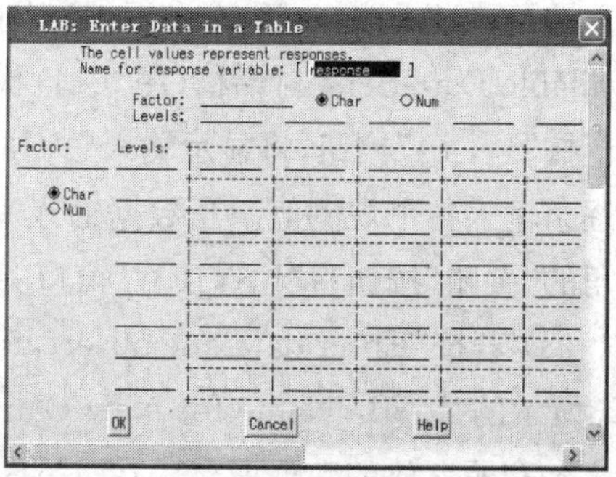

图 9.25

型,"Num"表示数值型。在"Levels:"的右边(或下方)输入列因子(或行因子)的各水平编号。最后,就可在表格中输入相应的数据。全部数据输入完毕后,按"OK"按钮,就完成了新数据集的建立,系统将回到"LAB"窗口状态(类似于图9.14)。

(2) 若按"Enter data several observations at a time."左边的按钮,则同样弹出如图9.23所示的"LAB: Name for New Data Set"对话框。按照前述方法指定新建的数据集名和所存放的数据库名。在"LAB: Name for New Data Set"对话框

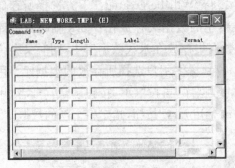

图 9.26

(图9.23)中按"OK"按钮后,将出现"LAB: NEW"窗口(图9.26)。然后在此窗口的相应栏目中分别填入变量名(Name)、变量类型(Type)、长度(Length)、变量标签(Label)、显示格式(Format)等相应信息,再单击"LAB: NEW"窗口上的"关闭"按钮将此窗口关闭,系统将显示确认对话框(图9.27)。

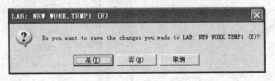

图 9.27

在上述确认对话框中按"取消"按钮,则取消刚才关闭"LAB: NEW"窗口的操作,回到"LAB: NEW"窗口的显示状态,此时,可继续有关变量信息的输入或修改。按"否(N)"按钮,系统将不保存刚才输入的变量信息,而返回到"LAB: All Available Data Sets"对话框(图9.14)状态,这时,用户可再选择其他输入数据的方式。按"是(Y)"按钮,将显示输入数据的"FSVIEW"窗口(图9.28),在此窗口中就可逐条输入各个观测值。当数据输入完毕后,用鼠标左键单击"FSVIEW"窗口右上角的"关闭"按钮将"FSVIEW"窗口关闭,完成新建数据集的过程。

(3) 若按"Enter data one observation at a time."左边的按钮,则同样弹出如图9.23所示的"LAB: Name for New Data Set"对话框。按照前述方法指定新建的数据集名和所存放的数据库名。在"LAB: Name for New Data Set"对话框(图9.23)中按"OK"按钮后,也将出现"LAB: NEW"窗口(图9.26)。按照上述同样的方式输

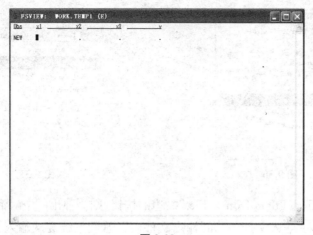

图 9.28

入全部变量的相关信息后,关闭"LAB:NEW"窗口,再在确认对话框(图 9.27)中按
"是(Y)"按钮,系统将显示输入数据的"FSEDIT"窗口(图 9.29)。注意,这时的
"FSEDIT"窗口中只显示一条观测值记录。要增加新记录或删除记录,请选择主菜单
"Edit"→"Add New Record"或"Edit"→"Delete Record"(图 9.30)。要察看前一条或
后一条记录,请选择主菜单"View"→"Previous Observation"或"View"→"Next
Observation"(图9.31)。当数据输入完毕后,用鼠标左键单击"FSEDIT"窗口右上角的
"关闭"按钮将"FSEDIT"窗口关闭,完成新建数据集的过程。

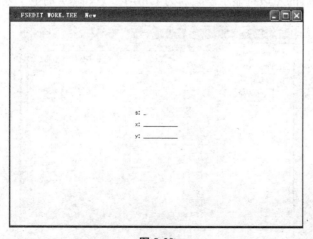

图 9.29

图 9.30 　　　　　　　　　　　　　　　　　　图 9.31

（4）若按"Read data from a file."左边的按钮，则会弹出一个对话框，用户可在此对话框中键入"输入文件名"和"输出文件名"，然后系统会从输入文件中读取数据再输出到输出文件中。这里省略其操作的细节，在 9.2.4 节中将详细介绍从常见的几种类型文件中将数据导入 SAS 系统中的方法。

（5）若按"Run a SAS program that creates a data set."左边的按钮，则会弹出一个对话框，用户在此对话框中键入"SAS 程序文件名"，其后系统将调用并执行此程序，最终生成所需的数据集。关于 SAS 程序的编写，将在本丛书的其他教材中介绍。

2）在 SAS/ANALYST 中新建数据集

进入 SAS/ANALYST 模块后，在缺省状态下，系统将打开一新项目文件（New project）和一个无标题分析项目（Untitled Analysis），如图 9.32。这时，ANALYST 窗口的左边将显示一个名为 Untitled（NEW）的电子表格。如果进入

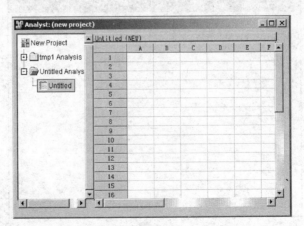

图 9.32

SAS/ANALYST 模块后，ANALYST 窗口中没有名为 Untitled（NEW）的电子表格，选择菜单"File"→"New"，ANALYST 窗口中即会显示名为 Untitled（NEW）的电子表格（图 9.32）。

　　ANALYST 窗口中显示的电子表格类似于 Microsoft Excel 的电子表格，每列表示一个变量，每行代表一条观测值记录，每个单元格存储一个数据。将全部数据输入完后，选择菜单"File"→"Save"，则系统弹出一个"Save As"对话框（图 9.33）。用鼠标左键单击"Save As"对话框左边窗口中的数据库名，以选择所要存放的数据库。在"Save As"对话框中"Member Name："标签右边的输入框中输入要保存的数据集名；在"Member Type："标签右边选择所要保

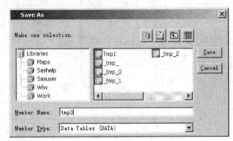

图 9.33

存的文件类型［SAS 数据集类型为 Data Table（DATA）］；然后按"Save"按钮，则在所选的数据库中就建立了相应名称的数据集。

　　3）在 SAS/ASSIST 中新建数据集

　　首先，按照 9.1.4 节介绍的方法进入 SAS/ASSIST 模块，按"DATA MGMT"菜单按钮进入"Data Management Menu"子菜单，如图 9.34 所示。用鼠标左键单击"CREATE/IMPORT"按钮，则弹出一个对话框式快捷菜单（图 9.35）。通过鼠标左键单击选择其中的"Enter data interactively ..."菜单项，系统将会弹出另一

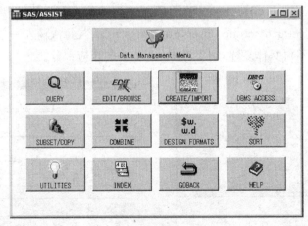

图 9.34

239

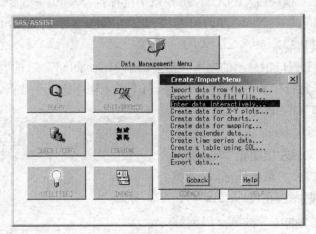

图 9.35

个对话框式快捷菜单(图 9.36),其中,有两个菜单项:"Enter data one record at a time … "和"Enter data in tabular form …"。

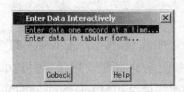

图 9.36

若通过鼠标左键单击选择"Enter data one record at a time … ",则弹出"Select a New SAS Table to Create"对话框(图 9.37)。按照9.2.3节"在 SAS/LAB 中新建数据集"所述的同样方法,输入新建的 SAS 数据集名,并指定所存放的 SAS 数据库,再按"OK"按钮,则将弹出"ASSIST:NEW"窗口(图 9.38)。下面所需输入的信息和操作步骤与 9.2.3 节中所介绍的关于"Enter data one observation at a time."(每次输入一条观察值记录)完全相同,这里不再具体复述,请参考 9.2.3 节中的相应部分。

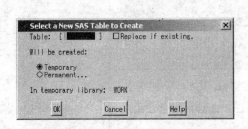

图 9.37

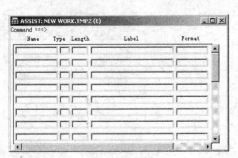

图 9.38

若通过鼠标左键单击选择"Enter data in tabular form ...",系统同样弹出"Select a New SAS Table to Create"对话框(图 9.37)。然后按照 9.2.3 节"在SAS/LAB 中新建数据集"所述的相同方法,输入新建的 SAS 数据集名,并指定所存放的 SAS 数据库,再按"OK"按钮,则与上述类似也弹出一个"ASSIST:NEW"窗口(图 9.38)。接下来需要输入的信息和操作步骤与 9.2.3 节中所介绍的关于"Enter data several observations at a time."(每次输入多个观察值)完全相同,这里不再具体复述,请参考 9.2.3 节中的相应部分。

4) 用 SAS/VIEWTABLE 新建数据集

SAS/VIEWTABLE 模块是一个电子表格化的专门用于对数据进行显示、输入和整理等操作的模块,可以用它新建 SAS 数据集。首先要进入 SAS/VIEWTABLE 模块,常用的方法如下。

方法 1:在命令框中键入"VIEWTABLE",再按 Enter 键,或按"√"按钮,则会弹出"VIEWTABLE (New)"窗口(图 9.39)。

方法 2:选择菜单 Tools → Table Editor,则弹出"VIEWTABLE"窗口(图 9.39)。

方法 3:通过 SAS 资源浏览器进入 VIEWTABLE 模块的方法。

图 9.39

① 在 SAS 资源浏览器中双击"Libraries"图标,或在 Libraries 图标上单击右键,再在弹出的快捷菜单中选择"Open",系统将会显示所有可用的 SAS 数据库,如图 9.40 所示(不同的系统有所不同);

② 通过双击来选择将存放新建 SAS 数据集的 SAS 数据库;

③ 在 SAS 资源浏览器的空白处单击右键,在弹出的快捷菜单中选择"New"(图 9.41),则弹出"New Member in XXX"窗口(图 9.42),其中,"XXX"表示在②中所选择的数据库名;

④ 单击"Table"图标,再单击"OK"按钮,或直接双击"Table"图标,即弹出"VIEWTABLE 窗口"(图 9.39)。

进入 SAS/VIEWTABLE 模块后,即可输入数据。在 VIEWTABLE (New)窗口中每列的第一行分别显示有"A","B","C","D"等字母是相应列的变量名,单击这些字母再键入新的字母可修改变量名。从第二行起,最左边一列显示有从"1"开

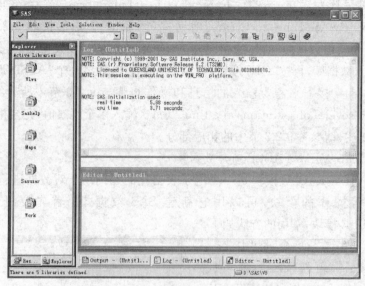

图 9.40

始的编号,每一行代表一个观测值记录,每个记录均由对应于各个变量的单元格组成,在这些单元格中可以输入相应的数据。

VIEWTABLE(New)窗口是一个全屏幕编辑窗口,将鼠标左键单击窗内的任何一个单元格,即可在此单元格中键入相应数据。一个单元格的数据输入完毕后,按"Tab"键或按"→"键,即可跳入右边一个单元格进行数据输入。若要在下方单元格中输入数据,只需按"↓"键。

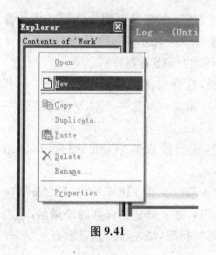

图 9.41

图 9.42

数据输入完毕后,选择菜单"File"→"Save",则弹出如图 9.33 所示的"Save As"对话框。若直接单击 VIEWTABLE(New)窗口右上角的"关闭"按钮,然后在弹出的确认对话框中按"是(Y)"按钮,也可弹出"Save As"对话框。在此对话框中选择存放新建数据集的 SAS 数据库,键入新建数据集的名称,选择好保存的文件类型后,按"Save"按钮即完成新建数据集的操作。

9.2.4 从文件中导入数据

SAS 系统能够读取保存在许多其他非 SAS 系统类型文件中的数据,而且这种读取过程对用户是完全透明的,用户可以通过简单的操作完成这一过程,这也是 SAS 系统的特色之一。这里所指的"其他非 SAS 系统"包括从各种常见的数据库系统(如 SQL Server、Oracle、DB2、FoxPro)、统计软件(如 SPSS、Minitab)以及个人微机上的电子表格系统(如 Excel,Lotus)等广大的范围。下面介绍利用 SAS 的输入向导将存储在个人微机上常见的其他非 SAS 类型文件中的数据导入 SAS 系统,并建立 SAS 数据集的方法。

1)从 Excel 文件中导入

选择主菜单"File"→"Import Data ...",则弹出"Import Wizard – Select import type"对话框(图 9.43)。

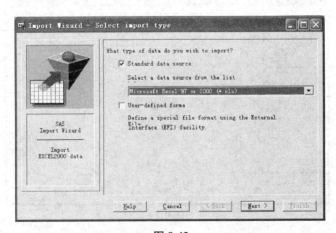

图 9.43

单击"Standard data source"使之被选上(其左边方框中显示"√"),在"Select a data source from the list"下方的矩形框中单击鼠标左键,则弹出文件类型列表(图 9.44),然后选择需导入的文件类型。这里的 Microsoft Excel 文件类型列有三种:

① "Microsoft Excel 97 or 2000（∗.xls）"（Excel 97 或 2000 版本），② "Microsoft Excel 5 or 7 Spreadsheet（∗.xls）"（Excel 第 5 或 7 版本），③ "Microsoft Excel 4 Spreadsheet（∗.xls）"（Excel 第 4 版本）。如选择"Microsoft Excel 97 or 2000（∗.xls)"，再按"Next"按钮，则弹出"Import Wizard-Select file"对话框（图 9.45）。

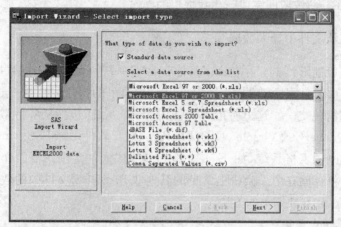

图 9.44

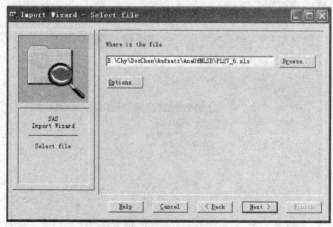

图 9.45

在"Where is the file"下方的输入框中输入路径和文件名，或按输入框右边的 "Browse …"按钮，再通过弹出的"Open"对话框来选定导入的文件（图 9.45）。然后 按"Next"按钮，则弹出"Import Wizard-Select library and member"对话框 （图9.46）。

244

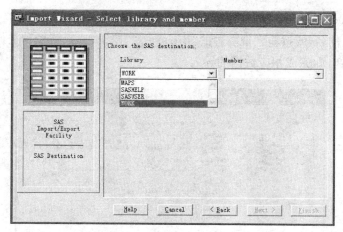

图 9.46

在"Library"下方的矩形框中单击鼠标左键,弹出当前可用的 SAS 数据库列表(图 9.46)。选定需保存的数据库名,并在"Member"下方的输入框中选定或输入数据集名(图 9.47)。

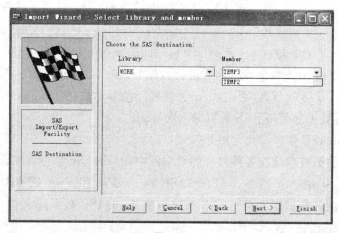

图 9.47

若只是进行一次数据导入,可直接按"Finish"按钮,系统即自动完成数据的导入过程。若要重复进行类似的数据导入,或想学习如何用 SAS 程序完成数据的导入,可让 SAS 系统生成相应的数据导入程序并将其保存在文件中,以便将来重复使用或查看。

为达到上述目的,在选定数据库和输入数据集名后(图 9.47)再按"Next"按钮,则弹出"Import Wizard-Create SAS Statements"对话框(图 9.48)。在输入框中键入路径和文件名,或按输入框右边的"Browse ..."按钮,选定路径和文件名,然后按"Finish"按钮,即完成相应数据的导入。

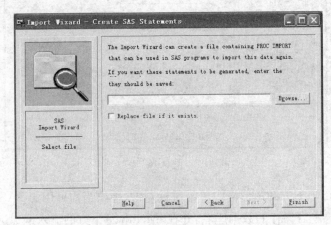

图 9.48

对于 Excel 4 文件或 Excel 5—7 文件中的数据导入,只需在选择导入的文件类型这一步时,分别选择"Microsoft Excel 4 Spreadsheet (* .xls)"或"Microsoft Excel 5 or 7 Spreadsheet (* .xls)"即可,后面的操作与上述完全相同。

注意:使用 SAS 数据导入向导进行数据导入时,计算机的显示器分辨率应该设定在 1024×768 或更高,否则,SAS 系统将不能显示数据导入向导窗口中的所有元素,从而导致无法使用 SAS 数据导入向导。

2) 从 dBASE 数据库文件中导入

大量的数据被存储在各种各样的数据库中,而 dBASE 数据库文件是微机上最常见的一种,从 dBASE I—V,FoxBASE 到 FoxPro 和 Visual FoxPro 都使用和兼容这一类型的数据库文件。SAS 系统也能从 dBASE 数据库文件中读取数据,并将其存储在 SAS 数据集中。

这里介绍用 SAS 的输入向导将存储在 dBASE 数据库文件中的数据导入 SAS 系统,并建立 SAS 数据集的方法。操作方法与 9.2.4 节所述的完全类似,区别之处只是在选择导入的文件类型这一步时,选择"dBASE File (* .dbf)"即可,后面的操作与 9.2.4 节所述完全相同,这里不再重复。

3) 从 Lotus 文件中导入

Lotus 是最早的电子表格软件之一,在 Microsoft Excel 面市之前,Lotus 已非常流行,有大量的数据保存在 Lotus Spreadsheet 类型的文件中。SAS 系统也能读取 Lotus Spreadsheet 类型文件中的数据,并将其存储在 SAS 数据集里。

SAS 8.x 版本能读取的 Lotus 文件类型有三种:Lotus 版本 1 Spreadsheet 文件,Lotus 版本 3 和 4 Spreadsheet 文件。使用 SAS 的输入向导将存储在上述三种类型的 Lotus 文件中的数据导入 SAS 系统的方法与 9.2.4 节中介绍的方法完全类似。不同之处在于,当选择导入的文件类型时,按情况分别选择"Lotus 1 Spreadsheet(＊.wk1)"、"Lotus 3 Spreadsheet(＊.wk3)"或"Lotus 4 Spreadsheet(＊.wk4)"即可,后面的操作与 9.2.4 节所述完全相同,这里不再重复。

4)从文本文件中导入

文本文件是一种保存数据的最通用的文件类型,几乎任何软件和程序都能读写文本文件。SAS 系统按照分隔数据的符号不同将文本文件分成三类:① 以逗号为分隔符的文本文件;② 以制表符为分隔符的文本文件;③ 以其他符号为分隔符的文本文件。

使用 SAS 的输入向导将存储在文本文件中的数据导入 SAS 系统的方法与 9.2.4 节中介绍的方法完全类似。不同之处在于,当选择导入的文件类型时,按情况分别选择"Comma Separated Values(＊.csv)"、"Tab Separated Values(＊.txt)"或"Delimited File(＊.＊)"即可,后面的操作与 9.2.4 节所述完全相同,这里不再重复。

9.2.5 输出、拆分 SAS 数据集

在实际中经常会遇到这样的情况,即需要将已建的 SAS 数据集按照一定条件拆分成若干个数据集,或将其中的数据输出保存到新的数据集或其他类型的文件中。本节将介绍几种常见的拆分 SAS 数据集和将 SAS 数据集中的数据输出到新的数据集或其他类型文件中的方法。

1)在 SAS/LAB 中输出 SAS 数据

在 SAS/LAB 中可以将当前工作数据集中的全部或部分数据输出保存到其他数据集中。其操作步骤如下。

首先,按照 9.1.5 节中介绍的方法进入 SAS/LAB 模块,若当前工作数据集不是所需的数据集,则按照 9.2.2 节中介绍的方法将所需的数据集选定为当前工作数据集。

然后,选择主菜单"File"→"Copy ..."(图 9.49),则弹出"LAB：Create a New Data Set by Subsetting"对话框(图 9.50)。鼠标左键单击"Data set to be created："

按钮,则弹出"LAB：Name for New Data Set"对话框(图9.51)。按照9.2.3节中介绍的类似方法键入输出的数据集名并指定所存放的数据库,然后按"OK"按钮,画面将回到"LAB：Create a New Data Set by Subsetting"对话框。鼠标左键单击"Data set to be created："按钮,则弹出"Select Table Variables"对话框(图9.52)。通过双击变量名从"Available"窗口中选择所需的变量,被选定的变量将出现在"Selected"窗口中,当所需的变量选择完毕后按"OK"按钮,则系统画面又回到"LAB：Create a New Data Set by Subsetting"对话框。

图 9.49

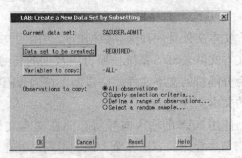

图 9.50

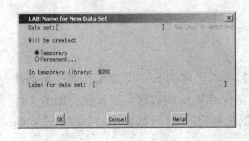

图 9.51

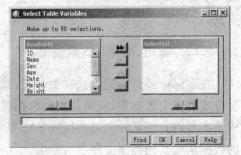

图 9.52

最后,在"Observations to copy："右边选择相应栏目以确定输出的观测值记录,接着按"OK"按钮,则系统将符合给定条件的变量和观测值记录输出到新建的数据集中,并将其作为当前数据集。

2) 在SAS/ANALYST中输出SAS数据

在SAS/ANALYST中可以将SAS数据集中的数据输出保存到新的SAS数据集或其他类型的文件中。其操作步骤如下。

首先,按照9.1.6节中介绍的方法进入SAS/ANALYST模块,再按照9.2.2节中介绍的方法选定所需的数据集作为数据源。然后，选择主菜单"File"→"Save As ..."，则弹出"Save As"对话框（图9.53）。最后，在此对话框"保存在"右边的框中输入保存的路径和文件夹名，或单击其右边的下拉按钮以选择保存的路径和文件夹，在对话框"文件名"右边的框中输入保存的文件名，在对话框"保存类型"右边的框中选定所保存的文件类型，再按"保存"按钮。

SAS 8.x系统 ANALYST 模块所列的可供选择的保存文件类型有："SAS Data Set"（SAS数据集），"Microsoft Access 97 Table"（Microsoft Access 97数据表），"dBASE File"（dBASE数据库文件），"Lotus 3 Spreadsheet"（Lotus 3 工作表），"Lotus 4 Spreadsheet"（Lotus 4 工作表），"Delimited File"（用户指定分隔符的文本文件），"Comma Separated Values"（以逗号为分隔符的文本文件）等几种（图9.53）。可以将现有的SAS数据集中的数据输出保存到上述几种文件类型中，以便其他软件读取这些数据。

图 9.53

3）使用 SAS/ASSIST 输出 SAS 数据

首先，按照9.1.4节介绍的方法进入 SAS/ASSIST 模块，按"DATA MGMT"菜单按钮进入"Data Management Menu"子菜单，再按"SUBSET/COPY"菜单按钮，则弹出"SAS/ASSIST：Subset or Copy a Table"对话框（图9.54），按"Table:"按钮，则弹出"SAS/ASSIST：Select Table."对话框（图9.55），按照9.2.2节所述的方法输入或选定相应数据库中的数据集，再按"OK"按钮系统将回到"SAS/ASSIST：Subset or Copy a Table"对话框画面。再按"Output Table:"按钮，弹出

"Output Table or View"对话框（图9.56），在此对话框"Table/View："一栏中输入数据集名或视图名；在"Will be created："下方选择所存放的数据库；在"Of type："下方选择"Table"（数据集）或"View"（视图）；然后，按"OK"按钮。

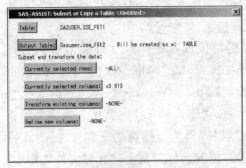

图 9.54

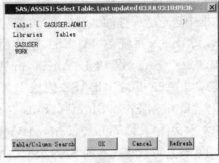

图 9.55

稍候系统又回到"SAS/ASSIST：Subset or Copy a Table"对话框画面。再按"Currently selected rows："按钮，则弹出"Build a WHERE Clause to Subset the Current Data"对话框（图9.57），在相应栏目中填入逻辑表达式，以确定所需输出的观测值记录（缺省状态是全部记录），再按"OK"按钮，回到"SAS/ASSIST：Subset or Copy a Table"对话框画面。

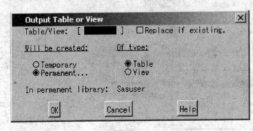

图 9.56

图 9.57

再按"Currently selected columns："按钮，则弹出"Select Table Variables"对话框（图9.52），按前面章节所述方法选择需输出的变量（缺省状态为全部变量），再按"OK"按钮。此后，系统又回到"SAS/ASSIST：Subset or Copy a Table"对话框画面。

若需要对原来变量进行变换，按"Transform existing columns："按钮，将弹出"Transform Existing Columns"对话框（图9.58）。用鼠标左键单击变量名以选择需要变换的变量。若选择的变量是字符型的，则弹出"Enter Character

Expression"对话框(图 9.59),在此对话框中可输入进行变换的字符表达式;若选择的变量是数值型的,则弹出"Enter Numeric Expression"对话框(图 9.60),在此对话框中可输入进行变换的数值表达式;变换公式输入完毕后,按"OK"按钮,回到"Transform Existing Columns"对话框画面。再按"OK"按钮,回到"SAS/ASSIST:Subset or Copy a Table"对话框画面。

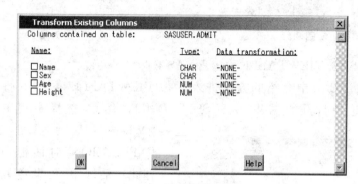

图 9.58

图 9.59

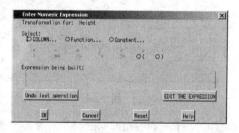

图 9.60

若要增加新变量,再按"Define new columns:"按钮,则弹出"Define or Modify Column"对话框(图 9.61)。输入变量名("Column:")、变量长度("Length:")和变量标签("Label:"),选定变量类型("Type:")、显示格式("Format:")、内部格式("Informat:")和初始化值("Initialize:"),然后按"OK"按钮,回到"SAS/ASSIST:Subset or Copy a Table"对话框画面。

选择主菜单"Run"→"Submit",将任务递交给 SAS 系统,以生成所需的数据集或视图,稍候,系统将弹出"Display the New table or view?"对话框(图 9.62)。选择"OK",则显示新建数据集或视图的内容;选择"Cancel",则不显示新建数据集或视图的内容。

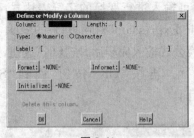

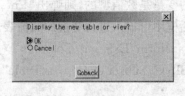

图 9.61   图 9.62

4) 在 SAS/VIEWTABLE 中输出 SAS 数据

按照 9.2.3 节中介绍的方法进入 SAS/VIEWTABLE 模块,并打开源数据集,例如,选择打开数据集 SASUSER. ADMIT。然后,选择主菜单"Data"→

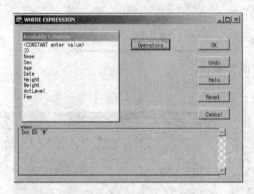

图 9.63

"Where …"则弹出"WHERE EXPRESSION"对话框(图 9.63)。在此对话框中,可设定关于数据集中各变量的逻辑表达式,以确定要输出的观测值记录。例如,希望将 ADMIT 数据集中男性的观测值记录输出,则在"Available Columns"下方的窗口中单击变量"Sex",然后选择运算符(Operators)"EQ",再单击"Available Columns"下方窗口中的

"〈CONSTANT enter value〉"并输入字母"M",这样就设定好了相应的逻辑表达式,见图 9.63。按"OK"按钮,回到 VIEWTABLE 窗口,这时窗口中将只显示满足条件的观测值记录。

若希望只输出源数据集中的部分变量,可选择主菜单"Data"→"Hide/Unhide …",系统将弹出"Hide/Unhide"对话框(图 9.64)。其中,"Displayed"窗口内显示的是将要输出的变量(缺省为全部变量),"Hidden"窗口内显示的是不输出的变量。通过鼠标左键双击"Displayed"窗口中不需要输出的变量名将其从"Displayed"窗口中删除,然后,按"OK"按钮,返回 VIEWTABLE 窗口,这时,窗口中将只显示被

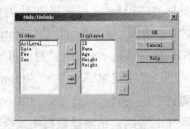

图 9.64

选择保留在“Displayed”窗口中的变量(图 9.65)。

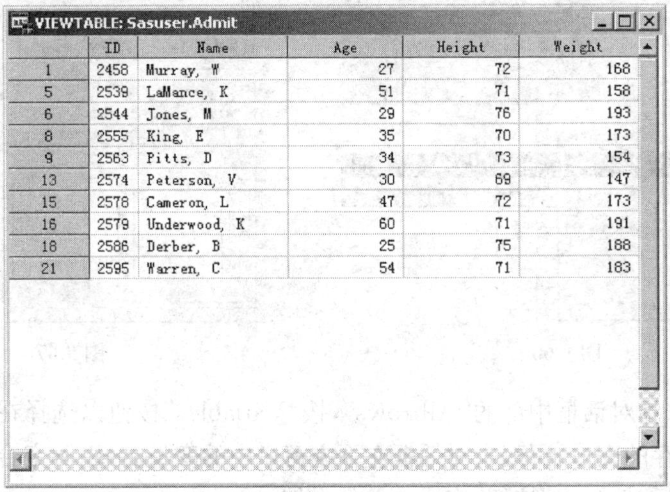

VIEWTABLE: Sasuser.Admit

	ID	Name	Age	Height	Weight
1	2458	Murray, W	27	72	168
5	2539	LaMance, K	51	71	158
6	2544	Jones, M	29	76	193
8	2555	King, E	35	70	173
9	2563	Pitts, D	34	73	154
13	2574	Peterson, V	30	69	147
15	2578	Cameron, L	47	72	173
16	2579	Underwood, K	60	71	191
18	2586	Derber, B	25	75	188
21	2595	Warren, C	54	71	183

图 9.65

选择主菜单“File”→“Save As ...”,则弹出如图 9.33 所示的“Save As”对话框。按照 9.2.3 节所述的方法输入数据集名和选定存放的数据库,再按“Save”按钮,即完成数据的输出。

9.2.6 合并 SAS 数据集

在实际中也常会遇到这样的操作,即需要将几个 SAS 数据集合并成一个 SAS 数据集。

1) 使用 SAS/ANALYST 模块合并 SAS 数据集

按照 9.1.6 节中介绍的方法进入 SAS/ANALYST 模块,再选择主菜单“Data”→“Combine Tables”→“Merge By Columns ...”(图 9.66),则弹出“Merge Tables by Columns”对话框(图 9.67)。

在对话框上部两个输入框中分别输入需要合并的数据集名,或者分别单击两个输入框左下方的按钮,以选择所需合并的数据集。例如,在 WORK.TMP1 和在 WORK.TMP2 数据集中分别存放着男性和女性的数据,现需要将它们合并成一个数据集 WORK.C1_2;则在两个输入框中分别输入 WORK.TMP1 和 WORK.TMP2(图 9.67)。若需要将 3 个或 4 个数据集合并成一个数据集,请按“More ...”按钮。SAS 系统一次最多可将 4 个数据集合并成一个数据集。

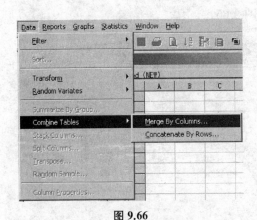

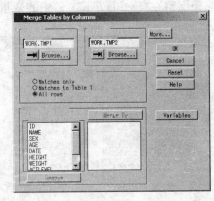

图 9.66　　　　　　　　　　　　　　　　图 9.67

　　然后,选择对话框中部的"All rows",按"Variables"按钮以选择在合并后的数据集中应保存的变量,再双击对话框左下方窗口中的变量名,以确定合并时所参考的变量。最后,按"OK"按钮,完成合并的操作。

　　如果有几个数据集,其具有相同的变量,希望将它们合并成一个较大的数据集,可选择主菜单"Data"→"Combine Tables"→"Concatenate By Rows …"

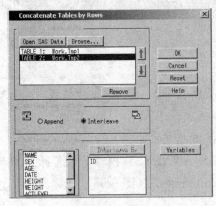

图 9.68

(图 9.66),则弹出"Concatenate Tables by Rows"对话框(图 9.68)。按"Open SAS Data"按钮,以选择需合并的 SAS 数据集;按"Browse …"按钮,可选择其他类型的文件。所有被选择合并的数据集或文件名将显示在下方的窗口中,选定其中的数据集名或文件名,再按右边的"↓"或"↑"按钮,则可改变数据集或文件合并的次序,按右下方"Remove"按钮,可将选定的数据集或文件从合并列表中删除。

　　若只是将这些数据集中的观测值记录按列表次序依次合并成一个较大的数据集,则选择"Append"。若希望合并后的数据集中的记录按照某些变量值的大小次序排列,则选择"Interleave",然后,双击右下方窗口中的变量,使得它们出现在左边的"Interleave By"窗口中,这样,合并后的数据集中的记录将按照这些变量值的大小次序排列。

如果单击"Variables"按钮,可选择需要保存在合并后的数据集中的变量。最后,按"OK"按钮,完成数据的合并。

2) 使用 SAS/ASSIST 模块合并 SAS 数据集

按照前面介绍的方法进入 SAS/ASSIST 模块,再按"DATA MGMT"菜单按钮进入"Data Management Menu"子菜单,然后,按"COMBINE"菜单按钮,则弹出"SAS/ASSIST:Combine SAS Tables"子菜单(图 9.69)。这里,SAS 系统提供四种合并的方法:① "Concatenate";② "Interleave";③ "Merge";④ "Match merge"。

鼠标左键单击左上角的"Concatenate"按钮,则弹出"SAS/ASSIST:Concatenate SAS Tables"对话框(图 9.70)。鼠标左键单击此对话框中的"First table:"按钮,则弹出"SAS/ASSIST:Select Table"对话框(图 9.71)。

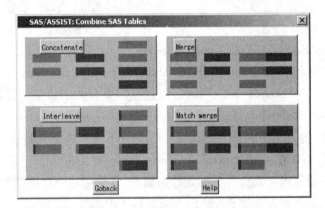

图 9.69

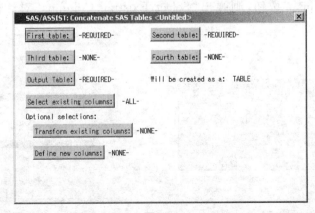

图 9.70

255

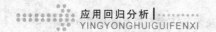

在"SAS/ASSIST：Select Table"对话框的"Table："标签的右边方括号中输入合并的第一个数据集名,或者通过单击"Libraries："和"Tables："标签下方的数据库名和数据集名,以选择要合并的数据集。然后,按"OK"按钮,确定选择并回到"SAS/ASSIST：Concatenate SAS Tables"对话框画面,这时,对话框中的"First table："按钮右边将显示刚才选定的数据集名。

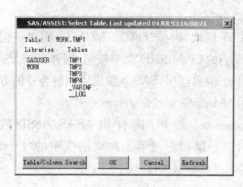

图 9.71

再用鼠标左键单击"SAS/ASSIST：Concatenate SAS Tables"对话框中的"Second table："按钮,类似于选定要合并的第一个数据集,选定要合并的第二个数据集,并返回"SAS/ASSIST：Concatenate SAS Tables"对话框画面。如果有第三、第四个数据集要合并,则分别单击"SAS/ASSIST：Concatenate SAS Tables"对话框中的"Third table："和"Fourth table："按钮,以选定需要合并的第三、第四个数据集,最后,返回到"SAS/ASSIST：Concatenate SAS Tables"对话框画面。

用鼠标左键单击"SAS/ASSIST：Concatenate SAS Tables"对话框中的"Output table："按钮,弹出"Specify Output Table"对话框(图 9.72)。在"Table："标签右边的方括号内输入合并后的新数据集名,并指定好所存放的数据库名,再按"OK"按钮,确定选择并返回到"SAS/ASSIST：Concatenate SAS Tables"对话框。

用鼠标左键单击"SAS/ASSIST：Concatenate SAS Tables"对话框中的"Select existing columns："按钮,则弹出"Select Existing Columns"对话框(图 9.73)。

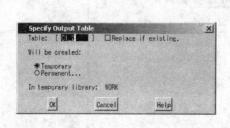

图 9.72

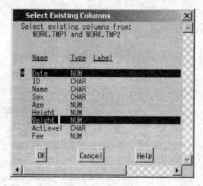

图 9.73

在此对话框中,可通过在变量名上单击鼠标左键选择需要在合并后的数据集中保存的变量(缺省状态是全部变量)。按"OK"按钮,确定选择并返回"SAS/ASSIST:Concatenate SAS Tables"对话框画面。

如果需要对某些变量进行变换,则用鼠标左键单击"SAS/ASSIST:Concatenate SAS Tables"对话框中的"Transform existing columns:"按钮,再按照前面章节介绍的方法设定变换公式,并再返回到"SAS/ASSIST:Concatenate SAS Tables"对话框画面。

如果还需要建立新的变量,则用鼠标左键单击"SAS/ASSIST:Concatenate SAS Tables"对话框中的"Define new columns:"按钮,再按照前面章节介绍的方法设定好新建变量的各个参数,然后按"OK"按钮确定选择并返回"SAS/ASSIST:Concatenate SAS Tables"对话框画面。

当设定完上述各项后,在显示"SAS/ASSIST:Concatenate SAS Tables"对话框状态下选择主菜单"Run"→"Submit",系统将弹出"Display the New table or view?"对话框(图 9.62)。选择"OK"按钮,再按"GOBACK"按钮,系统将显示合并后的数据集中的内容。若选择"Cancel"按钮,再按"GOBACK"按钮,系统将不显示合并后的数据集中的内容,但仍产生合并的数据集并存放在指定的数据库中。

9.2.7 数据的修改、查找和排序

本节介绍用 SAS/VIEWTABLE 模块进行数据的修改、查找和排序。下面通过一个例子来说明其操作步骤。

例:要对 WORK.EXAMPLE 数据集中姓名(Name)为"Johnson,R"的年龄(Age)进行修改,将 43 岁改为 44 岁。然后,将所有记录按照年龄从小到大升序排序,相同年龄的人再按身高(Height)从高到矮降序排列。

首先,按照 9.2.3 节中所述方法进入 SAS/VIEWTABLE 模块,再打开需要操作的 WORK.EXAMPLE 数据集(图 9.74)。

· 查找姓名(Name)为"Johnson,R"的记录:选择主菜单"Edit"→"Find …",则弹出"WHERE EXPRESSION"对话框(图 9.75)。单击"Available Columns"列表中的"Name"变量,再选择"EQ"操作符(Operators),然后,单击"Available Columns"列表中的"〈CONSTANT enter value〉",则出现如图 9.76 所示的对话框。在"Enter Constant Value:"窗口中输入要查找的姓名"Johnson,R",按"OK"按钮,返回到"WHERE EXPRESSION"对话框,再按"WHERE EXPRESSION"对话框中的"OK"按钮。稍候,系统将找到符合条件的第一条记录

	ID	Name	Sex	Age	Date	Height
1	2458	Murray, W	M	27	1	72
2	2462	Almers, C	F	34	3	66
3	2501	Bonaventure, T	F	31	17	61
4	2523	Johnson, R	F	43	31	63
5	2539	LaMance, K	M	51	4	71
6	2544	Jones, M	M	29	6	76
7	2552	Reberson, P	F	32	9	67
8	2555	King, E	M	35	13	70
9	2563	Pitts, D	M	34	22	73
10	2568	Eberhardt, S	F	49	27	64
11	2571	Nunnelly, A	F	44	19	66
12	2572	Oberon, M	F	28	17	62
13	2574	Peterson, V	M	30	6	69
14	2575	Quigley, M	F	40	8	69
15	2578	Cameron, L	M	47	5	72
16	2579	Underwood, K	M	60	22	71
17	2584	Takahashi, Y	F	43	29	65
18	2586	Derber, B	M	25	23	75

VIEWTABLE: Work.Eaxmple

图 9.74

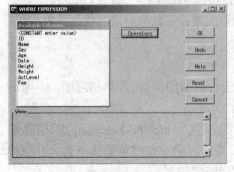

图 9.75

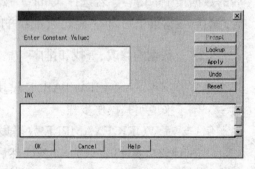

图 9.76

显示的窗口中的第一行(图 9.77)。若要查找满足条件的下一条记录,请选择主菜单"Edit"→"Repeat Find"。

刚打开数据集时,VIEWTABLE 处于浏览模式(Browse Mode),要对数据进行修改,必须将模式设定为编辑模式(Edit Mode)。

· 设置编辑模式:选择主菜单"Edit"→"Edit Mode"(图 9.78)。在"Edit"下拉菜单的"Edit Mode"菜单项右边将出现 ☑ 图标,表明当前的模式是编辑模式。而原先的模式为浏览模式,在"Edit"下拉菜单的"Browse Mode"菜单项右边有 ☑ 图标,"Edit Mode"菜单项右边却没有 ☑ 图标(图 9.78)。

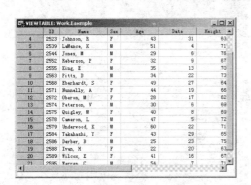

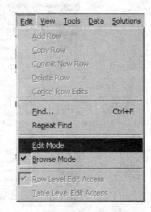

图 9.77   图 9.78

• 修改：鼠标左键单击相应记录"Age"变量所处的单元格，输入新值"44"。若还有其他变量值需修改，可类似进行。

• 排序：选择主菜单"Data"→"Sort …"，则弹出"Sort"对话框（图9.79）。用鼠标左键双击"Available："下方列表中的变量名，以选定排序变量，被选定的变量将出现在"Selected："下方的列表中。现选定"Age"和"Height"两个变量。然后，鼠标左键单击"Selected："下方列表中的"Age"变量，再选择"Sort Order"标签下面的"Ascending"（表示升序）。再用鼠标左键单击"Selected："下方列表中的"Height"变量，再选择"Sort Order"标签下面的"Descending"（表示降序），如图 9.80 所示。最后，按"OK"按钮，即完成排序操作，结果见图 9.81。

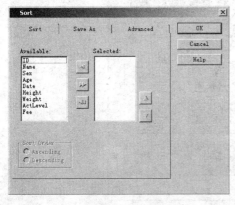

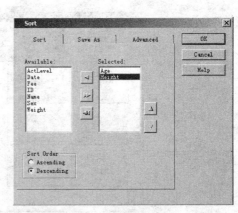

图 9.79   图 9.80

259

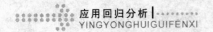

图 9.81

§9.3 用 SAS 进行回归分析

本节介绍用菜单方式进行一元线性回归、多元线性回归、多项式回归、可化为线性回归的曲线回归、逐步回归和 Logistic 回归的方法。

9.3.1 一元线性回归

首先,进入 SAS/ASSIST 模块,再单击"DATA ANALYSIS"菜单按钮进入"Data Analysis Menu"子菜单(图 9.82)。然后,单击"REGRESSION"菜单按钮,弹

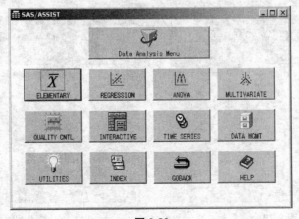

图 9.82

出"Regression"快捷菜单(图 9.83)。

选择"Regression"快捷菜单中的"Linear regression …"菜单项,进入"SAS/ASSIST:Regression Analysis"表单(图 9.84)。

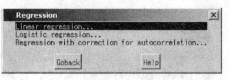

图 9.83

单击"SAS/ASSIST:Regression Analysis"表单中的"Table:"按钮,可选择需要分析的数据集。例如,选择 SASUSER.ADMIT 数据集进行分析。单击"Subset data:"按钮,可进行分组变量的设置。单击"Dependent:"按钮,进入"Select Table Variables"表单(图 9.85),从中可选择回归方程的因变量。例如,用鼠标左键双击"Select Table Variables"表单内左边窗口中的变量名"Weight",选定身高作为因变量(图 9.85)。再按"OK"按钮,返回"SAS/ASSIST:Regression Analysis"表单。

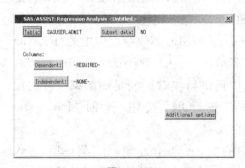

图 9.84

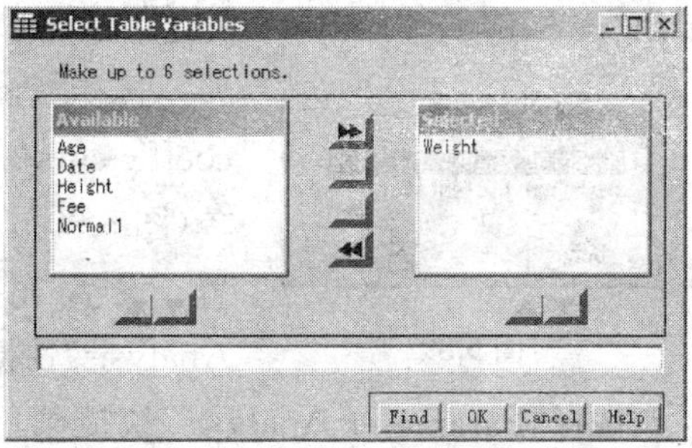

图 9.85

单击"SAS/ASSIST:Regression Analysis"表单中的"Independent:"按钮,又弹出一个"Select Table Variables"表单,从中可进行回归方程中的自变量的设定。例如,选择变量"Height"作为自变量(图 9.86)。然后,按"OK"按钮,返回"SAS/ASSIST:Regression Analysis"表单。

单击"SAS/ASSIST:Regression Analysis"表单中的"Additional options:"按钮,弹出"Additional Options"快捷菜单(图 9.87)。选择其中的"Displayed statistics …"菜单项,进入"Displayed Statistics"表单(图 9.88)。

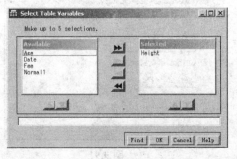

图 9.86

图 9.87

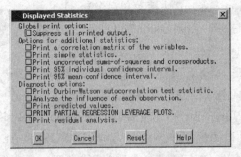

图 9.88

在"Displayed Statistics"表单中可进行有关分析结果、各种统计量输出参数的设置(图 9.88),设置完毕后按"OK"按钮,返回"Additional Options"快捷菜单。

选择"Additional Options"快捷菜单(图 9.87)中的"Coefficients …"菜单项,则弹出"Parameter Analysis"快捷菜单(图 9.89)。

图 9.89

选择"Parameter Analysis"快捷菜单中的"Restrict coefficients …"菜单项,进入"Restrict Coefficients"表单(图 9.90),从中可进行参数所满足的约束条件的设置。设置完毕后按"OK"按钮,返回"Parameter Analysis"快捷菜单。

选择"Parameter Analysis"快捷菜单中的"Test coefficients …"菜单项,进入"Test Coefficients"表单(图 9.91),从中可进行对参数检验的统计假设的设置。设置完毕后按"OK"按钮,返回"Parameter Analysis"快捷菜单,再按"Parameter Analysis"快捷菜单中的"Goback"按钮,返回"Additional Options"快捷菜单。

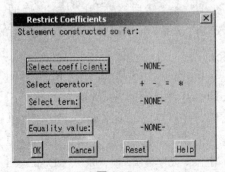

图 9.90

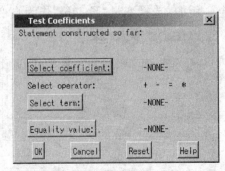

图 9.91

选择"Additional Options"快捷菜单(图 9.87)中的"Parameter estimates ..."菜
单项,进入"Parameter Estimates"表单
(图 9.92),从中可对是否进行自变量
间线性相关分析、模型中是否包含常
数项以及输出内容等进行设置。用
鼠标左键单击相应的选项后,在相应
项的左边就会显示一个"＊"号,表示
这一项已被设置;再用鼠标左键单击
后,右边的"＊"号将会消失;右边无
"＊"号的项表示未被设置。设置完

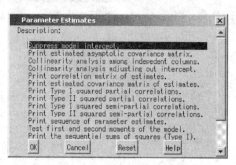

图 9.92

毕后按"OK"按钮,返回"Additional Options"快捷菜单。

选择"Additional Options"快捷菜单(图 9.87)中的"Regression plots ..."菜单
项,进入"Regression Plots"表单(图 9.93),从中可进行是否绘制某些回归图形的
设置。用鼠标左键单击相应的选项后,在相应项的左边就会显示一个"＊"号,表
示这一项已被设置;再用鼠标左键单击后,右边的"＊"号将会消失;右边无"＊"
号的项表示未被设置。设置完毕后按"OK"按钮,返回"Additional Options"快捷
菜单。

选择"Additional Options"快捷菜单(图 9.87)中的"Output tables ..."菜单项,
则弹出"Output tables"快捷菜单(图 9.94),选择其中相应的菜单项,可设置保存分
析结果的数据集、要估计的参数和偏差平方和。按"Output tables"快捷菜单中的
"Goback"按钮,返回"Additional Options"快捷菜单(图 9.87)。再按"Additional
Options"快捷菜单中的"Goback"按钮,返回"SAS/ASSIST: Regression Analysis"
表单(图 9.95)。

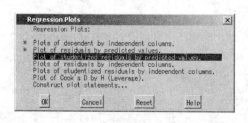

图 9.93

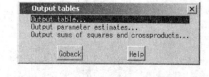

图 9.94

最后,选择主菜单"Run"→"Submit",稍候,在输出窗口中即显示出分析计算
结果(图 9.96),相应的回归图形显示在"WORK.GSEG.REG"窗口中(图 9.97)。

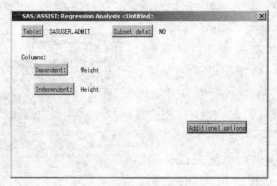

图 9.95

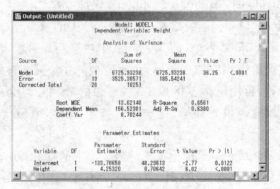

图 9.96

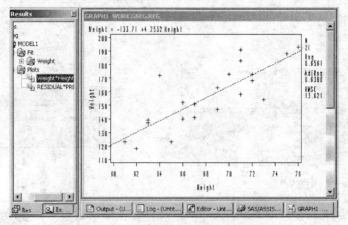

图 9.97

9.3.2 多元线性回归

本节以求数据集 SASUSER.ADMIT 中的体重（Weight）关于身高（Height）和年龄（Age）的二元线性回归方程为例，介绍用 SAS/ASSIST 模块进行多元线性回归分析的方法。

首先，如同上节所述，通过 SAS/ASSIST 模块进入"SAS/ASSIST：Regression Analysis"表单（图 9.84）。再单击表单中的"Table："按钮，选定 SASUSER.ADMIT 数据集进行分析。

然后，单击"SAS/ASSIST：Regression Analysis"表单中的"Independent："按钮，进入"Select Table Variables"表单。分别双击"Available"窗口中的变量名"Age"和"Height"，选定自变量（图9.98），按"OK"按钮，返回"SAS/ASSIST：Regression Analysis"表单（图 9.99）。

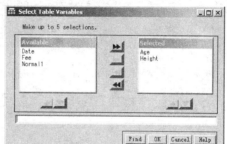

图 9.98

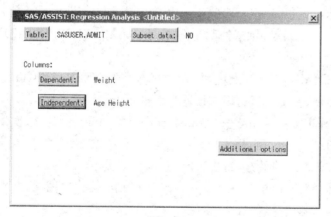

图 9.99

其余的操作同上节介绍的完全类似。

最后，选择主菜单"Run"→"Submit"，稍候，在输出窗口就显示出相应的分析结果，如图 9.100 所示。从中可见，回归方程是显著的，其 p 值小于 0.000 1。回归方程为：

$$\text{Weight} = -147.241\,44 + 4.183\,75\,\text{Height} + 0.480\,29\,\text{Age}$$

其中,在 5％显著性水平下,截距和 Height 的回归系数均显著,而 Age 的回归系数不显著(其 p 值＝0.105 9＞0.05)。

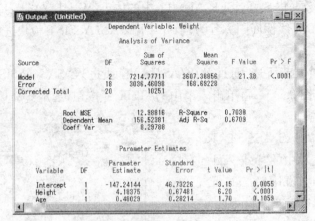

图 9.100

9.3.3 多项式回归

本节以求数据集 SASUSER. ADMIT 中的体重(Weight)关于身高(Height)和年龄(Age)的二元二次多项式回归为例,介绍用 SAS/ANALYST 模块进行多项式回归的方法。

进入 SAS/ANALYST 模块,打开数据集 SASUSER. ADMIT。选择主菜单"Edit"→"Mode"→"Edit",将模式设置为编辑(Edit)模式。

然后,选择主菜单"Data"→"Transform"→"Compute ...",依次增加如下三个变量:① "H2"等于 Height 的平方;② "Age_Height"等于 Age 乘 Height;③ "Age2"等于 Age 的平方,如图 9.101 所示。

选择主菜单"Statistics"→"Regression"→ "Linear ..."(图 9.102),进入"Linear Regression:Admit"表单(图 9.103)。

单击"Linear Regression:Admit"表单内左边变量列表窗中的变量"Weight",再按"Dependent"按钮。依次单击变量列表窗中的变量"Age"、"Height"、"Age2"、"Age_Height"和"H2",再按"Explanatory"按钮(图 9.103)。

单击"Linear Regression:Admit"表单中的"Model"按钮,进入"Linear Regression:Model"表单(图 9.104)。选择其中的"Method"标签,再选择"Selection method"框中的"Full model"选项(图 9.104)。按"OK"按钮,返回

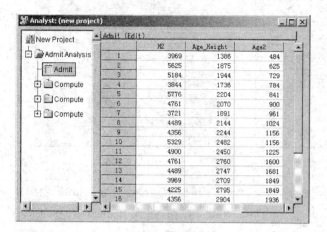

图 9.101

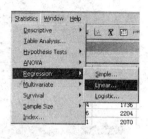

图 9.102

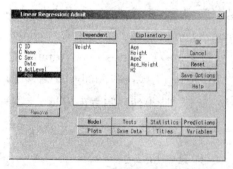

图 9.103

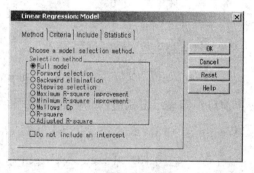

图 9.104

"Linear Regression：Admit"表单。

单击"Linear Regression：Admit"表单中的"Statistics"按钮，进入"Linear Regression：Statistics"表单（图 9.105）。选择其中的"Statistics"标签，再选择"Parameter estimates"框中的"Std. regression coefficients"（标准化的回归系数）和"Confidence limits for estimates"（估计参数的置信限）选项。按"OK"按钮，返回"Linear Regression：Admit"表单。

单击"Linear Regression：Admit"表单中的"Predictions"按钮，进入"Linear Regression：Predictions"表单（图 9.106）。从中可设定需要预测的新数据集、或设定对原始数据进行预测，以及其他输出项目的设定。按"OK"按钮，返回"Linear Regression：Admit"表单。

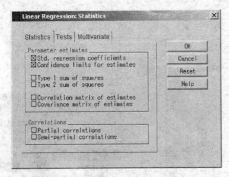

图 9.105   图 9.106

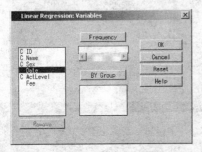

图 9.107

单击"Linear Regression：Admit"表单中的"Variables"按钮，进入"Linear Regression：Variables"表单（图 9.107），从中可进行频数变量（"Frequency"）和分组变量"By Group"的设定。按"OK"按钮，返回"Linear Regression：Admit"表单。

最后，按"Linear Regression：Admit"表单中的"OK"按钮，稍候，在"Analysis"结果输出窗口中即显示出相应的分析结果，如图 9.108 所示。所得的回归方程为：

$$Weight = -359.628\ 71 + 3.640\ 03\ Age + 9.504\ 34\ Height + 0.074\ 62\ Age^2$$

$$-0.131\ 91\ Age \times Height - 0.009\ 34\ Height^2$$

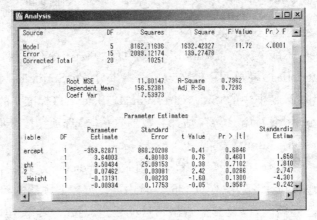

图 9.108

9.3.4 可化为线性回归的曲线回归

例 9.1 在某生产过程中,收集了质量指标 y 和某个控制变量 x 的一批数据(见表 9.1)。由专业知识知道,指标 y 与变量 x 之间有如下关系:$y = 100 + a \cdot e^{b/x}$,请根据这批观测数据求出此曲线回归方程。

表 9.1 质量指标 y 和某个控制变量 x 的数据关系

序 号	x	y	序 号	x	y
1	2	106.42	10	11	110.59
2	3	108.20	11	12	110.60
3	4	109.58	12	13	110.80
4	5	109.50	13	14	110.60
5	6	109.70	14	15	110.90
6	7	110.00	15	16	110.76
7	8	109.93	16	18	111.00
8	9	109.99	17	19	111.20
9	10	110.49			

首先,将原曲线方程进行变换:

$$\ln(y - 100) = \ln(a) + b\frac{1}{x}$$

记变量 $Ly\_100 = \ln(y - 100)$,$x\_1 = 1/x$。再令 $\beta_0 = \ln(a)$,$\beta_1 = b$,则原曲线方程可等价地写成:

$$Ly\_100 = \beta_0 + \beta_1 \cdot x\_1$$

上式左边是一个一元线性函数,可用一元线性回归方法求其回归方程。下面介绍用 SAS/ANALYST 模块实现上述计算过程的方法。

进入模块 SAS/ANALYST,新建一个项目文件,建立一个名为"Lm5_4"的数据集,在其中输入表 9.1 中的数据,并在刚建的项目文件中打开此数据集"Lm5_4",如图 9.109 所示。

选择主菜单"Edit"→"Mode"→"Edit",将数据集表设置成编辑模式。然后,选择主菜单"Data"→"Transform"→ "Compute ...",在数据集中新建两个变量:$x\_1 = 1/x$,$Ly\_100 = \ln(y - 100)$,如图 9.110 所示。

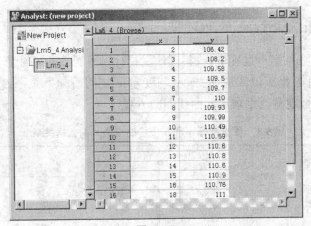

图 9.109

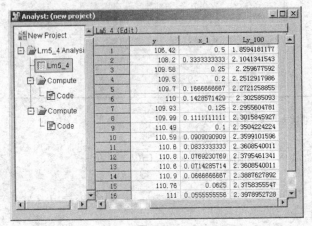

图 9.110

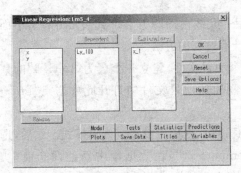

图 9.111

选择主菜单"Statistics"→"Regression"→"Linear ...",进入"Linear Regression:Lm5_4"表单(图 9.111)。单击左边窗口中的变量名"Ly_100",再按"Dependent"按钮,单击变量名"x_1",再按"Explanatory"按钮,分别选定因变量和自变量。

关于"Linear Regression:Lm5_4"表单中其他按钮的功能及其使用方法

和上节介绍的完全相同。当各个参数均设置完毕后，按"Linear Regression：Lm5_4"表单中的"OK"按钮，稍候，在"Analysis"结果输出窗口中即显示出相应的分析结果(图 9.112)。

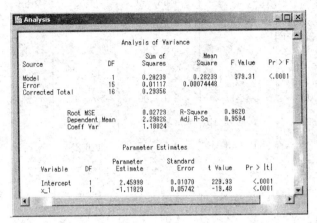

图 9.112

从输出结果可见，$\hat{\beta}_0 = 2.459\ 98$，$\hat{\beta}_1 = -1.118\ 29$，故 $\hat{a} = e^{\hat{\beta}_0} = e^{2.459\ 98} = 11.704\ 58$，$\hat{b} = \hat{\beta}_1 = -1.118\ 29$，因此，所求的曲线回归方程为：

$$\hat{y} = 100 + 11.704\ 58 \times e^{-1.118\ 29/x}$$

9.3.5 逐步回归

例 9.2 为了研究医院的工作量(y)与有关变量(x_1，x_2，x_3，x_4，x_5)间的关系，收集了 17 个有关医院的数据，见表 9.2。

表 9.2 17 个医院工作量(y)与有关变量(x_1，x_2，x_3，x_4，x_5)的观测数据

序 号	x_1	x_2	x_3	x_4	x_5	y
1	15.57	2 463	472.92	18.0	4.45	566.52
2	44.02	2 048	1 339.75	9.5	6.92	696.82
3	20.42	3 940	620.25	12.8	4.28	1 033.15
4	18.74	6 505	568.33	36.7	3.90	1 603.62
5	49.20	5 723	1 497.40	35.7	5.50	1 611.37
6	44.92	11 520	1 365.83	24.0	4.60	1 613.27

(续表)

序 号	x_1	x_2	x_3	x_4	x_5	y
7	55.48	5 779	1 687.00	43.3	5.62	1 854.17
8	59.28	5 969	1 639.92	46.7	5.15	2 160.55
9	94.39	8 461	2 872.33	78.7	6.18	2 305.58
10	128.02	20 106	3 655.08	180.5	6.15	2 503.93
11	96.00	13 313	2 912.00	60.9	5.88	3 571.89
12	131.42	10 771	3 921.00	103.7	4.88	3 741.40
13	127.21	15 543	3 865.67	126.8	5.50	4 026.52
14	252.90	36 194	7 684.10	157.7	7.00	10 343.81
15	409.20	34 703	12 446.33	169.4	10.78	11 732.17
16	463.70	39 204	14 098.40	331.4	7.05	15 414.94
17	510.22	86 533	15 524.00	371.6	6.35	18 854.45

试用逐步回归方法建立 y 关于 x_1，x_2，x_3，x_4，x_5 的线性回归方程。

下面介绍用 SAS/ANALYST 模块进行逐步线性回归的方法。

进入模块 SAS/ANALYST，新建一个项目文件，建立一个名为"Lm5_5"的数据集，在其中输入表 9.2 中的数据，并在刚建的项目文件中打开此数据集"Lm5_5"，如图 9.113 所示。

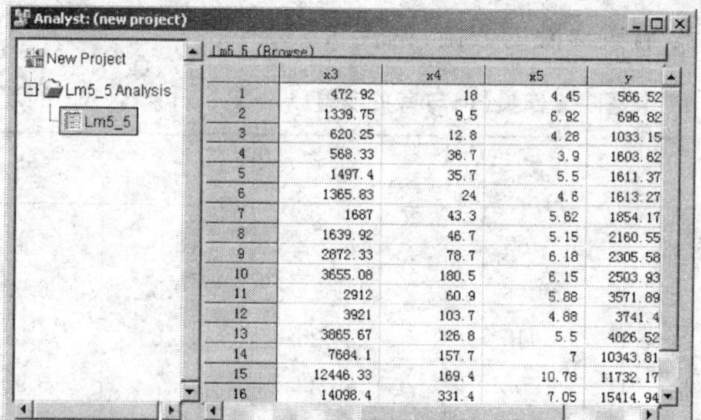

图 9.113

选择主菜单"Statistics"→"Regression"→"Linear ...",进入"Linear Regression:Lm5_5"表单(图 9.114)。单击左边窗口中的变量名"y",再按"Dependent"按钮,以选择因变量。选择变量"x_1,x_2,x_3,x_4,x_5",再按"Explanatory"按钮,以选定自变量(图 9.114)。

按"Linear Regression:Lm5_5"表单中的"Model"按钮,进入"Linear Regression:Model"表单(图 9.115)。单击其中的"Method"标签,进入"Choose a model selection method"画面,用鼠标左键单击选择"Selection method"框中的"Stepwise selection"选项(图 9.115)。

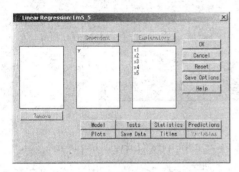

图 9.114

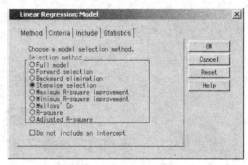

图 9.115

再单击"Linear Regression:Model"表单中的"Criteria"标签,进入"Choose significance level criteria for Forward,Backward,and Stepwise methods"画面。在"Significance levels"框中可进行逐步回归中"选进变量"和"剔除变量"的显著性水平的设置(图 9.116)。

再单击"Linear Regression:Model"表单中的"Include"标签,进入"Select variables to include in every model"画面,从中可设置总是需要包括在模型中的变量(图 9.117)。

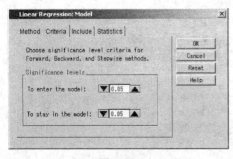

图 9.116

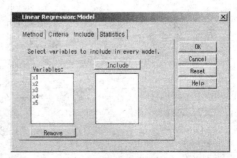

图 9.117

最后,按"Linear Regression:Model"表单中的"OK"按钮,返回"Linear Regression:Lm5_5"表单,再按"Linear Regression:Lm5_5"表单中的"OK"按钮,稍候,即在"Analysis"结果输出窗口中显示出相应的计算结果(图 9.118)。

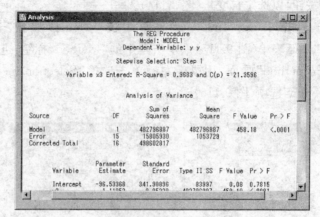

图 9.118

如果要将"Analysis"窗口中的计算结果保存在单独的文件中,则可在"Analysis"窗口为当前窗口的情况下选择主菜单"Edit"→"Copy to Program Editor"(图 9.119),先将计算结果复制到程序编辑器中,再选择主菜单"File"→"Save As ...",将计算结果保存在文件中。

图 9.119

表 9.3 列出了用 SAS/ANALYST 模块解决上述逐步回归问题的完整的 SAS 输出结果。

表 9.3 SAS 逐步回归的输出

The REG Procedure
Model:MODEL1
Dependent Variable:y y

Stepwise Selection:Step 1
Variable x3 Entered:R-Square = 0.968 3 and C(p) = 21.359 6

Analysis of Variance

Source	DF	Sum of Squares	Mean Square	F Value	Pr > F
Model	1	482 796 887	482 796 887	458.18	<0.000 1
Error	15	15 805 930	1 053 729		
Corrected Total	16	498 602 817			

（续表）

Variable	Parameter Estimate	Standard Error	Type II SS	F Value	Pr > F
Intercept	−96.533 68	341.908 96	83 997	0.08	0.781 5
x3	1.119 53	0.052 30	482 796 887	458.18	<0.000 1

Bounds on condition number：1，1

Stepwise Selection：Step 2

Variable x5 Entered：R-Square = 0.981 7 and C(p) = 8.814 4

Analysis of Variance

Source	DF	Sum of Squares	Mean Square	F Value	Pr > F
Model	2	489 487 894	244 743 947	375.91	<0.000 1
Error	14	9 114 923	651 066		
Corrected Total	16	498 602 817			

Variable	Parameter Estimate	Standard Error	Type II SS	F Value	Pr > F
Intercept	2614.220 73	887.266 99	5 651 983	8.68	0.010 6
x3	1.238 84	0.055 45	324 920 867	499.06	<0.000 1
x5	−550.658 43	171.770 68	6 691 007	10.28	0.006 3

Bounds on condition number：1.819 5，7.277 9

All variables left in the model are significant at the 0.050 0 level.

Stepwise Selection：Step 2

No other variable met the 0.050 0 significance level for entry into the model.

Summary of Stepwise Selection

Step	Variable Entered	Variable Removed	Label	Number Vars In	Partial R-Square	Model R-Square	C(p)	F Value	Pr > F
1	x3		x3	1	0.968 3	0.968 3	21.359 6	458.18	<0.000 1
2	x5		x5	2	0.013 4	0.981 7	8.814 4	10.28	0.006 3

9.3.6 Logistic 回归

例9.3　生物学家希望了解种子的发芽数是否受水分及是否加盖的影响，为此，在加盖与不加盖两种情况下对不同水分分别观察 100 粒种子是否发芽，记录发芽数，数据列在表 9.4 中。希望建立发芽率对水分、是否加盖及其交互作用的 Logistic 回归。

275

表 9.4

水　分	1	3	5	7	9
不　盖	24	46	67	78	73
加　盖	43	75	76	52	37

下面介绍用 SAS/ANALYST 模块进行上述 Logistic 回归的方法。

首先,进入 SAS/ANALYST 模块,新建一个项目文件和一个数据集 Li5_6_1。在此数据集中,以变量名"Water"表示水分,以变量名"Cover"表示是否加盖,以变量名"y"表示是否发芽,以变量名"F"表示"是/否"发芽数,并输入相应的观测数据,如图 9.120 所示。其中,"Cover"与"y"所在列的"0"表示"否","1"表示"是"。

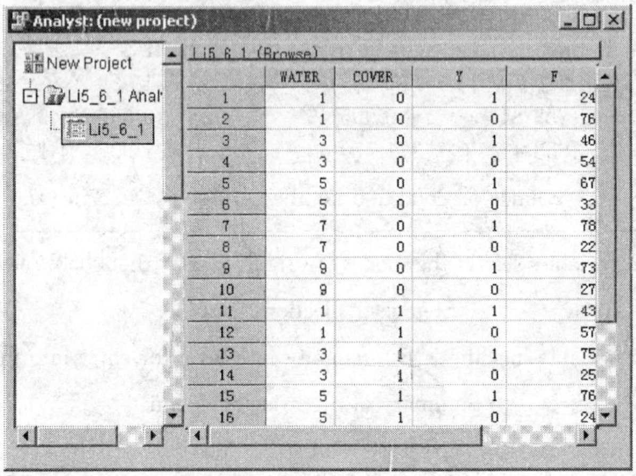

图 9.120

然后,选择主菜单"Statistics"→"Regression"→"Logistic ..."(图 9.121),进入"Logistic Regression:Li5_6_1"表单(图 9.122)。

选择"Logistic Regression:Li5_6_1"表单中左上角"Dependent type"框内的"Single trial";再选择左边变量列表中的变量"Y",按"Dependent"按钮,选择左边变量列表中的变量"WATER"和"COVER",再按

图 9.121

"Quantitative"按钮;用鼠标左键单击"Model Pr{ }:"输入框右边的下箭头,选择"1",如图 9.122 所示。按"Model"按钮,进入"Logistic Regression:Model"表单(图 9.123)。

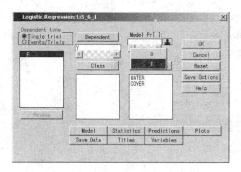
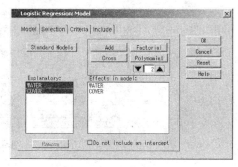

图 9.122   图 9.123

选择"Logistic Regression:Model"表单中的"Model"标签,在"Explanatory"下面的窗口中分别单击变量名"WATER"和"COVER",再按"Add"按钮,同时选定变量"WATER"和"COVER"(图 9.123),再按"Cross"按钮,结果如图 9.124 所示。按"OK"按钮,返回"Logistic Regression:Li5_6_1"表单。

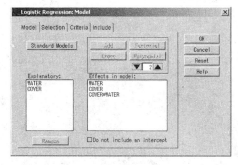
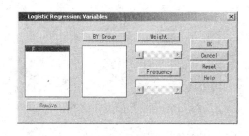

图 9.124   图 9.125

按"Logistic Regression:Li5_6_1"表单中的"Variables"按钮,进入"Logistic Regression:Variables"表单(图 9.125)。选择左边窗口中的变量"F",再按"Frequency"按钮,按"OK"按钮,返回"Logistic Regression:Li5_6_1"表单。

最后,按"Logistic Regression:Li5_6_1"表单中的"OK"按钮,稍候,即在"Analysis"输出窗口中显示出相应的结果,如图 9.126 所示。

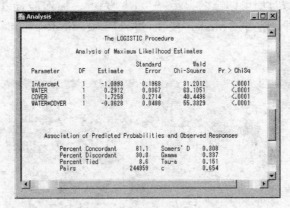

图 9.126

从中可见，发芽率 p 对水分、是否加盖及其交互作用的 Logistic 回归方程为：

$$\ln\left(\frac{\hat{p}}{1-\hat{p}}\right) = -1.099\ 3 + 1.725\ 8\ \text{Cover} + 0.291\ 2\ \text{Water}$$

$$-\ 0.362\ 8\ \text{Cover} * \text{Water}$$

附表1　t 分布的分位数表

例：自由度 $f=10$，$P(t>1.812)=0.05$，$P(t<-1.812)=0.05$

f \ α	0.25	0.20	0.15	0.10	0.05	0.025	0.01	0.005	0.000 5
1	0.100	1.376	1.963	3.076	6.314	12.706	31.821	63.657	636.619
2	0.816	1.061	1.386	1.886	2.920	4.303	6.965	9.925	31.598
3	0.765	0.978	1.250	1.638	2.353	3.182	4.541	5.841	12.941
4	0.741	0.941	1.190	1.533	2.132	2.776	3.747	4.604	8.610
5	0.727	0.920	1.156	1.476	2.015	2.571	3.365	4.032	6.859
6	0.718	0.906	1.134	1.440	1.943	2.447	3.143	3.707	5.959
7	0.711	0.896	1.119	1.415	1.895	2.365	2.998	3.499	5.405
8	0.706	0.889	1.108	1.397	1.860	2.306	2.896	3.355	5.041
9	0.703	0.883	1.100	1.383	1.833	2.262	2.821	3.250	4.781
10	0.700	0.879	1.093	1.372	1.812	2.228	2.764	3.169	4.587
11	0.697	0.876	1.088	1.363	1.796	2.201	2.718	3.106	4.437
12	0.695	0.873	1.083	1.356	1.782	2.179	2.681	3.055	4.318
13	0.694	0.870	1.079	1.350	1.771	2.160	2.650	3.012	4.221
14	0.692	0.868	1.076	1.345	1.761	2.145	2.624	2.977	4.140
15	0.691	0.866	1.074	1.341	1.753	2.131	2.602	2.947	4.073
16	0.690	0.865	1.071	1.337	1.746	2.120	2.583	2.921	4.015
17	0.689	0.863	1.069	1.333	1.740	2.110	2.567	2.898	3.965

（续表）

f \ α	0.25	0.20	0.15	0.10	0.05	0.025	0.01	0.005	0.000 5
18	0.688	0.862	1.067	1.330	1.734	2.101	2.552	2.878	3.922
19	0.688	0.861	1.066	1.328	1.729	2.093	2.539	2.861	3.883
20	0.687	0.860	1.064	1.325	1.725	2.086	2.528	2.845	3.850
21	0.686	0.859	1.063	1.323	1.721	2.080	2.518	2.831	3.819
22	0.686	0.858	1.061	1.321	1.717	2.074	2.508	2.819	3.792
23	0.685	0.858	1.060	1.319	1.714	2.069	2.500	2.807	3.767
24	0.685	0.857	1.059	1.318	1.711	2.064	2.492	2.397	3.745
25	0.684	0.856	1.058	1.316	1.708	2.060	2.485	2.787	3.725
26	0.684	0.856	1.058	1.315	1.706	2.056	2.479	2.779	3.707
27	0.684	0.855	1.057	1.314	1.703	2.052	2.473	2.771	3.690
28	0.683	0.855	1.056	1.313	1.701	2.048	2.467	2.733	3.674
29	0.683	0.854	1.055	1.311	1.699	2.045	2.462	2.756	3.659
30	0.683	0.854	1.055	1.310	1.697	2.042	2.457	2.750	3.646
40	0.681	0.851	1.050	1.303	1.684	2.021	2.423	2.704	3.551
60	0.679	0.848	1.046	1.296	1.671	2.000	2.390	2.660	3.460
120	0.677	0.845	1.041	1.289	1.658	1.980	2.358	2.617	3.373
∞	0.674	0.842	1.036	1.282	1.645	1.960	2.362	2.576	3.291

附表 2　F-检验的临界值表

例：自由度 $n_1 = 5$，$n_2 = 10$，

　　$P(F > 3.33) = 0.05$

　　$P(F > 5.64) = 0.01$

n_2 中下面的字是 1％ 的显著水平，上面的字为 5％ 的显著水平。

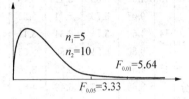

| n_2 | n_1 | 分　　子　　的　　自　　由　　度 | | | | | | | | | | | |
		1	2	3	4	5	6	7	8	9	10	11	12
分母的自由度	1	161	200	216	225	230	234	237	239	241	242	243	244
		4 052	4 999	5 403	5 625	5 764	5 859	5 928	5 981	6 022	6 056	6 082	6 106
	2	18.51	19.00	19.16	19.25	19.30	19.33	19.36	19.37	19.38	19.39	19.40	19.41
		98.49	99.00	99.17	99.25	99.30	99.33	99.34	99.36	99.38	99.40	99.41	99.42
	3	10.13	9.55	9.28	9.12	9.01	8.94	8.88	8.84	8.81	8.78	8.76	8.74
		34.12	30.82	29.46	28.71	28.24	27.91	27.67	27.49	27.34	27.23	27.13	27.05
	4	7.71	6.94	6.59	6.39	6.26	6.16	6.09	6.04	6.00	5.96	5.93	5.91
		21.20	18.01	16.69	15.98	15.52	15.21	14.98	14.80	14.66	14.54	14.45	14.37
	5	6.61	5.79	5.41	5.19	5.05	4.95	4.88	4.82	4.78	4.74	4.70	4.68
		16.26	13.27	12.06	11.39	10.97	10.67	10.45	10.27	20.15	10.05	9.96	9.89
	6	5.99	5.14	4.76	4.53	4.39	4.28	4.21	4.15	4.10	4.06	4.03	4.00
		13.74	10.92	9.78	9.15	8.75	8.47	8.26	8.10	7.98	7.87	7.79	7.72
	7	5.59	4.74	4.35	4.12	3.97	3.87	3.79	3.73	3.68	3.63	3.60	3.57
		12.25	9.55	8.45	7.85	7.46	7.19	7.00	6.84	6.71	6.62	6.54	6.47
	8	5.32	4.46	4.07	3.84	3.69	3.58	3.50	3.44	3.39	3.34	3.31	3.28
		11.26	8.65	7.59	7.01	6.63	6.37	6.19	6.03	5.91	5.82	5.74	5.67
	9	5.12	4.26	3.86	3.63	3.48	3.37	3.29	3.23	3.18	3.13	3.10	3.07
		10.56	8.02	6.99	6.42	6.06	5.80	5.62	5.47	5.35	5.26	5.18	5.11
	10	4.96	4.10	3.71	3.48	3.33	3.22	3.14	3.07	3.02	2.97	2.94	2.91
		10.04	7.56	6.55	5.99	5.64	5.39	5.21	5.06	4.95	4.85	4.78	4.71

(续表)

n_2 \ n_1	分 子 的 自 由 度											
	1	2	3	4	5	6	7	8	9	10	11	12
11	4.84	3.98	3.59	3.36	3.20	3.09	3.01	2.95	2.90	2.86	2.82	2.79
	9.65	7.20	6.22	5.67	5.32	5.07	4.88	4.74	4.63	4.54	4.46	4.40
12	4.75	3.88	3.49	3.26	3.11	3.00	2.92	2.85	2.80	2.76	2.72	2.69
	9.33	6.93	5.95	5.41	5.06	4.82	4.65	4.50	4.39	4.30	4.22	4.16
13	4.67	3.80	3.41	3.18	3.02	2.92	2.84	2.77	2.72	2.67	2.63	2.60
	9.07	6.70	5.74	5.20	4.86	4.62	4.44	4.30	4.19	4.10	4.02	3.96
14	4.60	3.74	3.34	3.11	2.96	2.85	2.77	2.70	2.65	2.60	2.56	2.53
	8.86	6.51	5.56	5.03	4.69	4.46	4.28	4.14	4.03	3.94	3.86	3.80
15	4.54	3.68	3.29	3.06	2.90	2.79	2.70	2.64	2.59	2.55	2.51	2.48
	8.68	6.36	5.42	4.89	4.56	4.32	4.14	4.00	3.89	3.80	3.73	3.67
16	4.49	3.63	3.24	3.01	2.85	2.74	2.66	2.59	2.54	2.49	2.45	2.42
	8.53	6.23	5.29	4.77	4.44	4.20	4.03	3.89	3.78	3.69	3.61	3.55
17	4.45	3.59	3.20	2.96	2.81	2.70	2.62	2.55	2.50	2.45	2.41	2.38
	8.40	6.11	5.18	4.67	4.34	4.10	3.93	3.79	3.68	3.59	3.52	3.45
18	4.41	3.55	3.16	2.93	2.77	2.66	2.58	2.51	2.46	2.41	2.37	2.34
	8.28	6.01	5.09	4.58	4.25	4.01	3.85	3.71	3.60	3.51	3.44	3.37
19	4.38	3.52	3.13	2.90	2.74	2.63	2.55	2.48	2.43	2.38	2.34	2.31
	8.18	5.93	5.01	4.50	4.17	3.94	3.77	3.63	3.52	3.43	3.36	3.30
20	4.35	3.49	3.10	2.87	2.71	2.60	2.52	2.45	2.40	2.35	2.31	2.28
	8.10	5.85	4.94	4.43	4.10	3.87	3.71	3.56	3.45	3.37	3.30	3.23
21	4.32	3.47	3.07	2.84	2.68	2.57	2.49	2.42	2.37	2.32	2.23	2.25
	8.02	5.78	4.87	4.37	4.04	3.81	3.65	3.51	3.40	3.31	3.24	3.17
22	4.30	3.44	3.05	2.82	2.66	2.55	2.47	2.40	2.35	2.30	2.26	2.23
	7.94	5.72	4.82	4.31	3.99	3.76	3.59	3.45	3.35	3.26	3.18	3.12
23	4.28	3.42	3.03	2.80	2.64	2.53	2.45	2.38	2.32	2.28	2.24	2.20
	7.88	5.66	4.76	4.26	3.94	3.71	3.54	3.41	3.30	3.21	3.14	3.07
24	4.26	3.40	3.01	2.78	2.62	2.51	2.43	2.36	2.30	2.26	2.22	2.18
	7.82	5.61	4.72	4.22	3.90	3.67	3.50	3.36	3.25	3.17	3.09	3.03
25	4.24	3.38	2.99	2.76	2.60	2.49	2.41	2.32	2.28	2.24	2.20	2.16
	7.77	5.57	4.68	4.18	3.86	3.63	3.46	3.34	3.21	3.13	3.05	2.99
26	4.22	3.37	2.98	2.74	2.59	2.47	2.39	2.32	2.27	2.22	2.18	2.15
	7.72	5.53	4.64	4.14	3.82	3.59	3.42	3.29	3.17	3.09	3.02	2.96
27	4.21	3.35	2.96	2.73	2.57	2.46	2.37	2.30	2.25	2.20	2.16	2.13
	7.68	5.49	4.60	4.11	3.79	3.56	3.39	3.26	3.14	3.06	2.98	2.93

分 母 的 自 由 度

（续表）

n_2	n_1	分 子 的 自 由 度										
		1	2	3	4	5	6	7	8	9	10	11	12
分 母 的 自 由 度	28	4.20	3.34	2.95	2.71	2.56	2.44	2.36	2.29	2.24	2.19	2.15	2.12
		7.64	5.45	4.57	4.07	3.76	3.53	3.36	3.23	3.11	3.03	2.95	2.90
	29	4.18	3.33	2.93	2.70	2.54	2.43	2.35	2.28	2.22	2.18	2.14	2.10
		7.60	5.42	4.54	4.04	3.73	3.50	3.33	3.20	3.08	3.00	2.92	2.87
	30	4.17	3.32	2.92	2.69	2.53	2.42	2.34	2.27	2.21	2.16	2.12	2.09
		7.56	5.39	4.51	4.02	3.70	3.47	3.30	3.17	3.06	2.98	2.90	2.84
	32	4.15	3.30	2.90	2.67	2.51	2.40	2.32	2.25	2.19	2.14	2.10	2.07
		7.50	5.34	4.46	3.97	3.66	3.42	3.25	3.12	3.01	2.94	2.86	2.80
	34	4.13	3.28	2.88	2.65	2.49	2.38	3.30	2.23	2.17	2.12	2.08	2.50
		7.44	5.29	4.42	3.93	6.61	3.38	3.21	3.08	2.97	2.89	2.82	2.76
	36	4.11	3.26	2.86	2.63	2.48	2.36	2.28	2.21	2.15	2.10	2.06	2.03
		7.39	5.25	4.38	3.80	3.58	3.35	3.18	3.04	2.94	2.86	2.78	2.72
	38	4.10	3.25	2.85	2.62	2.46	2.35	2.26	2.19	2.14	2.09	2.05	2.02
		7.35	5.21	4.34	3.86	3.54	3.32	3.15	3.02	2.91	2.82	2.75	2.69
	40	4.08	3.23	2.84	2.61	2.45	2.34	2.25	2.18	2.12	2.07	2.04	2.00
		7.31	5.18	4.31	3.83	3.51	3.29	3.12	2.99	2.88	2.80	2.73	2.66
	42	4.07	3.22	2.83	2.59	2.44	2.32	2.24	2.17	2.11	2.06	2.02	1.99
		7.27	5.15	4.29	3.80	3.49	3.26	3.10	2.96	2.86	2.77	2.70	2.64
	44	4.06	3.21	2.82	2.58	2.43	2.31	2.23	2.16	2.10	2.05	2.01	1.98
		7.24	5.12	4.26	3.78	3.46	3.24	3.07	2.94	2.84	2.75	2.68	2.62
	46	4.05	3.20	2.81	2.57	2.42	2.30	2.22	2.14	2.09	2.04	2.00	1.97
		7.21	5.10	4.24	3.76	3.44	3.22	3.05	2.92	2.82	2.73	2.66	2.60
	48	4.04	3.19	2.80	2.56	2.41	2.30	2.21	2.14	2.08	2.03	1.99	1.96
		7.19	5.08	4.22	3.74	3.42	3.20	3.04	2.90	2.80	2.71	2.64	2.58
	50	4.03	3.18	2.79	2.56	2.40	2.29	2.20	2.13	2.07	2.02	1.98	1.95
		7.17	5.06	4.20	3.72	3.41	3.18	3.02	2.88	2.78	2.70	2.62	2.56
	55	4.02	3.17	2.78	2.54	2.38	2.27	2.18	2.11	2.05	2.00	1.97	1.93
		7.12	5.01	4.16	3.68	3.37	3.15	2.98	2.85	2.75	2.66	2.59	2.53
	60	4.00	3.15	2.76	2.52	2.37	2.25	2.17	2.10	2.04	1.99	1.95	1.92
		7.08	4.98	4.13	3.65	3.34	3.12	2.95	2.82	2.72	2.63	2.56	2.50
	65	3.99	3.14	2.75	2.51	2.36	2.24	2.15	2.08	2.02	1.98	1.94	1.90
		7.04	4.95	4.10	3.62	3.31	3.09	2.93	2.79	2.70	2.61	2.54	2.47
	70	3.98	3.13	2.74	2.50	2.35	2.23	2.14	2.07	2.01	1.97	1.93	1.89
		7.01	4.92	4.08	3.60	3.29	3.07	2.91	2.77	2.67	2.59	2.51	2.45

(续表)

n_2 \ n_1	分 子 的 自 由 度											
	1	2	3	4	5	6	7	8	9	10	11	12
80	3.96	3.11	2.72	2.48	2.33	2.21	2.12	2.05	1.99	1.95	1.91	1.88
	6.96	4.88	4.04	3.56	3.25	3.04	2.87	2.74	2.64	2.55	2.48	2.41
100	3.94	3.09	2.70	2.46	2.30	2.19	2.10	2.03	1.97	1.92	1.88	1.85
	6.90	4.82	3.98	3.51	3.20	2.99	2.82	2.69	2.59	2.51	2.43	2.36
125	3.92	3.07	2.68	2.44	2.29	2.17	2.08	2.01	1.95	1.90	1.86	1.83
	6.84	4.78	3.94	3.47	3.17	2.95	2.79	2.65	2.56	2.47	2.40	2.33
150	3.91	3.06	2.67	2.43	2.27	2.16	2.07	2.00	1.94	1.89	1.85	1.82
	6.81	4.75	3.91	3.44	3.14	2.92	2.76	2.62	2.53	2.44	2.37	2.30
200	3.89	3.04	2.65	2.41	2.26	2.14	2.05	1.98	1.92	1.87	1.83	1.80
	6.76	4.71	3.88	3.41	3.11	2.90	2.73	2.60	2.50	2.41	2.34	2.28
400	3.86	3.02	2.62	2.39	2.23	2.12	2.03	1.96	1.90	1.85	1.81	1.78
	6.70	4.66	3.83	3.36	3.06	2.85	2.69	2.55	2.46	2.37	2.29	2.33
1 000	3.85	3.00	1.61	2.38	2.22	2.10	2.02	1.95	1.89	1.84	1.80	1.76
	6.66	4.62	3.80	3.34	3.04	2.82	2.66	2.53	2.43	2.34	2.26	2.20
∞	3.84	2.99	2.60	2.37	2.21	2.09	2.01	1.94	1.88	1.83	1.79	1.75
	6.64	4.60	3.78	3.32	3.02	2.80	2.64	2.51	2.41	2.32	2.24	2.18

n_2 \ n_1	分 子 的 自 由 度										
	14	16	20	24	30	40	50	75	100	200	500	∞
1	245	246	248	249	250	251	252	253	253	254	254	254
	6 142	6 169	6 208	6 234	6 258	6 286	6 302	6 323	6 334	6 352	6 361	6 366
2	19.42	19.43	19.44	19.45	19.46	19.47	19.47	19.48	19.49	19.49	19.50	19.50
	99.43	99.44	99.45	99.46	99.47	99.48	99.48	99.49	99.49	99.49	99.50	99.50
3	8.71	8.69	8.66	8.64	8.62	8.60	8.58	8.57	8.56	8.54	8.54	8.53
	26.92	26.83	26.69	26.60	26.50	26.41	26.35	26.27	26.23	26.18	26.14	26.12
4	5.87	5.84	5.80	5.77	5.74	5.71	5.70	5.68	5.66	5.65	5.64	5.63
	14.24	14.15	14.02	13.93	13.83	13.74	13.69	13.61	13.57	13.52	13.48	13.46
5	4.64	4.60	4.56	4.53	4.50	4.46	4.44	4.42	4.40	4.38	4.37	4.36
	9.77	9.68	9.55	9.47	9.38	9.29	9.24	9.17	9.13	9.07	9.04	9.02
6	3.96	3.92	3.87	3.84	3.81	3.77	3.75	3.72	3.71	3.69	3.68	3.67
	7.60	7.52	7.39	7.31	7.23	7.14	7.09	7.02	6.99	6.94	6.90	6.88
7	3.52	3.49	3.44	3.41	3.38	3.34	3.32	3.29	3.28	3.25	3.24	3.23
	6.35	6.27	6.15	6.07	5.98	5.90	5.85	5.78	5.75	5.70	5.67	5.65

(续表)

n_2	n_1	14	16	20	24	30	40	50	75	100	200	500	∞
				分	子	的	自	由	度				
	8	3.23	3.20	3.15	3.12	3.08	3.05	3.03	3.00	2.98	2.96	2.94	2.93
		5.56	5.48	5.36	5.28	5.20	5.11	5.06	5.00	4.96	4.91	4.88	4.86
	9	3.02	2.98	2.93	2.90	2.86	2.82	2.80	2.77	2.76	2.73	2.72	2.71
		5.00	4.92	4.80	4.73	4.64	4.56	4.51	4.45	4.41	4.36	4.33	4.31
	10	2.86	2.82	2.77	2.74	2.70	2.67	2.64	2.61	2.59	2.56	2.55	2.54
		4.60	4.52	4.41	4.33	4.25	4.17	4.12	4.05	4.01	3.96	3.93	3.94
	11	2.74	2.70	2.65	2.61	2.57	2.53	2.50	2.47	2.45	2.42	2.41	2.40
		4.29	4.21	4.10	4.02	3.94	3.86	3.80	3.74	3.70	3.66	3.62	3.60
分	12	2.64	2.60	2.54	2.50	2.46	2.42	2.40	2.36	2.35	2.32	2.31	2.30
		4.05	3.98	3.86	3.78	3.70	3.61	3.56	3.49	3.46	3.41	3.38	3.36
	13	2.55	2.51	2.46	2.42	2.38	2.34	2.32	2.28	2.26	2.24	2.22	2.21
母		3.85	3.78	3.67	3.59	3.15	3.42	3.37	3.30	3.27	3.21	3.18	3.16
	14	2.48	2.44	2.39	2.35	2.31	2.27	2.24	2.21	2.19	2.16	2.14	2.13
		3.70	3.62	3.51	3.43	3.34	3.26	3.21	3.14	3.11	3.06	3.02	3.00
的	15	2.43	2.39	2.33	2.29	2.25	2.21	2.18	2.15	2.12	2.10	2.08	2.07
		3.56	3.48	3.36	3.29	3.20	3.12	3.07	3.00	2.97	2.92	2.89	2.87
	16	2.37	2.33	2.28	2.24	2.20	2.16	2.13	2.09	2.07	2.04	2.02	2.01
		3.45	3.37	3.25	3.18	3.10	3.01	2.96	2.89	2.86	2.80	2.77	2.75
自	17	2.33	2.29	2.23	2.19	2.15	2.11	2.08	2.04	2.02	1.99	1.97	1.96
		3.35	3.27	3.16	3.08	3.00	2.92	2.86	2.79	2.76	2.70	2.67	2.65
	18	2.29	2.25	2.19	2.15	2.11	2.07	2.04	2.00	1.98	1.95	1.93	1.92
由		3.27	3.19	3.07	3.00	2.91	2.83	2.78	2.71	2.68	2.62	2.59	2.57
	19	2.26	2.21	2.15	2.11	2.07	2.02	2.00	1.96	1.94	1.91	1.90	1.88
		3.19	3.12	3.00	2.92	2.84	2.76	2.70	2.63	2.60	2.54	2.51	2.49
度	20	2.23	2.18	2.12	2.08	2.04	1.99	1.96	1.92	1.90	1.87	1.85	1.84
		3.13	3.05	2.94	2.86	2.77	2.69	2.63	2.56	2.53	2.47	2.44	2.42
	21	2.20	2.15	2.09	2.05	2.00	1.96	1.93	1.89	1.87	1.84	1.82	1.81
		3.07	2.99	2.88	2.80	2.72	2.63	2.58	2.51	2.47	2.42	2.38	2.36
	22	2.18	2.13	2.07	2.03	1.98	1.93	1.91	1.87	1.84	1.81	1.80	1.78
		3.02	2.94	2.83	2.75	2.67	2.58	2.53	2.46	2.42	2.37	2.33	2.31
	23	2.14	2.10	2.04	2.00	1.96	1.91	1.88	1.84	1.82	1.79	1.77	1.76
		2.97	2.89	2.78	2.79	2.62	2.53	2.48	2.41	2.37	2.32	2.28	2.26
	24	2.13	2.09	2.02	1.98	1.94	1.89	1.86	1.82	1.80	1.76	1.74	1.73
		2.93	2.85	2.74	2.66	2.58	2.49	2.44	2.36	2.33	2.27	2.23	2.21

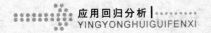

n_2 \ n_1		14	16	20	24	30	40	50	75	100	200	500	∞
					分 子 的 自 由 度								
分母的自由度	25	2.11	2.06	2.00	1.96	1.92	1.87	1.84	1.80	1.77	1.74	1.72	1.71
		2.89	2.81	2.70	2.62	2.54	2.45	2.40	2.32	2.29	2.23	2.19	2.17
	26	2.10	2.05	1.99	1.95	1.90	1.85	1.82	1.78	1.76	1.72	1.70	1.69
		2.86	2.77	2.66	2.58	2.50	2.41	2.36	2.28	2.25	2.19	2.15	2.13
	27	2.08	2.03	1.97	1.93	1.88	1.84	1.80	1.76	1.74	1.71	1.68	1.67
		2.83	2.74	2.63	2.55	2.47	2.38	2.33	2.25	2.21	2.16	2.12	2.10
	28	2.06	2.02	1.96	1.91	1.87	1.81	1.78	1.75	1.72	1.69	1.67	1.65
		2.80	2.71	2.60	2.52	2.44	2.35	2.30	2.22	2.18	2.13	2.09	2.06
	29	2.05	2.00	1.94	1.90	1.85	1.80	1.77	1.73	1.71	1.68	1.65	1.64
		2.77	2.68	2.57	2.49	2.41	2.32	2.27	2.19	2.15	2.10	2.06	2.03
	30	2.04	1.99	1.93	1.89	1.84	1.79	1.76	1.72	1.69	1.66	1.64	1.62
		2.74	2.66	2.55	2.47	2.38	2.29	2.24	2.16	2.13	2.07	2.03	2.01
	32	2.02	1.97	1.91	1.86	1.82	1.76	1.74	1.69	1.67	1.64	1.61	1.59
		2.70	2.62	2.51	2.42	2.34	2.25	2.20	2.12	2.08	2.02	1.98	1.96
	34	2.00	1.95	1.89	1.84	1.80	1.74	1.71	1.67	1.64	1.61	1.59	1.57
		2.66	2.58	2.47	2.38	2.30	2.21	2.15	2.08	2.04	1.98	1.94	1.91
	36	1.98	1.93	1.87	1.82	1.78	1.72	1.69	1.65	1.62	1.59	1.56	1.55
		2.62	3.54	2.43	2.35	2.26	2.17	2.12	2.04	2.00	1.94	1.90	1.87
	38	1.96	1.92	1.85	1.80	1.76	1.71	1.67	1.63	1.60	1.57	1.54	1.53
		2.59	2.51	2.40	2.32	2.22	2.14	2.08	2.00	1.97	1.90	1.86	1.84
	40	1.95	1.90	1.84	1.79	1.74	1.69	1.66	1.61	1.59	1.55	1.53	1.51
		2.56	2.49	2.37	2.29	2.20	2.11	2.05	1.97	1.94	1.88	1.84	1.81
	42	1.94	1.89	1.82	1.78	1.73	1.68	1.64	1.60	1.57	1.54	1.51	1.49
		2.54	2.46	2.35	2.26	2.17	2.08	2.02	1.94	1.91	1.85	1.80	1.78
	44	1.92	1.88	1.81	1.76	1.72	1.66	1.63	1.58	1.56	1.52	1.50	1.48
		2.52	2.44	2.32	2.24	2.15	2.06	2.00	1.92	1.88	1.82	1.78	1.75
	46	1.91	1.87	1.80	1.75	1.71	1.65	1.62	1.57	1.54	1.51	1.48	1.46
		2.50	2.42	2.30	2.22	2.13	2.04	1.98	1.90	1.86	1.80	1.76	1.72
	48	1.90	1.86	1.79	1.74	1.70	1.64	1.61	1.56	1.53	1.50	1.47	1.45
		2.48	2.40	2.28	2.20	2.11	2.02	1.96	1.88	1.84	1.78	1.73	1.70
	50	1.90	1.85	1.78	1.74	1.69	1.63	1.60	1.55	1.52	1.48	1.46	1.44
		2.46	2.39	2.26	2.18	2.10	2.00	1.94	1.86	1.82	1.76	1.71	1.68
	55	1.88	1.83	1.76	1.72	1.67	1.61	1.58	1.52	1.50	1.46	1.43	1.41
		2.43	2.35	2.23	2.15	2.06	1.96	1.90	1.82	1.78	1.71	1.66	1.64

(续表)

	n_1	\multicolumn{12}{c}{分　子　的　自　由　度}
n_2		14	16	20	24	30	40	50	75	100	200	500	∞
分	60	1.86	1.81	1.75	1.70	1.65	1.59	1.56	1.50	1.48	1.44	1.41	1.39
		2.40	2.32	2.20	2.12	2.03	1.93	1.87	1.79	1.74	1.68	1.63	1.60
	65	1.85	1.80	1.73	1.68	1.63	1.57	1.54	1.49	1.46	1.42	1.39	1.37
母		2.37	2.30	2.18	2.09	2.00	1.90	1.84	1.76	1.71	1.64	1.60	1.56
	70	1.84	1.79	1.72	1.67	1.62	1.56	1.53	1.47	1.45	1.40	1.37	1.35
		2.35	2.28	2.15	2.07	1.98	1.88	1.82	1.74	1.69	1.62	1.56	1.53
	80	1.82	1.77	1.70	1.65	1.60	1.54	1.51	1.45	1.42	1.38	1.35	1.32
的		2.32	2.24	2.11	2.03	1.94	1.84	1.78	1.70	1.65	1.57	1.52	1.49
	100	1.79	1.75	1.68	1.63	1.57	1.51	1.48	1.42	1.39	1.34	1.30	1.28
		2.26	2.19	2.06	1.98	1.89	1.79	1.73	1.64	1.59	1.51	1.46	1.43
	125	1.77	1.72	1.65	1.60	1.55	1.49	1.45	1.39	1.36	1.31	1.27	1.25
自		2.23	2.15	2.03	1.94	1.85	1.75	1.68	1.59	1.54	1.46	1.40	1.37
	150	1.76	1.71	1.64	1.59	1.54	1.47	1.44	1.37	1.34	1.29	1.25	1.22
		2.20	2.12	2.00	1.91	1.83	1.72	1.66	1.56	1.51	1.43	1.37	1.33
由	200	1.74	1.69	1.62	1.57	1.52	1.45	1.42	1.35	1.32	1.26	1.22	1.19
		2.17	2.09	1.97	1.88	1.79	1.69	1.62	1.53	1.48	1.39	1.33	1.28
	400	1.72	1.67	1.60	1.54	1.49	1.42	1.38	1.32	1.28	1.22	1.16	1.13
		2.12	2.04	1.92	1.84	1.74	1.64	1.57	1.47	1.42	1.32	1.24	1.19
度	1 000	1.70	1.65	1.58	1.53	1.47	1.41	1.36	1.30	1.26	1.19	1.13	1.08
		2.09	2.01	1.89	1.81	1.71	1.61	1.54	1.44	1.38	1.28	1.19	1.11
	∞	1.67	1.64	1.57	1.52	1.46	1.40	1.35	1.28	1.24	1.17	1.11	1.00
		2.07	1.99	1.87	1.79	1.69	1.59	1.52	1.41	1.36	1.25	1.15	1.00

附表3 D-W 检验的临界值表

n 是观察值的数目；k 是解释变量的数目，包括常数项   5％的上下界

n	$k=2$		$k=3$		$k=4$		$k=5$		$k=6$	
	d_L	d_u	d_L	d_u	d_L	d_u	d_L	d_u	d_L	d_u
15	1.08	1.36	0.95	1.54	0.82	1.75	0.69	1.97	0.56	2.21
16	1.10	1.37	0.98	1.54	0.86	1.73	0.74	1.93	0.62	2.15
17	1.13	1.38	1.02	1.54	0.90	1.71	0.78	1.90	0.67	2.10
18	1.16	1.39	1.05	1.53	0.93	1.69	0.82	1.87	0.71	2.06
19	1.18	1.40	1.08	1.53	0.97	1.68	0.86	1.85	0.75	2.02
20	1.20	1.41	1.10	1.54	1.00	1.68	0.90	1.83	0.79	1.99
21	1.22	1.42	1.13	1.54	1.03	1.67	0.93	1.81	0.83	1.96
22	1.24	1.43	1.15	1.54	1.05	1.66	0.96	1.80	0.86	1.94
23	1.26	1.44	1.17	1.54	1.08	1.66	0.99	1.79	0.90	1.92
24	1.27	1.45	1.19	1.55	1.10	1.66	1.01	1.78	0.93	1.90
25	1.29	1.45	1.21	1.55	1.12	1.66	1.04	1.77	0.95	1.89
26	1.30	1.46	1.22	1.55	1.14	1.65	1.06	1.76	0.98	1.88
27	1.32	1.47	1.24	1.56	1.16	1.65	1.08	1.76	1.01	1.86
28	1.33	1.48	1.26	1.56	1.18	1.65	1.10	1.75	1.03	1.85
29	1.34	1.48	1.27	1.56	1.20	1.65	1.12	1.74	1.05	1.84
30	1.35	1.49	1.28	1.57	1.21	1.65	1.14	1.74	1.07	1.83
31	1.36	1.50	1.30	1.57	1.23	1.65	1.16	1.74	1.09	1.83
32	1.37	1.50	1.31	1.57	1.24	1.65	1.18	1.73	1.11	1.82
33	1.38	1.51	1.32	1.58	1.26	1.65	1.19	1.73	1.13	1.81
34	1.39	1.51	1.33	1.58	1.27	1.65	1.21	1.73	1.15	1.81
35	1.40	1.52	1.34	1.58	1.28	1.65	1.22	1.73	1.16	1.80
36	1.41	1.52	1.35	1.59	1.29	1.65	1.24	1.73	1.18	1.80
37	1.42	1.53	1.26	1.59	1.31	1.66	1.26	1.72	1.19	1.80
38	1.43	1.54	1.37	1.59	1.32	1.66	1.26	1.72	1.21	1.79

（续表）

n	k=2		k=3		k=4		k=5		k=6	
	d_L	d_u	d_L	d_u	d_L	d_u	d_L	d_u	d_L	d_u
39	1.43	1.54	1.38	1.60	1.33	1.66	1.27	1.72	1.22	1.79
40	1.44	1.54	1.39	1.60	1.34	1.66	1.29	1.72	1.23	1.79
45	1.48	1.57	1.43	1.62	1.38	1.67	1.34	1.72	1.29	1.78
50	1.50	1.59	1.46	1.63	1.42	1.67	1.38	1.72	1.34	1.77
55	1.53	1.60	1.49	1.64	1.45	1.68	1.41	1.72	1.38	1.77
60	1.55	1.62	1.51	1.65	1.48	1.69	1.44	1.73	1.41	1.77
65	1.57	1.63	1.54	1.66	1.50	1.70	1.47	1.73	1.44	1.77
70	1.58	1.64	1.55	1.67	1.52	1.70	1.49	1.74	1.46	1.77
75	1.60	1.65	1.57	1.68	1.54	1.71	1.51	1.74	1.49	1.77
80	1.61	1.66	1.59	1.69	1.56	1.72	1.53	1.74	1.51	1.77
85	1.62	1.67	1.60	1.70	1.57	1.72	1.55	1.75	1.52	1.77
90	1.63	1.68	1.61	1.70	1.59	1.73	1.57	1.75	1.54	1.78
95	1.64	1.69	1.62	1.71	1.60	1.73	1.58	1.75	1.56	1.78
100	1.65	1.69	1.63	1.72	1.61	1.74	1.59	1.76	1.57	1.78

1%的上下界

n	k=2		k=3		k=4		k=5		k=6	
	d_L	d_u	d_L	d_u	d_L	d_u	d_L	d_u	d_L	d_u
15	0.81	1.07	0.70	1.25	0.59	1.46	0.49	1.70	0.39	1.96
16	0.84	1.09	0.74	1.25	0.63	1.44	0.53	1.66	0.44	1.90
17	0.87	1.10	0.77	1.25	0.67	1.43	0.57	1.63	0.48	1.85
18	0.90	1.12	0.80	1.26	0.71	1.42	0.61	1.60	0.52	1.80
19	0.93	1.13	0.83	1.26	0.74	1.41	0.65	1.58	0.56	1.77
20	0.95	1.15	0.86	1.27	0.77	1.41	0.68	1.57	0.60	1.74
21	0.97	1.16	0.89	1.27	0.80	1.41	0.72	1.55	0.63	1.71
22	1.00	1.17	0.91	1.28	0.83	1.40	0.75	1.54	0.66	1.69
23	1.02	1.19	0.94	1.29	0.86	1.40	0.77	1.53	0.70	1.67
24	1.04	1.20	0.96	1.30	0.88	1.41	0.80	1.53	0.72	1.66
25	1.05	1.21	0.98	1.30	0.90	1.41	0.83	1.52	0.75	1.65
26	1.07	1.22	1.00	1.31	0.93	1.41	0.85	1.52	0.78	1.64
27	1.09	1.23	1.02	1.32	0.95	1.41	0.88	1.51	0.81	1.63

（续表）

n	$k=2$		$k=3$		$k=4$		$k=5$		$k=6$	
	d_L	d_u	d_L	d_u	d_L	d_u	d_L	d_u	d_L	d_u
28	1.10	1.24	1.04	1.32	0.97	1.41	0.90	1.51	0.83	1.62
29	1.12	1.25	1.05	1.33	0.99	1.42	0.92	1.51	0.85	1.61
30	1.13	1.26	1.07	1.34	1.01	1.42	0.94	1.51	0.88	1.61
31	1.15	1.27	1.08	1.34	1.02	1.42	0.96	1.51	0.90	1.60
32	1.16	1.28	1.10	1.35	1.04	1.43	0.98	1.51	0.92	1.60
33	1.17	1.29	1.11	1.36	1.05	1.43	1.00	1.51	0.94	1.59
34	1.18	1.30	1.13	1.36	1.07	1.43	1.01	1.51	0.95	1.59
35	1.19	1.31	1.14	1.37	1.08	1.44	1.03	1.51	0.97	1.59
36	1.21	1.32	1.15	1.38	1.10	1.44	1.04	1.51	0.99	1.59
37	1.22	1.32	1.16	1.38	1.11	1.45	1.06	1.51	1.00	1.59
38	1.23	1.33	1.18	1.39	1.12	1.45	1.07	1.52	1.02	1.58
39	1.24	1.34	1.19	1.39	1.14	1.45	1.09	1.52	1.03	1.58
40	1.25	1.34	1.20	1.40	1.15	1.46	1.10	1.52	1.05	1.58
45	1.29	1.38	1.24	1.42	1.20	1.48	1.16	1.53	1.11	1.58
50	1.32	1.40	1.28	1.45	1.24	1.49	1.20	1.54	1.16	1.59
55	1.36	1.43	1.32	1.47	1.28	1.51	1.25	1.55	1.21	1.59
60	1.38	1.45	1.35	1.48	1.32	1.52	1.28	1.56	1.25	1.60
65	1.41	1.47	1.38	1.50	1.35	1.53	1.31	1.57	1.28	1.61
70	1.43	1.49	1.40	1.52	1.37	1.55	1.34	1.58	1.31	1.61
75	1.45	1.50	1.42	1.53	1.39	1.56	1.37	1.59	1.34	1.62
80	1.47	1.52	1.44	1.54	1.42	1.57	1.39	1.60	1.36	1.62
85	1.48	1.53	1.46	1.55	1.43	1.58	1.41	1.60	1.39	1.63
90	1.50	1.54	1.47	1.56	1.45	1.59	1.43	1.61	1.41	1.64
95	1.51	1.55	1.49	1.57	1.47	1.60	1.45	1.62	1.42	1.64
100	1.52	1.56	1.50	1.58	1.48	1.60	1.46	1.63	1.44	1.65

附表4 $F_{\max}$ 的分位数表

$\alpha=0.05$

v \ k	2	3	4	5	6	7	8	9	10	11	12
2	39.0	87.5	142	202	266	333	403	475	550	626	704
3	15.4	27.8	39.2	50.7	62.0	72.9	83.5	93.9	104	114	124
4	9.60	15.5	20.6	25.2	29.5	33.6	37.5	41.1	44.6	48.0	51.4
5	7.15	10.8	13.7	16.3	18.7	20.8	22.9	24.7	26.5	28.2	29.9
6	5.82	8.38	10.4	12.1	13.7	15.0	16.3	17.5	18.6	19.7	20.7
7	4.99	6.94	8.44	9.70	10.8	11.8	12.7	13.5	14.3	15.1	15.8
8	4.43	6.00	7.18	8.12	9.03	9.78	10.5	11.1	11.7	12.2	12.7
9	4.03	5.34	6.31	7.11	7.80	8.41	8.95	9.45	9.91	10.3	10.7
10	3.72	4.85	5.67	6.34	6.92	7.42	7.87	8.28	8.66	9.01	9.34
12	3.28	4.16	4.79	5.30	5.72	6.09	6.42	6.72	7.00	7.25	7.48
15	2.86	3.54	4.01	4.37	4.68	4.95	5.19	5.40	5.59	5.77	5.93
20	2.46	2.95	3.29	3.54	3.76	3.94	4.10	4.24	4.37	4.49	4.59
30	2.07	2.40	2.61	2.78	2.91	3.02	3.12	3.21	3.29	3.36	3.39
60	1.67	1.85	1.96	2.04	2.11	2.17	2.22	2.26	2.30	2.33	2.36
∞	1.00	1.00	1.00	1.00	1.00	1.01	1.00	1.00	1.00	1.00	1.00

$\alpha=0.01$

v \ k	2	3	4	5	6	7	8	9	10	11	12
2	199	448	729	1 036	1 362	1 705	2 063	2 432	2 813	3 204	3 605
3	47.5	85	123	151	481	21(6)	24(9)	28(1)	31(0)	33(7)	36(1)
4	23.2	37	49	59	69	79	89	97	106	113	120
5	14.9	22	28	33	33	42	46	50	54	57	60

k\v	2	3	4	5	6	7	8	9	10	11	12
6	11.1	15.5	19.1	22	25	27	30	32	34	36	37
7	8.89	12.1	14.5	16.5	18.4	20	22	23	24	26	27
8	7.50	9.9	11.7	13.2	14.5	15.8	16.9	17.9	18.9	19.8	21
9	6.54	8.5	9.9	11.1	12.1	13.1	13.9	14.7	15.3	16.0	16.6
10	5.85	7.4	8.6	9.6	10.4	11.1	11.8	12.4	12.9	13.4	13.9
12	4.91	6.1	6.9	7.6	8.2	8.7	9.1	9.5	9.9	10.2	10.6
15	4.07	4.9	5.5	6.0	6.4	6.7	7.1	7.3	7.5	7.8	8.0
20	3.32	3.8	4.3	4.6	4.9	5.1	5.3	5.5	5.6	5.8	5.9
30	2.63	3.0	3.3	3.4	3.6	3.7	3.8	3.9	4.0	4.1	4.2
60	1.96	2.2	2.3	2.4	2.4	2.5	2.5	2.6	2.6	2.7	2.7
—	1.00	1.0	1.0	1.0	1.0	1.0	1.0	1.0	1.0	1.0	1.0

附表 5 G_{max} 的分位数表

$\alpha = 0.05$

k \ v	1	2	3	4	5	6	7	8	9	10	16	36	144	—
2	0.998 5	0.975 0	0.939 2	0.905 7	0.877 2	0.853 4	0.833 2	0.815 9	0.801 0	0.783 0	0.734 1	0.660 2	0.581 3	0.500 0
3	0.966 9	0.870 9	0.797 7	0.745 7	0.707 1	0.677 1	0.653 0	0.633 3	0.616 7	0.602 5	0.546 6	0.474 3	0.400 1	0.333 3
4	0.906 5	0.767 9	0.684 1	0.628 7	0.589 5	0.559 8	0.536 5	0.517 5	0.501 7	0.488 4	0.456 6	0.372 0	0.309 3	0.250 0
5	0.841 2	0.683 8	0.593 1	0.544 1	0.506 5	0.478 3	0.456 4	0.438 7	0.424 1	0.411 8	0.364 5	0.306 6	0.251 3	0.200 6
6	0.700 8	0.616 1	0.533 1	0.480 3	0.444 7	0.418 4	0.398 0	0.381 7	0.358 2	0.356 8	0.318 5	0.261 2	0.311 9	0.166 7
7	0.727 1	0.361 2	0.480 0	0.480 7	0.397 4	0.372 6	0.353 5	0.338 4	0.325 9	0.315 4	0.275 6	0.227 8	0.183 3	0.142 9
8	0.679 8	0.515 7	0.437 7	0.091 0	0.359 5	0.336 2	0.318 5	0.304 3	0.292 6	0.282 9	0.226 2	0.202 2	0.161 6	0.125 0
9	0.638 5	0.470 5	0.402 7	0.358 4	0.328 6	0.306 7	0.290 1	0.276 8	0.265 1	0.256 8	0.222 6	0.182 0	0.140 6	0.111 1
10	0.602 0	0.445 0	0.373 3	0.304 1	0.302 9	0.282 3	0.266 6	0.254 1	0.243 9	0.235 3	0.203 2	0.165 5	0.130 8	0.100 0
12	0.541 0	0.392 4	0.326 4	0.788 9	0.262 4	0.243 9	0.229 9	0.218 7	0.209 8	0.202 0	0.173 7	0.140 3	0.110 0	0.083 3
15	0.470 9	0.234 6	0.275 8	0.241 9	0.219 5	0.203 4	0.191 1	0.161 5	0.173 6	0.167 1	0.142 9	0.314 4	0.088 9	0.066 7
20	0.389 4	0.270 5	0.220 5	0.192 1	0.373 5	0.160 2	0.150 1	0.142 2	0.135 7	0.130 3	0.110 8	0.087 9	0.067 5	0.050 0
24	0.343 4	0.235 4	0.190 7	0.465 6	0.149 3	0.137 4	0.128 6	1.121 6	0.116 0	0.111 3	0.094 2	0.074 3	0.056 7	0.041 7
30	0.292 9	0.198 0	0.159 3	0.137 7	0.123 7	0.113 7	0.106 1	0.100 2	0.095 8	0.092 1	0.077 1	0.060 4	0.045 7	0.033 3
40	0.237 0	0.157 6	0.125 9	0.108 2	0.096 8	0.088 7	0.082 7	0.078 0	0.074 5	0.071 3	0.069 5	0.046 2	0.064 7	0.085 0

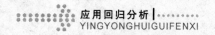

k＼v	1	2	3	4	5	6	7	8	9	10	16	36	144	—
60	0.173 7	0.113 1	0.089 5	0.076 5	0.068 2	0.062 3	0.058 3	0.055 2	0.052 0	0.049 7	0.041 1	0.031 6	0.020 4	0.016 7
120	0.099 8	0.063 2	0.049 5	0.041 0	0.037 0	0.033 7	0.031 2	0.029 2	0.027 9	0.026 6	0.021 8	0.016 5	0.012 0	0.008 3
∞	0	0	0	0	0	0	0	0	0	0	0	0	0	0

$$\alpha = 0.01$$

k＼v	1	2	3	4	5	6	7	8	9	10	16	36	144	—
2	0.999 9	0.995 0	0.979 4	0.958 6	0.937 3	0.917 2	0.898 8	0.882 3	0.867 4	0.853 9	0.794 9	0.706 7	0.606 2	0.500 0
3	0.993 3	0.942 3	0.883 1	0.833 5	0.793 3	0.760 6	0.733 5	0.710 7	0.691 2	0.674 3	0.605 9	0.515 3	0.423 0	0.333 3
4	0.967 6	0.864 3	0.781 4	0.721 2	0.676 1	0.641 0	0.612 9	0.589 7	0.570 2	0.553 6	0.488 4	0.405 7	0.325 1	0.250 0
5	0.927 9	0.788 5	0.695 7	0.632 9	0.587 5	0.553 1	0.525 9	0.503 7	0.485 4	0.469 7	0.409 4	0.335 1	0.264 4	0.200 0
6	0.882 8	0.721 8	0.625 8	0.563 5	0.519 5	0.486 6	0.460 8	0.440 1	0.422 9	0.408 4	0.352 9	0.285 8	0.222 9	0.166 7
7	0.837 6	0.664 4	0.568 5	0.508 0	0.465 9	0.434 7	0.410 5	0.391 1	0.375 1	0.361 6	0.310 5	0.249 4	0.192 9	0.142 9
8	0.794 5	0.615 2	0.520 9	0.462 7	0.422 6	0.393 2	0.370 4	0.352 2	0.337 3	0.324 8	0.277 9	0.221 4	0.170 0	0.125 0
9	0.754 4	0.572 1	0.481 0	0.425 1	0.387 0	0.359 2	0.337 8	0.320 7	0.306 7	0.295 0	0.251 4	0.199 2	0.152 1	0.111 1
10	0.717 5	0.535 8	0.446 6	0.393 4	0.357 2	0.330 6	0.310 6	0.294 5	0.281 3	0.270 4	0.229 7	0.181 1	0.137 6	0.100 0
12	0.652 8	0.475 1	0.391 9	0.342 8	0.309 9	0.286 1	0.268 0	0.253 5	0.241 9	0.232 0	0.196 1	0.153 5	0.115 7	0.083 3
15	0.574 7	0.406 9	0.331 7	0.288 2	0.259 3	0.238 6	0.222 8	0.210 4	0.200 2	0.191 8	0.161 2	0.125 0	0.093 4	0.066 7
20	0.479 9	0.329 7	0.265 4	0.228 8	0.204 8	0.187 7	0.174 8	0.164 6	0.156 7	0.150 1	0.124 8	0.096 0	0.070 9	0.050 0
24	0.424 7	0.287 1	0.229 5	0.197 0	0.175 9	0.160 8	0.149 5	0.140 6	0.133 8	0.128 3	0.106 0	0.081 0	0.059 5	0.041 7
30	0.363 2	0.241 2	0.191 3	0.163 5	0.145 4	0.132 7	0.123 2	0.115 7	0.110 0	0.105 4	0.086 7	0.065 8	0.048 0	0.033 3
40	0.294 0	0.191 5	0.150 8	0.128 1	0.113 5	0.103 3	0.095 7	0.089 8	0.085 3	0.081 6	0.066 8	0.050 3	0.036 3	0.025 0
60	0.215 1	0.137 1	0.106 9	0.090 2	0.079 6	0.072 2	0.066 8	0.062 5	0.059 4	0.056 7	0.046 1	0.034 4	0.024 5	0.016 7
120	0.122 5	0.075 9	0.058 5	0.048 9	0.042 9	0.038 7	0.035 7	0.033 4	0.031 6	0.030 0	0.024 2	0.017 8	0.012 5	0.008 3
∞	0	0	0	0	0	0	0	0	0	0	0	0	0	0

附表6 正交多项式表

α	N=2	N=3		N=4			N=5			
	$2\psi_1$	ψ_1	$3\psi_2$	$2\psi_1$	ψ_2	$\dfrac{10}{3}\psi_3$	ψ_1	ψ_2	$\dfrac{5}{6}\psi_3$	$\dfrac{35}{12}\psi_4$
1	−1	−1	1	−3	1	−1	−2	2	−1	1
2	1	0	−2	−1	−1	3	−1	−1	2	−4
3		1	1	1	−1	−3	0	−2	0	6
4				3	1	1	1	−1	−2	−4
5							2	2	1	1
6										
S_j	2	2	6	20	4	20	10	14	10	70

α	N=6					N=7				
	$2\psi_1$	$\dfrac{3}{2}\psi_2$	$\dfrac{5}{3}\psi_3$	$\dfrac{7}{12}\psi_4$	$\dfrac{21}{10}\psi_5$	ψ_1	ψ_2	$\dfrac{1}{6}\psi_3$	$\dfrac{7}{12}\psi_4$	$\dfrac{7}{20}\psi_5$
1	−5	5	−5	1	−1	−3	0	−1	2	−1
2	−3	−1	7	−3	5	−2	5	1	−7	4
3	−1	−4	4	2	−40	−1	−3	1	1	−5
4	1	−4	−4	2	10	0	−4	0	6	0
5	2	−1	−7	−3	−5	1	−3	−1	1	5
6	5	5	5	1	1	2	0	−1	−7	4
7						3	5	1	1	1
8										
9										
S_j	70	84	180	28	252	28	84	6	154	84

295

(续表)

α	$N=8$					$N=9$				
	$2\psi_1$	ψ_2	$\frac{2}{3}\psi_3$	$\frac{7}{12}\psi_4$	$\frac{7}{10}\psi_5$	ψ_1	$3\psi_2$	$\frac{5}{6}\psi_3$	$\frac{7}{12}\psi_4$	$\frac{3}{20}\psi_5$
1	-7	7	-7	7	-7	-4	28	-14	14	-4
2	-5	1	5	-13	23	-3	7	7	-21	11
3	-3	-3	7	-3	-17	-2	-8	13	-11	-4
4	-1	-3	3	9	-15	-1	-17	9	9	-9
5	1	-5	-3	9	15	0	-20	0	18	0
6	3	-3	-7	-3	17	1	-17	-9	9	9
7	5	1	-5	-13	-23	2	-8	-13	-21	4
8	7	7	7	7	7	3	7	-7	-21	-11
9						4	23	14	14	4
S_j	168	168	264	616	2 184	60	2 772	990	2 002	468

α	$N=18$					$N=19$				
	$2\psi_1$	$\frac{3}{2}\psi_2$	$\frac{1}{3}\psi_3$	$\frac{1}{12}\psi_4$	$\frac{3}{10}\psi_5$	ψ_1	ψ_2	$\frac{5}{6}\psi_3$	$\frac{7}{12}\psi_4$	$\frac{1}{40}\psi_5$
1	-17	68	-68	68	-884	-9	51	-204	612	-102
2	-15	44	-20	-12	676	-8	34	-68	-68	68
3	-13	23	13	-47	871	-7	19	28	-338	98
4	-11	5	33	-51	429	-6	6	89	-453	58
5	-9	-10	42	-36	-156	-5	-5	120	-354	-3
6	-7	-22	42	-12	-588	-4	-14	126	-168	-54
7	-5	-31	35	13	-733	-3	-21	112	42	-79
8	-3	-37	23	33	-583	-2	-26	83	227	-74
9	-1	-40	8	44	-220	-1	-29	44	352	-44
10						0	-39	0	396	0
S_j	1 938	23 256	23 256	28 424	6 953 544	570	13 566	213 180	2 288 132	89 148

(续表)

α	$N=20$				
	$2\psi_1$	ψ_2	$\dfrac{10}{3}\psi_3$	$\dfrac{35}{24}\psi_4$	$\dfrac{7}{20}\psi_5$
1	-19	57	-969	1 938	$-1\ 938$
2	-17	39	-357	-102	1 122
3	-15	23	85	$-1\ 122$	1 802
4	-13	9	377	$-1\ 402$	1 222
5	-11	-3	539	$-1\ 187$	187
6	-9	-13	591	-687	-771
7	-7	-21	553	-77	$-1\ 351$
8	-5	-27	445	503	$-1\ 441$
9	-3	-31	287	948	$-1\ 076$
10	-1	-33	99	1 188	-396
S_j	2 660	17 556	4 903 140	22 881 320	31 201 800

参 考 文 献

[1] Daniel T. Larose(刘燕权,胡赛全,冯新平,姜恺译),数据挖掘方法与模型,高等教育出版社,2011.

[2] Graham M. H., 2003. Confronting Multicollinearity in Ecological Multiple Regression. *Ecology*, 84: 2809-2815.

[3] Hoerl, A. E. and Kennard, R. W. (1970), Ridge Regression: Biased Estimation for Nonorthogonal Problem, *Technometrics*, 12, 69-82.

[4] Kleinbaum, D. G., Kupper, L., Muller, K. E. and Nizam, A. *Applied Regression and Other Multivariable Methods*, Third Edition, Duxbury Press, Pacific Grove, 1998.

[5] Ludwig Fahrmeir, Thomas Kneib, Thomas Kneib, Stefan Lang, Brian Marx, *Regression: Models, Methods and Applications*. Springer-Verlag, 2013.

[6] Nelder, J. A. and Wedderburn, R. W. M. (1972), Generalized Linear Models. *J. Roy. Statist. Soc. Ser.* A. 135, 370-384.

[7] Samprit Chatterrjee, Ali S. Hadi and Bertram Price(郑明等译),例解回归分析(第三版),中国统计出版社, 2004.

[8] Samprit Chatterrjee, Ali S. Hadi(郑忠国,许静译),例解回归分析(第五版),机械工业出版社,2013.

[9] S. Weisberg(王静龙,梁小筠,李宝慧译),应用线性回归(第二版),中国统计出版社, 1998.

[10] Sen, A. K. *Regression Analysis: Theory, Methods and Applications.* Springer-Verlag, 1990.

[11] William D. Berry(余姗姗译),理解回归假设,格致出版社,2012.

[12] 陈希孺,王松桂著,近代回归分析——原理、方法及应用,安徽教育出版社,1986.

[13] 陈颖编著,SAS软件系统——用 SAS进行统计分析,复旦大学出版社,2008.

[14] 何晓群,回归分析与经济数据建模,中国人民大学出版社,1997.

[15] 洪楠等,SAS for Windows 统计分析系统教程,电子工业出版社,2001.

[16] 胡良平,Windows SAS 6.12&8.0 实用统计分析教程,军事医学科学出版社, 2001.

[17] 胡宏昌,崔恒建,秦永松,李开灿,近代线性回归分析方法,科学出版社,2013.

[18] 茆诗松,王静龙等,统计手册,科学出版社,2003.

[19] 施锡铨,范正绮,数据分析方法,上海财经大学出版社,1997.

[20] 唐年胜,李会琼,应用回归分析,科学出版社,2014.

[21] 童恒庆,经济回归模型及计算,湖北科学技术出版社,1997.

[22] 王汉生,商务数据分析与应用,中国人民大学出版社,2011.

[23] 王静龙,梁小筠,王黎明,数据、模型与决策,复旦大学出版社,2012.

[24] 王黎明,张日权,景英川,应用回归分析,中国海洋大学出版社,2005.

[25] 王黎明,陈颖,杨楠,应用回归分析,复旦大学出版社,2008.

[26] 王松桂,线性模型的理论及其应用,安徽教育出版社,1986.

[27] 王星等,大数据分析:方法与应用,清华大学出版社,2013.

[28] 韦博成,鲁国斌,史建清,统计诊断引论,东南大学出版社,1991.

[29] 吴晓刚主编,线性回归分析基础,格致出版社,2011.

[30] 吴晓刚主编,高级回归分析,格致出版社,2011.

[31] 杨楠,商务统计学,上海财经大学出版社,2011.

[32] 易丹辉,统计预测——方法与应用,中国统计出版社,2001.

[33] 张尧庭等,定性资料的统计分析,广西师范大学出版社,1991.

[34] 周纪芗,回归分析,华东师范大学出版社,1993.

图书在版编目(CIP)数据

应用回归分析/王黎明,陈颖,杨楠编著. —2 版. —上海：复旦大学出版社,2018.6
(复旦博学)
21 世纪高校统计学专业教材系列　上海市教委重点课程建设项目　上海财经大学精品课程
ISBN 978-7-309-13733-0

Ⅰ. 应…　Ⅱ. ①王…②陈…③杨…　Ⅲ. 回归分析-高等学校-教材　Ⅳ. 0212.1

中国版本图书馆 CIP 数据核字(2018)第 107749 号

应用回归分析(第 2 版)
王黎明　陈　颖　杨　楠　编著
责任编辑/王联合

复旦大学出版社有限公司出版发行
上海市国权路 579 号　邮编：200433
网址：fupnet@ fudanpress. com　http://www. fudanpress. com
门市零售：86-21-65642857　　团体订购：86-21-65118853
外埠邮购：86-21-65109143　　出版部电话：86-21-65642845
上海同济印刷厂有限公司

开本 787×960　1/16　印张 19.5　字数 332 千
2018 年 6 月第 2 版第 1 次印刷

ISBN 978-7-309-13733-0/O · 660
定价：39.00 元